FOR2

FOR pleasure　FOR life

FOR2 34

為何時間不等人

Why Time Flies

A Mostly Scientific Investigation

Illustration Credits
All illustrations by Stephen Burdick Design with the exception of the following:
Courtesy of Ernst Pöppel, from *Mindworks: Time and Conscious Experience*: 242, 243, 244
Courtesy of Museu de Arte de São Paulo Assis Chateaubriand: 350
Courtesy of the Trustees of the Boston Public Library/Rare Books: 256, 257

作者：Alan Burdick（亞倫・柏狄克）
譯者：姚怡平
責任編輯：冼懿穎
封面設計：三人制創
美術編輯：Beatniks
校對：呂佳真

出版者：英屬蓋曼群島商網路與書股份有限公司台灣分公司
發行：大塊文化出版股份有限公司
台北市 10550 南京東路四段 25 號 11 樓
www.locuspublishing.com
TEL：(02)8712-3898　FAX：(02)8712-3897
讀者服務專線：0800-006689
郵撥帳號：18955675　戶名：大塊文化出版股份有限公司
法律顧問：董安丹律師、顧慕堯律師

總經銷：大和書報圖書股份有限公司
地址：新北市新莊區五工五路 2 號
TEL：(02)8990-2588　FAX：(02)2290-1658
製版：瑞豐實業股份有限公司

初版一刷：2018 年 2 月
定價：新台幣 430 元
ISBN：978-986-6841-97-2

Printed in Taiwan

爲何時間不等人

Why Time Flies

A Mostly Scientific Investigation

Alan Burdick（亞倫・柏狄克）著

姚怡平 譯

獻給蘇珊

目次

131
III
當下

時間是一條川流不息的河流？還是珍珠般的片刻串成的項鍊？當下是一幅開放的畫面，以靜止之姿在流水之上滑動？還是說，在一連串不停歇的現在，當下只是當中的一個現在；在一卷將盡的現在之上，當下只是單一的畫面？

315
IV
時間飛逝

最細微的社會交流（例如瞥視、微笑、皺眉）具備的效力高低，來自於我們彼此間有多少能力讓這些交流同步發生。我們扭曲時間，彼此好騰出時間，而我們體驗到的時間失真現象，多半可當成同理心的指標。我越是能想像出你的身心狀態，你越是能想像出我的身心狀態，那麼我們對於危險、盟友、朋友、有需要的人，就越是能分辨得出來。

CONTENTS

432 誌謝

433 資料來源備註

435 參考書目

主啊，我向你懺悔，時至今日，我猶在輕忽時間：可是，主啊，我讚美你，只因知曉自己是在時間裡公開聲明，只因體會自己是在時間裡長期談論時間。之所以自知這段「期間」之長，只因時間一直不停消逝。

——聖奧古斯丁（St. Augustine）《懺悔錄》（*The Confessions*）

有個女孩想出了在信封上快速蓋戳印的方法，每分鐘可蓋一百個至一百二十個信封……我們不知道該方法的制定到底是依照哪些程序，因為那女孩苦思研究付諸實行之時，作者卻去度假了。

——佛蘭克．吉爾布雷思（Frank Gilbreth）《動作研究：勞工效率提升法》（*Motion Study: A Method for Increasing the Efficiency of the Workman*）

前言

夜裡入睡後，床邊時鐘的聲音有時會吵醒我，近來被吵醒的次數更是多不勝數，令人不快。臥室漆黑一片，朦朧難辨。黑暗的臥室頓時顯得開闊，我猶如置身戶外，在無垠空茫的天空下；又猶如身處地下，在巨大的洞穴裡。也許，我是在太空中無止境地墜落；也許，我是在做夢；也許，我已離開人間。唯有時鐘仍在運作，規律滴答響著，不慌也不忙。

此時，心裡總是興起一種最清晰不過、最不寒而慄的體悟——時間只往一個方向前行。

在一切的開端，抑或是早在一切開始之前，沒有時間存在。根據宇宙學者的說法，約一百四十億年前，宇宙在「大爆炸」中誕生，轉瞬膨脹到接近目前的大小。如今，宇宙還是繼續膨脹，膨脹的速度比光速還要快。然而，在宇宙誕生之前，什麼都沒有，沒有質量，沒有物質，沒有能量，沒有重力，沒有動作，沒有變化，沒有時間。

也許你可以想見那種情況，我卻是無從理解。我的腦袋不願接受那種概念，執意問道：「宇宙的起源在何方？怎麼會有東西從空無之中誕生？」為了方便討論，我暫且認同宇宙在大爆炸前並不存在，可是宇宙應該是在某個東西**裡頭**爆炸的，對吧？那個東西是什麼呢？在一切的開端之前，在那裡的究竟是什麼？

天文物理學者史蒂芬．霍金（Stephen Hawking）曾經表示，提出這種問題，就有如身在南極卻問南方在哪。霍金說：「更早的時間無從解釋。」或許，霍金的話是為了寬慰人心。他話裡的意思似乎是指人類的語言有其侷限。每當我們（或者起碼是霍金以外的人）

思考起宇宙，這般的界限即橫亙於眼前。我們透過類比和暗喻來想像宇宙的樣貌，宇宙這個怪異又廣闊的東西，有如我們熟悉的某樣小東西。宇宙好比是一座大教堂，一個發條裝置，一顆蛋。然而，前述的比擬物終究跟宇宙有所分別；能稱作蛋的，就只有蛋了。前述的類比之所以吸引人，正是因為這些比擬物都是宇宙裡的實體元素。它們作為名詞，確實自我完備——可是內容物畢竟無法容納容器。

時間也是同樣的道理。每當我們談論時間，都是以某種不如時間的物品來比擬。時間有如一串鑰匙，我們會找出時間，失去時間。時間有如金錢，我們會省下時間，花掉時間。時間會緩慢移動，會匍匐前進，會飛翔，會逃離，會流動，會站立不動。時間有時充裕，有時不足。時間沉沉地壓在我們身上。鳴鐘「長」時間或「短」時間響著聲音，這般的形容彷彿鐘聲能用尺規測量似的。童年時光逐漸淡去，截止期限日益逼近。當代哲學家喬治・雷可夫（George Lakoff）與馬克・強生（Mark Johnson）提出一項假想實驗，要人花點時間試著只用時間本身的措辭來稱呼時間，而且什麼暗喻都不能用。此時，你兩手空空，無計可施。雷可夫與強生思考著：「假使我們無法**浪費**時間，也無法**節省**時間，那麼對我們而言，時間還是時間嗎？我們認為答案是否定的。」

聖經所說的太初有道，即是指上帝的話語造出開端，奧古斯丁依循這樣的脈絡，以下面的話鼓勵讀者：「你一出口，就能成事。你的話語能造物。」

時值三九七年，奧古斯丁四十三歲，羅馬帝國已然傾頹，他落腳於北非的港口城希波（Hippo），擔任主教已長達半生，著作已有數十本，有布道選集、譴責反對者的神學書，當時更是著手撰寫《懺悔錄》，這本傑作奇妙又精彩，要耗時四年方告完成。《懺悔錄》共有十三卷，頭九卷講述重要的人生瑣事，始於幼年時期（他盡力回想揣測），終結在三八六年正式信奉基督教、三八七年母親離世為止。他羅列自己的罪行，有偷竊（他偷摘鄰居的西洋梨）、婚外性行為、占星術、算命、迷信、對戲劇的愛好，還有更多的性事（其實，他一生多半謹守一夫一妻制，先是有伴侶長久相伴，後來聽從長輩的安排娶妻，婚後就忠於妻子一人)。

其餘四卷的內容截然不同，奧古斯丁以深遠的思想，逐一探討記憶、時間、永恆、天地萬物。他曾經輕忽神聖與自然秩序，堅持不懈追尋神光，對此也坦承不諱。他的推論與內省法影響了後續數百年的哲學家，例如笛卡兒(R. Descartes，他的「我思故我在」〔cogito ergo sum〕直接呼應奧古斯丁的「我疑故我在」〔dubito ergo sum〕)、海德格(M. Heidegger)、維根斯坦(L. Wittgenstein)等。奧古斯丁設法闡述創始之初：「提問者若如此問道：『上帝創造天地以前做了什麼？』那麼我會著手回答。可是，對方若以揶揄的語氣說：『祂正在打造地獄，誰要是好奇探問深奧事物，就要闖進地獄裡。』這種玩笑話，恕不回應。」

大家有時會說奧古斯丁的《懺悔錄》是世上第一本真實自傳，也就是說，作者本人親自闡述自己如何隨著時間的流逝而成長改變。我認為《懺悔錄》有如一本閃躲回憶錄。在前面幾卷，上帝敲了門，奧古斯丁卻不願回應。他先是有了私生子；在羅馬研讀修辭學，結交了一群煽動民心的朋友，他把他們稱為「破壞者」；他任性度日，信仰虔誠的母親為此煩心不已。後來，奧古斯丁說這段日子「不過是引人憂心的消遣罷了」。《懺悔錄》證實了我們能把疏疏落落的過去改造成有意義的現在，這是一種非常現代的觀念，凡是熟悉心理治療的人都很清楚。你的回憶是屬於你的，你可以經由回憶，為自己塑造出嶄新的敘事，用以啟發自己、確立自己。奧古斯丁寫道：「從散亂的往日，我收拾起自己，認同感由此而生。」這本自傳有如心靈勵志書籍。《懺悔錄》無所不談，尤其側重於言語，還有語言穿越時間的彌補能力。

有好長一段時間，我竭盡全力迴避時間。比如說，我剛成年的那段時期，多半不願戴手表。至於我是怎麼決定不戴表的，我並不是很清楚，只依稀記得小野洋子從不戴表，因為她一想到要把時間綁在手腕上就覺得討厭。有道理。當時的我覺得時間是外在的現象，不但強加於人，又令人倍感沉重，於是我主動做出選擇，去除本人身上的時間，把時間拋在後頭。

這種想法最初讓我深感愉快，輕鬆不少，猶如反抗往往會帶來的效用。此外，這也就表示我前往某處，跟某人見面時，並未處於時間之外，反倒是被時間給拋在後頭了。我遲到了。我逃避時間的成效斐然，等到過了好長一段時間，才明白自己其實是在逃避時間。有了這層體悟之後，另一層體悟隨之而來：「我之所以逃避時間，是因為我背地裡恐懼時間。」我把時間視為外在的現象，彷彿時間是我可以走進又走出的溪流，彷彿時間是我可以迴避的路燈柱，藉此獲得掌控時間的感覺。然而，在內心深處，我察覺到真相——無論是過去還是現在，時間就存在於我的**心底**，存在於我們的心底。從我醒來的那一刻，到我入睡的那一刻，時間都在。時間遍布於空氣，浸透我們的身心。在人體細胞之間，在每一個活著的片刻之中，時間緩行而過。即便時間早已拋下全部的細胞，就此離去，也還是持續前行不怠。當時的我覺得自己患了病，卻說不出時間來自何方，更說不出時間去向何方。時間繼續前進，不斷流逝。時間好比是人類懼怕的諸般事物，實際的樣貌總是叫我摸不清，而我那善於逃避時間的技巧，卻領得我離真正的答案越來越遠。

於是有一天（真不願承認那是很久以前的事了），我踏上了時間領域的旅程，為的是了解時間，為的是探索奧古斯丁曾經提出的疑問：「時間來自何方？時間經過何物？時間去向何方？」純粹的物理層面與數學層面，向來有宇宙學專家持續不懈地深入探討。至於我有興趣得知的層面，以及科學剛開始揭露的層面，則在於時間如何顯現在活著的生物上，也就是說：細胞與亞細胞的機制如何詮釋時間、訴說時間，而那樣的訴說如何向上滲入我們人類的神經生物學、心理學、意識當中。當我踏進研究時間的領域，訪問諸多學者專家，試圖解答那些長久盤據在我心頭的問題——或許也是你心裡長久的疑問，比如說：「小時候的時間好像過得比較慢，為什麼？」「發生車禍時，體驗到的時間真的會變慢嗎？」「事情太多做不完，比較有生產力；時間很多，反倒一事無成。為什麼？」「電腦裡的時鐘會計算秒、時、日，人體內是不是也有個時鐘像那樣？」「如果人體內有那樣的時鐘，它的彈性有多高？」「我能不能讓時間加速、減緩、停止、倒轉？」「時間如何飛逝？為何飛逝？」

我說不清自己在追尋什麼，也許求的是心靈上的平靜，也許求的是多少想要了解妻子蘇珊（Susan）說的話，她說我是「刻意否認時間的消逝」。在奧古斯丁的眼裡，時間有如一扇窗口，可望見靈魂。現代科學著眼於探究意識的架構與紋理，這概念的困難度只比時間概念稍低一點（美國哲學家威廉・詹姆斯〔William James〕認為，意識只不過是「無用之物的名稱……純粹的回聲，消失的『靈魂』在哲學的空氣中留下的微弱傳言」）。然而，無論我們是怎麼稱呼意識，我們都對意識的含義有粗淺的認識，都知道意識猶如一股持久不散的自我感，在一片由多個自我構成的大海中移動，依賴他者卻又如此孤獨；意識就是察覺到**我**多少是屬於**我們**，**我們**又屬於某個更宏大、更難理解的事物，而這樣的想法或許也可說是一種深切又普遍的希望；意識是一種反覆出現的想法，在安全過馬路及完成待辦事項的日常生活中，很容易就漠視意識的存在，遑論要對抗這世上的真實危機——我的時間（我們的時間）很重要，是因為時間會結束。

我沉思，幸運的話，就能解決問題。在此應提及，上一本書花了好久才寫完，比我原先的打算或預想的還要久多了。於是，我對自己發誓：「唯有在絕對能準時寫完書的情況下，而且是在合理時間內完成，我才會著手撰寫新書。」《為何時間不等人》這本時間之書其實是要準時寫完的，結果當然沒準時寫完。原本的時間之旅逐漸演變成一種介於消遣與沉迷之間的樂事，陪著我換工作、小孩出生、上幼稚園、上小學、去海邊度假，截止期限與晚餐約會更是一再取消；拜撰寫本書之賜，我親眼見到世上最精確的時鐘，親身體驗極地的白夜，還從極高之處墜落到地心引力的懷抱裡。我的主題安居於此許久，猶如飢腸轆轆的過夜賓客，魅力十足又啟發人心，極似時間本身。

我才剛動筆，就碰到了一件關於時間的基本事實——時間這件事沒有真相可言。於是，我找了從事各種時間研究的一堆科學家，他們對於自己鑽研的狹窄波段，個個都是侃侃而談，卻也都說不清自己的波段如何構成白光，也說不清白光的樣貌。某位科學家對我說：「你自以為了解當中的狀況，就在這個時候，有另一項實驗改變了一個小層面，突然之間，你又不明白當中的狀況了。」假使科學家能在某件事達成共識，他們肯定會異口同聲表示，沒人能充分了解時間這門課題，可是在人類的生活中，時間無所不在又不可或缺，因此這種知識上的匱乏就顯得出人意料。某位研究人員對我吐露：「我可以想像得到，將來有一天外星人會從外太空來到地球，跟我們說：『其實啊，時間就是這樣那樣。』我們全都點頭稱是，就好像一直以來事情顯然就是如此。」在我看來，時間其實很像天氣，人人都會談論，卻從來什麼也不做。可是我想坐而言，也想起而行。

I

與其期望所有的時鐘達到同步，
不如期望所有的哲學家取得共識。

——古羅馬作家塞內卡（Seneca）
《克勞狄的南瓜化》（The Pumpkinification of Claudius）

時

在巴黎地鐵的座椅上，我安頓下來，揉一揉眼睛，想把睡意給揉走。我猶如飄蕩在海上，若無所依。日曆上明明說是冬末了，窗外卻是溫暖晴朗，葉芽隱約有光，城市耀眼奪目。昨天飛離紐約，抵達巴黎，跟幾位友人聚會到午夜過後；今天我的腦袋還處於黑暗當中，緊緊黏著數小時前的那個季節、那個時區。我望向手表，上午九點四十四分。一如往常，我遲到了。

手表是岳父傑瑞（Jerry）前陣子送的禮物，他戴了好幾年。蘇珊跟我訂婚時，岳父岳母說要買支新表送我，我婉拒了。後來有好長一段時間，我老擔心自己留下不好的印象。什麼樣的女婿竟會這樣輕忽時間？所以，後來傑瑞說要把舊表送我，我立刻收下。金色的表盤搭配寬大的銀色表帶，黑色的表面有品牌名稱（Concord〔君皇表〕）和 quartz（**石英**）粗體字，小時刻度是用無數字的線條表示。我喜歡手腕上的新負擔，顯得自己重要起來了。我謝謝岳父，還說手表有助於我的時間研究。那一刻的我並不曉得自己竟然說中了。

我憑感覺認為，時鐘、手表、火車時刻表的「外頭」時間，跟流經我細胞、身體、心智的那種時間，在計量上是截然不同的。然而，我對前者的所知就跟後者一樣，其實十分貧乏。某個時鐘或手表是怎麼運作，我說不出個道理來。而那鐘表又是怎麼會跟我偶然留意到的其他鐘表顯示同樣的時間，我就更說不出個道理來了。如果外在時間與內在時間真有差別，好比物理學與生物學那般天差地別，那麼我也不曉得箇中差異所在。

於是，我剛收到的舊表恰好可以當成一種實驗。實際把時間戴在我手上一段時間，最是能探究我與時間的關係。我幾乎是立刻就看見了結果。戴上手表的頭幾個小時，我沒辦法去想別的事情。戴上表之後，手腕冒起汗來，還拖累整條手臂。時間緩緩行進，不但是實際上的，也是比喻上的，畢竟我的心神不由得專注於緩行的時間上。不久，我忘了手表的存在。可是，隔天晚上，我突然再度想起它。當時的我把小寶寶放在浴缸裡，幫他洗澡，此時才留意到手表在我的手腕上，在水裡頭。

我暗地裡希望，手表能讓我多少準時些。比如說，我覺得自己要是看表看得夠勤，也許就能準時抵達巴黎城外的塞夫勒（Sèvres），我跟國際度量衡局（International Bureau of Weights and Measures, B.I.P.M.）的人約了十點見面。國際度量衡局有一群科學家致力從事世界各地基本度量單位的正確、校準、標準化。隨著經濟體邁向全球化，各地的人們就更有必要使用同樣的度量：斯德哥爾摩的一公里必須精確等同於雅加達的一公里，巴馬科的一公尺必須精確等同於上海的一公尺，紐約的一秒鐘必須精確等同於巴黎的一秒鐘。國際度量衡局好比是單位聯合國，負責掌管各種度量標準。

一八七五年，國際度量衡局依循米制公約（Convention of the Metre）就此成立，旨在確保各國基本度量單位一致相等（米制公約的第一條就是要國際度量衡局遞交尺規，三十把由白金與鉱製成、合乎標準的精準尺規，如此一來，要是各國對正確的一公尺長度起了爭論，就可依標準尺規，解決爭端）。國際度量衡局起初有十七國加入，如今已有五十八國，各大工業國均為會員。國際度量衡局監管的標準單位組有以下七種：公尺（meter）（長度）、公斤（kilogram）（重量）、安培（ampere）（電流）、克耳文（kelvin）（溫度）、莫耳（mole）（容量）、燭光（candela）（光度）、秒（second）。

國際度量衡局業務繁多，其中一項要務就是為各國維持單一的官方全球時間，亦即世界標準時間（Coordinated Universal Time，簡稱 U.T.C.）（一九七〇年，各國首次制定世界標準時間，當時對於要使用英文縮寫 C.U.T. 還是法文縮寫 T.U.C.，各國無法取得共識，便折衷使用 U.T.C.）。無論是繞行軌道的全球定位衛星裡的超精準時鐘，還是齒輪式腕表，世上的每一件計時器都直接或最終跟世界標準時間同步。無論你住在何處，去往何處，只要開口向人問時間，對方的答案終究是由國際度量衡局的計時員居間促成。

「所謂的時間，就是大家都同意的時間。」時間研究員當時如此向我解釋。由此可見，所謂的遲到，就是依大家同意的時間來看，確實是遲到了。實質上，國際度量衡局的時間不僅是世上最正確的時間，就精準度而言，也是正確的時間。也就是說，我又看了一次手表的時候，不光是遲到而已，從過去、現在、未來的時間角度來看，都是遲得不能再遲了。不久，我就會知道自己實際上被時間拋到多後頭的地方。

時鐘有兩種作用：一是發出滴答聲，二是計算滴答聲。水鐘以規律的節奏滴著水，發出滴答聲，更先進的水鐘還可推動齒輪裝置，進而輕推指針，讓指針沿著一連串的數字或線條前進，以此標示時間的流逝。水鐘的使用起碼有三千年的歷史，羅馬元老院的議員用水鐘提醒其他議員不要發言太久（根據古羅馬哲學家西塞羅〔Cicero〕的說法，「找時鐘」就是要求發言權，「給時鐘」就是讓出發言權）。水滴答作響，傳達著時間的流逝。

然而，在歷史上的大部分時期，在大部分的時鐘裡，滴答作響的其實是地球。地球沿著地軸旋轉時，太陽跨越天空，在地面上投射出移動的陰影；太陽在日晷儀上投射出陰影，標示出白天的時刻。一六五六年，惠更斯（Christiaan Huygens）發明擺鐘，憑著地心引力（地球旋轉引發的作用），讓秤砣前後擺動，進而推動一對指針在鐘面上繞行。滴答聲純粹是一種擺動，一種均速的振動，以規律出現的節奏傳達出地球的轉動。

實際上，滴滴答答經過的是一天的時間，從今天的日出到明天的日出，循環不止。介於兩次日出之間的單位——亦即小時與分鐘——是發明出來的，人類藉此把一天的時間分割成容易管理的單位，以利享樂、雇用、貿易。漸漸地，我們的一天受到秒鐘的掌控。秒鐘好比是現代生活的幣值，人類時間的硬幣。秒鐘無所不在，在緊要關頭時更是重要（比如說，恰好趕上轉車的時候），卻又是那麼微不足道，想也不想就能大把浪費或虛擲。長達好幾個世紀，秒鐘只存在於抽象的概念。過去，秒鐘要用數學細分，用關係定義，它是一分鐘的六十分之一，一小時的三千六百分之一，一天的八萬六千四百分之一。十五世紀，德國的某些時鐘有秒擺，但要等到一六七〇年，英國製鐘師威廉・克萊門特（William Clement）在惠更斯的擺鐘加上了秒擺與熟悉的滴答聲，秒鐘才有了確實的外形，起碼是聽得到的形式。

二十世紀，隨著石英鐘的興起，世界各地都有了秒鐘的存在。科學家發現石英的共鳴有如音叉，放在振盪電場，每秒振動達數萬次，確切的頻率則視石英的大小與形狀而定。一九三〇年，一篇名為〈石英鐘〉（The Crystal Clock）的論文表示，石英的性質可推動時鐘；石英鐘的時間源於電場，不是源於地心引力，因此在地震帶，在移動的火車與潛水艇裡，經證明也很可信。現代的石英鐘與腕表通常採用雷射雕刻的石英，石英每秒振動次數為 32,768（或 2^{15}）次，振動頻率為 32,768 赫茲。於是，秒鐘有了方便的定義——石英的振動次數或頻率達 32,768 次。

一九六〇年代，科學家成功測得一粒銫每秒的量子振動為 9,192,631,770，於是科學界正式重新界定秒鐘，精準度又多了幾個小數點位數。原子秒就此誕生，時間的概念也遭到顛覆。舊有的時態模式（亦即「標準時間」）上下顛倒了，原本秒鐘被視為一天的一部分，而一天的概念是源於地球在太空中的轉動；如今，一天的計算是由下而上，是秒鐘的累積。這個嶄新的原子時間是不是跟舊有的標準時間一樣「自然」呢？哲學家對此爭論不休。可是，還有個更大的問題——原子時與標準時的時間不太一致。原子鐘的準度益趨精準，科學家發現地球的自轉逐漸趨緩，一天的長度稍微增加了一點。這樣的差異雖是些微，但累積個幾年就會達到一秒；一九七二年起，總計已有近半分鐘的「閏秒」加到國際原子時，好讓國際原子時跟地球同步。

從前，任誰都可以用簡單的除法計算秒鐘。現在，秒鐘都是由專業人士傳送給我們，這個程序的正式術語是「傳播」，意味著這是類似宣傳的一種活動。世界各地——主要是國立的時間測定實驗室——約有三百二十個、尺寸為小型手提箱大小的銫原子鐘，以及一百多個大型脈射驅動裝置，它們近乎連續不斷地共同產生高精準度的秒鐘（銫原子鐘與「銫原子噴泉」裝置產生的頻率標準會進行比對，銫原子噴泉現存約十二個，其運用雷射在真空裡拋擲銫原子）。然後，這些秒鐘合計起來，即顯現出當日的時間。美國國家標準技術與研究院（N.I.S.T.）的前任團隊負責人湯姆．帕克（Tom Parker）告訴我：「秒鐘是滴答作響之物；時間是計算滴答聲之物。」

美國國家標準技術與研究院屬於聯邦機構，專門制定美國官方的民用時間。該間研究所設有兩家實驗室，分別位於馬里蘭州的蓋瑟斯堡（Gaithersburg）、科羅拉多州的波德（Boulder），在實驗室專家的努力下，無時無刻都有約十二個銫原子鐘在運作。銫原子鐘雖是十分精確，卻仍有以奈秒計的時間差，因此每十二分鐘就會逐一相互比對，找出哪只鐘跑得快，哪只鐘跑得慢，相差多少時間等。然後，這群時鐘的數據集合起來，就是帕克所稱的「設想的平均值」（a fancy average），此為官方時間的基礎。

至於這個時間如何傳到你那裡，端賴於你擁有的計時裝置以及你當時恰好位於何處。你的筆電或桌電裡的時鐘會定時檢查網際網路上的其他時鐘，根據其他時鐘的時間自行校準；這些時鐘有一部分或全部最終會通過美國國家標準技術與研究院管理的伺服器，或另一個官方時鐘，因此時鐘的時間會調校得更為精準。美國國家標準技術與研究院有多部伺服器，每天記錄世界各地電腦的一百三十億個Ping，詢問正確的時間。如果你人在東京，可能會連到位於筑波市、由日本國家計量研究院（N.M.I.J.）管理的時間伺服器；如果人在德國，則會連到德國的聯邦物理技術研究院（Physikalisch-Technische Bundensanstalt）。

無論身在何處，只要查看手機上的時鐘，手機接收的時間就可能來自於全球定位系統（GPS）。全球定位系統是一系列跟美國海軍天文台同步的導航衛星，而海軍天文台位於華盛頓特區附近，使用一組七十多個的銫原子鐘換算秒鐘。諸如壁鐘、桌鐘、腕表、旅行用鬧鐘、汽車儀表板時鐘等，全都內含微型無線電接收器，在美國境內一律是調成可接收美國國家標準技術與研究院發送的信號。科羅拉多州科林斯堡的WWVB廣播電台會以電碼形式將正確時間廣播出去（信號是很低的六十赫茲頻率，頻寬也很窄，需要整整一分鐘的時間，完整的時間電碼才能通過）。這類時鐘可自行產生時間，但是絕大多數都是作為中間人，也就是說，它們顯示給你的時間，是來自於時間指揮鏈裡層級更高、更精密的時鐘。

反之，我的腕表沒有無線電接收器，也無法跟衛星通訊，差不多可算是未連到前述的時間網。為了跟更寬廣的世界同步，我必須查看精準的時鐘，然後轉動手表的柄軸，據此調整時間。若要達到更高的精準度，可定期把手表帶到店裡，依照石英振盪器——其精準度源於美國國家標準技術與研究院監測的頻率標準——對手表的機械裝置進行校正。否則的話，我手表上的秒鐘就會變得獨樹一格，很快就跟別人不同步。從前的我還以為，戴上手表就等於是把確立的時間給綁在手腕上。然而，實情卻非如此。除非我計量周遭的時鐘，否則依舊是化外之民。帕克說：「你沒有同步。」

從十七世紀末到二十世紀初，世上最精準的時鐘位於英國格林威治皇家天文台，台長會依照天體的移動情況，定期重新設定時鐘的時間。此舉有益世界，卻隨即成了台長眼中的問題。約一八三〇年起，台長的工作頻遭打斷，門外老是有市民敲門問：「**不好意思，請問現在幾點？**」

太多人去天文台敲門問時間，最後市民請求台長提供專門的報時服務。一八三六年，台長指派助理約翰·亨利·貝維爾（John Henry Belville）負責報時的工作。每週一早上，貝維爾依照天文台時間，校正自己的懷表，該塊懷表是頗受敬重的約翰阿諾父子鐘表店（John Arnold & Son）專為薩塞克斯公爵製作。接著，貝維爾前往倫敦拜訪客戶，有鐘表製作師、修表匠、銀行人員、市民。這些客戶付了一筆費用，好讓自己的鐘表跟貝維爾的懷表同步，也就是跟天文台的時間同步（後來，貝維爾把懷表的金殼換成銀殼，這樣去到「市裡不太好的區」，就不會引人覬覦）。一八五六年，貝維爾去世，妻子接手工作；一八九二年，貝維爾之妻退休，工作交給女兒羅絲（Ruth），日後人稱「格林威治時間女士」（the Greenwich time lady）。貝維爾小姐使用的是同一塊懷表，她稱之為「阿諾三四五」（Arnold 345）。她跟隨父親的腳步，踏上拜訪行程，向客戶通報格林威治標準時間，即英國官方時間。後來，電報發明，遠地的時鐘幾乎即刻就能跟格林威治時間同步，費用也更為低廉，貝維爾小姐的工作幾乎是過時了。一九四〇年左右，貝維爾小姐退休，當時她高齡約八十五，為五十位左右的客戶提供報時服務。

我前來巴黎會見現代的格林威治時間女士、全球的貝維爾小姐——國際度量衡局時間部部長艾麗莎．費利希塔絲．阿里亞斯（Elisa Felicitas Arias）博士。阿里亞斯身形纖瘦，棕色長髮，散發出和藹的貴族氣息。阿里亞斯是訓練有素的天文學者，曾任職於祖國阿根廷的多家天文台長達二十五年之久，最後的十年是在海軍天文台工作。她的專長領域是天體測量學，亦即正確測量外太空裡的天體距離。近來，她跟國際地球自轉與參考系統服務（International Earth Rotation and Reference Systems Service）攜手合作，該組織負責監測地球自轉的些微變化，從而判定下一個閏秒何時應加到標準時間上。我去她的辦公室見她，她請我喝咖啡。她談及自己的部門，如此表示：「我們有個共同的目標，那就是提供適合的時標，作為國際上的參考標準。」她還說，目的是要建立「終極的履歷追溯體系」。

國際度量衡局五十八個會員國管理的時鐘與時鐘群成百上千個，當中只有約五十個時鐘——「主時鐘」，每國各有一個——在運作中，並提供官方時間。這些時鐘隨時隨地都在產生秒鐘，可是它們產生的秒鐘並不一致，當中存在著奈秒（即十億分之一秒）的差異。這樣的差距不至於干擾電力公司（所需精準度僅為毫秒），也不至於中斷電信（流量是以微秒計）。然而，不同的導航系統——例如美國國防部管理的GPS以及歐盟新推出的伽利略網路——的時鐘，時間的一致性必須控制在幾奈秒之內，才能持續不斷提供服務。全世界的時鐘都應該要時間一致才對，起碼應該要以同一個同步點為標的，而世界標準時間正是選定的目標。

比較所有會員鐘在一秒鐘上的長短差別，即可得出世界標準時間。這在技術上可說是莫大的挑戰。其一，那些時鐘相隔數百、數千英里之遠。電子信號（即實際表示「立即開始計時」的信號）要跨越這麼長的距離，需要一定的時間，因此難以確切得知「同時間」的含義。為了解決這個問題，阿里亞斯的部門運用GPS衛星傳輸資料。衛星的所在位置皆為已知，衛星配備的時鐘也跟美國海軍天文台同步；有了前述資訊，國際度量衡局收到世界各地的時鐘傳來的時間信號，就能據此計算出精準的時間。

儘管如此，不確定的因素仍隱約逼近。我們無法確切獲知衛星的所在位置，惡劣的天氣與地球的大氣會導致電子信號的行進減緩或路徑改變，還會混淆電子信號真正的行進時間。設備若有電子雜訊，也會妨礙到精密的測量作業。阿里亞斯用辦公室的門作為類比，她說：「假如我問你現在幾點了，你會告訴我時間，而我會把它跟自己的時間做比對，此時我們是面對面的。假如我說：『出去，關門，然後跟我說現在幾點了。』我會問你時間，然後說：『沒聽到，再說一遍，這裡……』」她用嘴唇發出好笑的長長的「噗——」聲。「『……有雜音。』」由於雜訊使然，只好投入大量心力進行修正，方能確保國際度量衡局聽到的訊息精準反映出世界各地時鐘的相關行為。

阿里亞斯說：「全世界的時間測定實驗室總共有八十間。」部分國家擁有的實驗室不只一間。「我們必須整理所有的時間。」阿里亞斯的聲音溫柔又鼓舞人心，猶如美國名廚茱莉亞．柴爾德（Julia Child）正在描述美味的馬鈴薯冷湯的精華所在。首先，阿里亞斯帶領的巴黎團隊負責蒐集所有必要的原料，亦即各會員鐘彼此間的奈秒差異，再加上各地時鐘過去行為的相關資料。接著，使用阿里亞斯口中所稱的「演算法」處理這些資訊，該演算法會將運作中的時鐘數量納入考量（有些時鐘可能會停機進行維修或重新校準），並且稍微偏重於較為精準的時鐘所呈現之數據，好讓整體的時間趨於一致。

這個過程並不是全靠電腦運算，還需要人類考量那些微小卻重要的因素，比方說：不是所有的實驗室都是用一模一樣的方法計算時鐘數據；某個時鐘的時間莫名其妙一直是慢的，數據的權重必須重新衡量；軟體發生錯誤，試算表的有些負號不小心變成正號，必須改回負號。此外，運用該演算法還需要個人的數學才能。阿里亞斯說：「需要加上一點個人的風格才行。」

最後得出的結果就是阿里亞斯提出的「平均時鐘」，比起單一的時鐘或單一國家的時鐘群，平均時鐘的時間更為可靠。根據定義，且根據全球的協定，或者起碼是根據五十八個簽約國的協定，平均時鐘的時間是完美的時間。

世界標準時間的制定需要花點時間。光是去除所有GPS接收器的不確定因素和雜訊，就需要兩三天。世界標準時間的計算作業若是連續不斷進行，在統籌安排上是應付不來的，因此各會員鐘是每五天在世界標準時間的零時讀取當地時間。隔月的第四天或第五天，各實驗室會把手上累積的數據傳送到國際度量衡局，阿里亞斯及其團隊負責數據的分析、平均、查核、公布。

阿里亞斯說：「我們盡可能快速處理，不略過查核作業，整個過程需要五天左右。當月的第四天或第五天，我們會收到數據，第七天開始計算，第八天、第九天或第十天公布。」嚴格來說，他們收集的數據是國際原子時（International Atomic Time），世界標準時間的制定純粹就是把正確的閏秒數給加上去。阿里亞斯說：「想當然耳，世上沒有一個時鐘是顯示世界標準時間。你只會有當地計算出的世界標準時間。」

我頓時領悟，原來世界時鐘只存在於紙張上面，只存在於我們對過去的回顧。阿里亞斯露出微笑：「有人問：『我能不能看看全世界最準的時鐘？』我會說：『好啊，這就是了，這就是全世界最準的時鐘。』」她遞給我一疊紙張，紙張一角釘了釘書針。這是一個月份的報表，也可說是一次循環的報表，會發放給全體會員的時間實驗室。此報表名為**循環時間**（Circular T），是國際度量衡局時間部的主要宗旨與產品。「報表每個月公布一次，提供過去時間的相關資訊，也就是前一個月的資訊。」

全世界最準的時鐘是一份通訊。我翻閱頁面，看見一欄欄的數字。左側列出會員鐘的名稱，例如IGMA（布宜諾斯艾利斯）、INPL（耶路撒冷）、IT（杜林）等。上方欄則是以五天為單位，列出前一個月的日期，例如十一月三十日、十二月五日、十二月十日等。各資料欄裡的數字是某實驗室某日算出的世界標準時間，跟各地算出的世界標準時間之間的差距。舉例來說，十二月二十日，香港的國家時鐘數據是98.4，也就是說，在測量的當下，香港的國家時鐘比世界標準時間晚了98.4奈秒；布加勒斯特（羅馬尼亞首都）的國家時鐘在同一日的數據是-1118.5，也就是說，比世界標準時間早了1118.5奈秒之多。

阿里亞斯表示，**循環時間**的宗旨是協助會員實驗室針對其相對於世界標準時間的精準度進行監督及改善，這個程序稱為「掌舵」。會員實驗室得知實驗室時鐘前一個月跟世界標準時間的偏離情況，就能對儀器進行修正，也許下一個月的數據會更接近世界標準時間。沒有一個時鐘能達到完美的精準度，能達到一致就已足夠。阿里亞斯說：「這種方式很有用，因為是由實驗室負責掌控自己的世界標準時間。」阿里亞斯口中所描述的時間，彷彿是航道上的一艘船。「他們必須知道世界標準時間在地方上的行為表現，這樣就能確認自己是否正確航向**循環時間**。因此，他們全都會檢查自己的電子郵件與網際網路，了解國家時鐘上個月跟世界標準時間之間的差距。」

要讓時鐘變得最為精準，就必須進行掌舵作業。阿里亞斯說：「有時，你的時鐘很準，接著卻突然跳了一個時階，時間跳躍了。」她手上有一份最新的**循環時間**，她指著美國海軍天文台的那一列數據，那些數據全都小得令人佩服，在兩位數的奈秒範圍內。阿里亞斯說：「他們算出的世界標準時間很完美。」她繼續說，這是意料中事，在國際上，美國海軍天文台的時鐘數量最多，在世界標準時間的總權重中佔了百分之二十五。美國海軍天文台負責操控GPS衛星系統採用的時間，因此要擔起全球責任，嚴格依循世界標準時間。

然而，操控時間並不是人人都做得到的差事。掌控時鐘要有昂貴的儀器，不是所有的實驗室都負擔得起這種麻煩的作業。阿里亞斯說：「像他們就讓時鐘過一天算一天。」她指的是白俄羅斯某間實驗室的一列數據，跟標準時間差距頗大，日子似乎過得十分悠哉。我問她，實驗室提出的數據太不精準的話，國際度量衡局會不會拒絕它們的參與。阿里亞斯回答：「不會，我們向來希望他們提出時間數據。」只要國家時間實驗室有個像樣的時鐘和接收器，其提出數據一律會跟世界標準時間平均比較。阿里亞斯表示，「制定時間的時候」，一大目標就是「廣為傳播時間」，唯有計入每個時鐘的時間（無論有多不一致），世界標準時間才能變成世界通用的時間。

當時的我滿腦子還在想著世界標準時間到底是何物、是何時（後來，湯姆．帕克跟我說：「我花了好幾年才弄懂」）。假使虛擬時鐘是存在的，它也是存在於過去，從上個月蒐集的資料衍生得來。阿里亞斯認為世界標準時間是「即時後的過程」，是活躍的過去時態。然而，虛擬時鐘欄裡的數字，其作用有如外面世界真實時鐘的航線修正儀器或航標，引導船隻航往正確方向。世界標準時間好像一個未來名詞，猶如海平線上的港灣。你望向手表、時鐘或手機，查看波德、東京或柏林導出的官方時間讀數，此時收到的讀數只是一個估算出來、很接近正確時間的讀數，而且還是上個月的。完全同步的時間顯然確實存在——只不過再也不是了，離所謂的存在也尚有一段落差；完全同步的時間永遠處於一種「即將成為」的狀態。

我來到巴黎的時候，心中設想著世上最精準的時間源自於某種具體又極其精密的裝置，是一座有著表面和指針的華美時鐘，是一排電腦，是一座小巧閃爍的銣噴泉。不過，真相卻是人性化多了，世上最精準的時間——世界標準時間——是委員會提出的。雖然委員會仰賴先進的電腦與演算法，仰賴原子鐘的數據，但是綜合計算得出的結果——亦即略微偏重某個時鐘的數據——最終還是要由一群思慮縝密的科學家討論篩選。時間就是一群人在交談。

阿里亞斯表示，她掌管的時間部是在多個諮詢委員會、顧問團隊、特別研究小組、監管小組所構成的群體內運作。時間部要負責主持國際專家定期訪問行程，偶爾要舉辦會議，還要發布報告，分析成果，更要接受查核、監管、校準。偶爾，上頭的時間與頻率諮詢委員會（Consultative Committee for Time and Frequency，簡稱C.C.T.F.）也會介入。阿里亞斯說：「在這世上，我們不是獨自運作。小事我們可以自行決定，大事就得把提案上呈給時間與頻率諮詢委員會，而一流實驗室的那些專家會表示：『我們同意』或『我們不同意』。」

如此大費周章都是為了彌補一件無可避免的事實——光憑一只時鐘，光憑一個委員會，光憑一個人，無法呈現準確無誤的時間。原來，無論何處，這就是時間的本質。我開始跟一些科學家討論，他們專門研究時間對身心的作用，也全都表示時間的運作有如議會。一堆時鐘分布在我們的器官與細胞裡，努力相互交流溝通，跟上彼此的步調。我們對時間流逝所產生的感覺，並不是深植於大腦的某個部位，而是回憶、關注、情感等大腦活動一起運作的結果。此外，我們也無法單獨找出大腦裡的某項活動是出自於哪一個部位。大腦裡的時間就像大腦外的時間，是一種集體活動。然而，我們習於設想大腦的某處有一個重要的共同體，有一組篩選分類用的儀器，也許就像國際度量衡局一樣，是由棕髮的阿根廷天文學者負責管理。那麼，我們腦內的阿里亞斯博士是在哪裡？

當時，我請阿里亞斯說說她個人跟時間的關係怎麼樣。

她回答：「關係很差。」她桌上擺了一個小的數位時鐘，她拿起時鐘，鐘面的數字對著我。「幾點了？」

我讀出數字：「一點十五分。」

她做出手勢，要我看自己手上的腕表：「幾點了？」

腕表的指針指著下午十二點五十五分，阿里亞斯的時鐘快了二十分鐘。

「我家的時鐘，時間都不一樣。」她如此說著。「我很常遲到，所以才把鬧鐘調得早十五分鐘。」

聽她這麼一說，我鬆了口氣，隨即又為全世界的人擔憂了起來。我主動表示：「也許是因為你老是在思考時間才會這樣。」如果你的職責是協調全世界時鐘的時間，要從地球的光明與黑暗的變化，創造出統一的時間，那麼你或許就會期待自己的家是藏身之處，是可以忽視手上腕表、踢掉腳上鞋子、享有一點真正私人時間的地方。

「不曉得。」阿里亞斯一邊說，一邊聳了聳肩，巴黎人的作風。「我從來沒有錯過飛機，也從來沒有錯過火車。可是，知道自己能有這麼一小點的自由，我就做了。」

我們常把時間說成是對手，時間是小偷、是暴君、是主人。一九八七年，數位年代的開端，社會運動人士傑瑞米．里夫金（Jeremy Rifkin）出版《時間戰爭》（*Time Wars*）一書，他認為人類擁抱了「人工時間環境」，受制於「機械裝置與電子脈衝：這時間面能用數量表示、步調快、效率高又可預測。」里夫金對於電腦尤其憂心忡忡，電腦的傳輸速度是以奈秒計，「這速度超乎意識範疇」。里夫金表示，這種全新的「電腦時間代表著時間的終極抽象概念，代表著時間完全脫離人類經驗與自然韻律」。里夫金反而很讚賞「時間叛徒」所做的努力，時間叛徒提倡的概念形形色色，有另類教育、永續農業、動物權益、女性權益、裁軍等，並且「認為我們創造的人工時間世界，只會讓我們離自然的韻律越來越遠」。在這種脈絡下，時間有如確立編制的工具，有如自然與自我的仇敵。

雖然前述的修辭用語過於誇張，但是三十年後，里夫金的不滿確實引發共鳴。假使不是為了找出某種較為理性的方法度過人生，我們哪會這麼熱中於生產力與時間管理？「電腦時間」縈繞在我們心頭不去，卻也不如我們對手持式電腦與企業品牌智慧型手機的盲目依戀，而電腦與智慧型手機更使得工作日與工作週永無休止。即使我未曾把目光放在時間巨人身上，不戴手表依舊是我不甩他的做法。

話說回來，歸咎於「人工」時間，無異於過度抬舉自然。或許，過去曾有一段時間，時間純然是個人事務，只是時至今日，已經難以想像那是多久以前的事了。中世紀，農奴一聽見遠處村莊的鐘聲，就開始辛勤工作；再早個幾百年，僧侶隨著鐘鳴的節奏起身、吟誦、跪拜。公元前二世紀，羅馬劇作家普勞圖斯（Plautus）曾經悲嘆日晷的普及，說日晷「把我的日子切了砍了，成了小碎片」。古代的印加人運用複雜的曆法，算出何時應播種收割，找出人祭的良辰吉時（印加曆法是循環的「遊走年」（Vague Year），一年有十八個月，一個月有二十天，而一年的結尾會再加上帶有凶兆、為期五天的「無名日」）。早期的人類肯定也都在洞穴的壁上記下日光的位置，以利有效狩獵並在天黑前安全回到洞穴。即使前述任一種往日的習俗比今日的習俗更要貼近「自然的韻律」，地球上數十億人口仍舊是難以接納往日的習俗作為依循的樣板。

我再次望向阿里亞斯遞來的那疊紙張，然後看向她的時鐘，再看向我的手表，是該告辭的時候了。這幾個月來，我閱讀社會生物學者與人類學家的著作，他們主張時間是「社會建構」而成。從前的我以為「社會建構」有如某種「人工調味」的食品，如今的我卻是懂了，時間其實是一種社會現象。這種性質並不是時間附帶而來，而是時間的本質。時間猶如互動的引擎，在單個細胞之間是如此，在人類的集合體之間亦是如此。無論明不明顯，無論早晚，單一的時鐘只有參考周遭的時鐘，才能夠運作。人可以對此心生氣憤，我們也確實如此。然而，要是沒有時鐘，要是沒有時間的平台，我們每個人只能默默地獨自氣憤。

日 II

於是，這永無休止的一日開始了。要盡數描繪，未免流於冗長乏味。其實沒什麼事發生；可是，在我的人生中，沒有一天比這一天更重要。活了一千年，每一日都痛苦難當，得到的少，失去的多。長日終盡之際（假如真有所謂的盡頭），能說的就只有一句，我還活著。在這種情況下，我無權有更大的期盼。

——美國海軍上將兼南極探險家李察・柏德（Richard Byrd）的著作《獨自一人》（Alone）

夜裡醒來，總想看時鐘，可我已經知道幾點了。在這種時刻醒來，總是同樣的時間，清晨四點整或四點十分，還有一次，連續幾晚睡不好，醒在清晨四點二十七分。即使不去看，冬季聽著臥室電暖器聚集蒸氣發出的砰砰聲，聽著外面街頭行駛而過的零落車聲，也能推斷出時間。普魯斯特寫道：「人沉睡之時，周遭圍繞著時光的鎖鏈，歲歲年年，日月星辰，依序繞行。一醒來就出於本能參看時刻與天體，隨即解讀出自己在地球表面上的位置，以及在睡眠中流逝而去的時間。」

無論知不知曉，我們無時無刻都是這麼做的。心理學者稱之為時間定向，此為成年人時間感的特徵。時間感就是不用看時鐘日曆，就能知道現在的時間、星期或年份。不計其數的研究試圖了解人類如何做到時間定向。某項實驗，研究人員站在街頭，問路人一個簡單的問題：「今天星期幾？」或者提出是非題：「今天是星期二。」然後記下路人的答案。研究結果發現，週末時或快到週末時去問，對方會更快正確答出今天是星期幾。有些人是用回想的方式作答，例如：「昨天是星期X，那麼今天一定是星期Y。」有些人是用明天是星期幾來回想。至於是朝哪個方向回想，端賴於哪個週末比較近，是上個週末比較近，還是即將到來的週末比較近。今天是星期一或星期二的話，就比較可能以昨天為參考點，推算出「今天」是星期幾；接近星期五的話，就會以明天為參考點。

也許，我們是憑藉時間的地標，找出自己的所在位置。我們朝週末而去，猶如船隻航向前方或後方海平線上的島嶼，在日子的海洋上，逐漸接近我們的所在位置（就此而論，我們顯然經常用空間來描繪時間，比如說：明年還「遠得很」，十九世紀是「遙遠的」過去，我的生日「就快要到了」，彷彿火車即將靠站）。也許，我們的內心編寫了一份清單，當中列出今天可能的日子。我們陸續畫掉資格不符的日子，最後只剩下一個選項。「今天可能是星期四，總之絕對不是星期三，因為星期三早上我都會去健身房，而我現在沒有提著健身包。」一時間參考點到了星期三就會移動位置，為什麼？越是接近週末，回頭看的想法就越是減弱，為什麼？可惜，前文提及的兩種模式不太能解開心頭疑問。無論採取何種方式，人類的時間定向永不停歇，秒復一秒，分復一分，日復一日，年復一年。從夢境中醒來，看完電影出來，從精彩的書本上抬起頭來，心想，我在哪裡？現在什麼時候了？我們忘了時間，好一會兒才能再度回到自己的所在位置。

半夜醒來，我不用看時間就知道幾點幾分，或許也是基於簡單的歸納法——上次半夜醒來是清晨四點二十七分，上上次也是同樣時間醒來，所以現在八成是清晨四點二十七分。問題在於我為何或如何總是在同一時間醒來。美國哲學家威廉．詹姆斯寫道：「我總是在同一時間醒來，**一分鐘都不差**，每夜每晨皆是如此，對此我終其一生詫異不已，要是這習慣是偶然開始的就好了。」在所有清醒的時刻當中，就屬那個當下，我清楚覺知自己是為某樣東西所操弄；要麼我體內有個機器，要麼我是機器裡的鬼魂。

無論是哪種情況，只要鬼魂開始思考，就有好多可思考的。有個疑問最為顯著，想做的事情何其之多，擁有的時間何等之少，進度又何等落後。我的編輯寫道：「我看了行事曆，上面排了你的書，我得要知道進度。」就在妻子蘇珊即將生雙胞胎——我們唯二的孩子——的前幾週，我開始投入本書的撰寫。如今回想起來，我選擇的時機並不理想。親友迫不及待開起玩笑，說我現在要是連時間都管理不好，別擔心，小孩很快就會幫我管好。

這些清醒的時刻雖是充滿憂慮，卻也平靜，甚而融洽，我覺得擁有這些時刻，就好像在一顆蛋裡頭。這個想法是在某晚入睡前浮現心頭，我把想法寫在床邊的筆記本，稍後在清晨四點二十七分（據我猜想），我發現自己竟然沉浸在這個概念裡，既訝異又開心。彷彿我在沉睡時掉入那顆蛋裡，醒來成了蛋黃，底下有廣袤的當下在托捧著。這狀態不長久，我很清楚。到了早上，小時與分鐘會重申自身的存在，看似廣袤無垠的時間就此消失不見，也可能是關在無法觸及之處。我在蛋殼之外，試著想像自己如何回到蛋殼裡。在有限的裝蛋紙盒裡，懷想著無窮的時間，正是現代生活的緊張不安基調。可是，這想法關乎明天。現在，床邊的時鐘滴答作響，有如廚房裡的煮蛋計時器傳來的模糊滴答聲，有如隱約的心跳聲。

從前從前，有個男人進入山洞，獨自在那裡待了好多個日夜。他看不見自然光，沒有日出宣告一天的開始，沒有日落宣告一天的結束。他沒有時鐘手表，無從標示時刻的流逝。他書寫，他閱讀柏拉圖，他對自己的將來思考良多。好長一段時間，他都是獨自跟時間相處，只不過時間的長度並非他所預期。

前文所述是法國地質學者米歇爾．西弗伊（Michel Siffre）在一九六二年進行的第一次時間實驗。當年二十三歲的西弗伊在法國南部洞穴發現地底冰河，名為斯喀拉森（Scarasson）。時值冷戰與太空競賽時期，輻射避難所與太空膠囊是常見的討論話題。西弗伊跟許多科學家一樣，思考著人類在這種與世隔絕、不見天日的場所要如何生存下去。西弗伊最初的想法是在洞穴裡進行為期兩週的研究，不久卻決定待久一點，用兩個月的時間探討他日後口中所稱的「我的人生信念」。二〇〇八年，他向《陳列櫃》（*Cabinet*）雜誌透露，他過著「如同動物般」的生活，「活在黑暗裡，對時間毫無所知。」

西弗伊搭了一座帳篷，在行軍床上放了睡袋。他按自己的意願睡覺、醒來、飲食，並且書寫記錄自己的活動；另外還有一小台的發電機，可點亮一盞燈，供他閱讀、研究冰川、四處走動之用。他老是覺得冷，雙腳總是濕的。他唯一能跟地表聯絡的管道就是電話，他經常打電話給地面的同事，回報脈搏率與進度，而那些同事都依循嚴格的指示，不透露任何跟日期時間有關的資訊。

西弗伊七月十六日進入洞穴，打算在九月十四日離開。可是，西弗伊的記事本寫著八月二十日的時候，同事打電話說，實驗結束了，時間到了。依照西弗伊的推算，只過了三十五天，醒來、睡覺、閒晃的日子應該只有三十五天。然而，依照外界的時鐘，六十天過去了。時間飛逝。

西弗伊無意間發現一件跟人類生物學有關的重要事實。科學家已經知道動植物天生就能依循二十四小時的週期，亦即日變週期（circadian cycle，circadian 這個字的來源是拉丁用語 circa diem，意思是「約略一天」）。一七二九年，法國天文學者麥蘭（Jean-Jacques d'Ortous de Mairan）發現，天芥菜屬植物即使擺放在黑暗的壁櫥裡，葉子在黎明開啟、黃昏閉合的行為仍舊維持不變，似乎天生就能掌握何時是白天、何時是黑夜。招潮蟹為了偽裝自己，在一日當中會定時改變體色，從灰色變成黑色，再從黑色變回灰色，即使沒有日光也一樣。就算剝奪日光，果蠅還是有規律地在黎明時分從蛹殼裡冒了出來，這種適應手段是為了防止新生的翅膀乾掉，因為黎明的空氣最為潮濕。內在的日變節律並不是百分百符合外在的日變節律；有些生物體內的日變時鐘比二十四小時略長一些，有些則是略短一些。天芥菜要是放在黑暗裡太久，最後就會跟大自然的一日週期不同步。這種情況跟我的腕表差不了多少，我的腕表沒有連線到無線電與衛星的信號（這類信號會傳播準確無誤的世界時間），所以我每天都要調整腕表的時間。

到了一九五〇年代，大家都明白了，人類也有內生的日變時鐘。一九六三年，西德當時的馬克斯普朗克行為生理學研究所（Max Planck Institute for Behavioral Physiology）生物節律與行為部部長尤金．艾許夫（Jürgen Aschoff），把隔音防空洞改成實驗站，實驗站沒有機械時鐘，受試者可待個數週，艾許夫負責監測受試者的生理狀況。西弗伊在斯喀拉森冰河進行的實驗，率先證實人類的日變週期並不是恰好二十四小時整。西弗伊清醒的時間長度，每日的差異頗大，清醒時間短則六小時，長則四十小時，但平均而言，他的清醒睡眠週期為二十四小時又三十分鐘。於是，他的時間不久就跟地表的時間不同步了，而像這樣的一隻動物單獨困在一處思考人生的想法，令他深感不安。他下降到洞穴裡，是為了研究極端的隔離對人類心理帶來的影響；他現身於地表時，無意間卻成了人類時間生物學的先驅，日後他稱之為「半瘋又困惑的傀儡」。

美式英文最常使用的名詞是Time（**時間**）。然而，要是你請專門研究時間的科學家解釋時間是什麼，對方必定會反問：「你所謂的時間是什麼意思？」

你已經懂得若干概念，也許會跟我一樣，剛開始先把時間的意思限定為「時間感」，用以區分外在時間以及你的內在所理解的外在時間。這樣的二分法就表示真相有層級之分。首要是手上的腕表或牆上的時鐘顯示的時間，通常視之為「真實時間」或「實際時間」。其次是我們對真實時間的感知，而時間感的精準與否，端賴於時間感有多符合機械時鐘的時間。仔細一想，這種二分法有其意義，卻不太能讓我們站在人類的層次去理解時間來自何方，又去向何處。

不過，話題扯得太遠了。人類是否真能「感知時間」，向來是科學文獻長久爭論的議題。心理學者與神經系統學者多半認為人類無法感知時間。我們的五感——味覺、觸覺、嗅覺、視覺、聽覺——全都來自於那些能偵測到個別現象的個別器官，比如說，振動的空氣分子觸發內耳裡的鼓膜移動，就是所謂的聲音；光線的光子照射在眼球後方的專門神經細胞，就產生了景象。然而，人體沒有一個器官是專門用來察覺時間。持續三秒的聲音與持續五秒的聲音是有差別的，一般人都察覺得到，狗、大鼠、大多數的實驗動物也都做得到。可是，動物的大腦如何以這般精密的程度追蹤及計量時間，科學家還是難以解釋清楚。

如欲理解時間在生理學上的意義，一大關鍵就是要知道我們在討論時間時，所指涉的是以下一種或多種的獨特經驗：

時間長度：有能力判斷兩起特定事件之間經過多少時間，或者精準估計出下一次事件何時發生。

時間順序：有能力辨別事件發生的順序。

時態：有能力區分過去、現在、未來，並了解明日的時間方向異於昨日。

「當下感」：主觀察覺到時間「當下此刻」正在流逝（暫且不論「當下此刻」的意義）。

時間的討論往往令人困惑，自是不用多說，畢竟我們只使用「時間」一詞來描述多種層次的經驗；對熟知科學的人士而言，**時間**就跟**葡萄酒**一樣，是個概略的名詞。這類的時間經驗——時間長度、時態、共時性——多半如此基本又與生俱來，似乎毫無差別，可是這種說法唯有從成年人的角度去看才站得住腳。根據發展心理學，時間的觀念是人類漸進獲知。人類出生後的頭幾個月，學著區分「現在」與「不是現在」，然後才終於體會到這個基本的觀念。然而，這顆覺知的種子也許早在我們仍在子宮時，就已經種在我們的心裡。小孩到了四歲左右，才能精準區分「以前」與「以後」。隨著年齡漸長，我們益加敏銳察覺到「時間之箭」及其單向的飛行路徑。我們對時間的所知，並不是德國哲學家康德提出的先驗。時間不僅是我們習得的觀念，還得耗時多年方能充分體會。

我們經常想到時間，我們估算時間的長度，思考昨日與明日，區分以前與以後。我們棲居於時間，細想著時間，我們預期著、追念著、談論著時間的流逝。前述大致上都是意識層面的經驗，而且只要人類有能力訴說，那些就都是人類獨有的經驗。然而，在意識層面底下，在思維不及之處，在所有生命皆可回溯至近四十億年前之所在，藏著日變週期，藏著日復一日的時間。就生物現象而論，日變週期在可靠度方面可說是極其機械化，而二十年來，科學家在描繪基因與生物化學的基礎上，也屢屢獲得重大進展。在人體內的所有時鐘當中，迄今就屬日變時鐘最為人所理解。科學界對人類時間的探討，假使能繪製成有形的旅程地圖，那麼就我們對日變節律的所知，那旅程始於白晝底下的堅硬地面，漸漸落入沼澤般的黃昏。

一想到日變節律，往往會想到睡眠清醒週期。不過，這是個引人誤解的指標，雖然睡眠模式受到日變時鐘的影響，卻也受到意識的掌控。人可以選擇早睡早起；也可以當夜貓子，白天睡覺，晚上清醒；甚至可以連續好幾天都不睡。日變時鐘不會那麼容易就被推翻，要是真有那麼容易，就不值得依靠了。

要追蹤日變節律的情況，比較精準的方法是透過體溫，起碼人類是如此。我們常聽到人類的平均體溫是攝氏三十七度（其實是攝氏三十六點八度），但這也只是平均值。在一天內，人類的體溫最多可相差兩度；體溫有高低起伏，下午三點左右到傍晚時分達到高峰，而接近黎明、清醒之前會降至最低。高峰體溫及其發生時間，確切範圍因人而異；從事活動或生病也會造成體溫上升。然而，所有人的體溫一整天都是規律升降，日復一日皆然。

其他的生理機能也密切依循日變週期。靜止心率的差距可達每分鐘二十四次，視當日的時間而定。血壓在二十四小時的期間內有高低起伏，凌晨兩點至四點的血壓最低，白天血壓升高，約略中午時分達到最高。夜間的排尿量比白天少，不只是因為喝的水少，也是因為荷爾蒙的活動（荷爾蒙的釋出亦依循日變週期）致使腎臟留住更多的水分。你可以依照日變時鐘安排日常工作，下午三點左右，生理機能協調與反應時間達到高峰；下午五六點左右，心臟最有效率，肌肉最強壯；清晨時分，疼痛耐受度最高，因此牙科手術以清晨最為理想。酒精代謝在晚上十點至早上八點之間最為緩慢，同一杯酒在人體內停留的時間，晚上比白天停留得久，所以晚上喝酒比白天容易醉。皮膚細胞在午夜至清晨四點間的分裂速度最快。鬍子生長速度白天比晚上快，晚上刮鬍子，早上醒來不會滿臉鬍碴。

這些節律對健康帶來莫大影響。中風與心臟病的發作經常在中午之前，那時血壓升高的速度最快。荷爾蒙濃度在二十四小時期間內自然會有高低起伏，藥物的功效會因服藥時間而有很大的差異，有越來越多的醫生與醫院會基於此項事實開藥。所有種類的動物也有同樣狀況。某項不幸的實驗室研究對大鼠施用了劑量可能致死的腎上腺素，造成了低則百分之六、高則百分之七十八的死亡率，死亡率的高低視施用時間而定。某些殺蟲劑下午使用可以殺死更多蟲子。日變節律還會影響人的情緒與心智敏銳度。某項研究請受試者把雜誌上的字母e都畫掉，越多越好，限時三十分鐘；結果，受試者在早上八點的表現最差，晚上八點半的表現最佳。

警覺度也深受日變節律影響。體溫達到高峰，警覺度也隨之達到高峰；體溫降至最低，警覺度也隨之降到谷底。體溫最低的時期多半在黎明之前。有份研究結果顯示，夜班勞工的生產力不如他們自己的預期。凌晨三點至五點間，勞工對警訊的反應力最慢，最有可能誤讀儀表的指數。數學家史蒂芬・史特格茲（Steven Strogatz）發現，車諾比、博帕爾、三哩島的意外事故，艾克森瓦德茲號（Exxon Valdez）漏油事件，全都歸因於凌晨三點至五點間的人為失誤，輪班勞工都稱這段期間為「殭屍期」。人類基於好奇，願意取悅殭屍，科學界益趨揭露出這般輕浮對待所帶來的有害影響。

時鐘是滴答作響之物，凡是能不斷規律響著的，幾乎都能當成時鐘，例如：原子的振動，擺動的秤錘，繞軸自轉或繞著太陽旋轉的星球。僅僅一堆木炭也會滴答響。木炭是由碳原子組成，碳原子通常有六個質子和六個中子（碳十二），但有一兆分之一左右的機率，碳原子是由六個質子和八個中子組成（碳十四）。在活著的生物上，碳十四與碳十二的比率相當一致，但生物死亡後，兩者的比率就會下降，因為碳十四的原子會逐漸衰退成氮十四。這種情況平均每五千七百年就會發生一次。只要知道衰減率以及木炭裡的碳十四與碳十二之比率，就能計算木炭的年代，數以萬計的年份。木炭或任何的碳化石，都是宙元鐘。

時鐘——星球、鐘擺、原子、岩石——是否也會計算滴答聲呢？這是一道長久以來爭論不休的哲學問題。日晷的刻度盤上面記錄著晷針移動的陰影，刻度盤上面刻印的數字標示出時間。計算數字的，是時鐘？還是你？時間的存在是否跟計算時間的心智無關？古希臘哲學家亞里士多德沉思道：「靈魂不存在的話，時間存不存在呢？這是值得一提的問題，因為要是沒人去計算時間，就沒了可計算的東西。」這道問題就像是森林裡有樹木倒下的公案，假使沒有科學家測量木炭的碳十四／碳十二比率，那麼木炭還是時鐘嗎？奧古斯丁的看法倒是斬釘截鐵，他認為時間存在於人對時間的測量，因此時間全然是人類心智的產物。已故的物理學者理查．費曼（Richard Feynman）也呼應奧古斯丁的看法，費曼說字典上面寫著時間是一段時期，可解釋成時間長度，這種解釋無異於循環論證。費曼表示：「總之，真正的重點並不在於解釋時間的方法，而在於測量時間的方法。」

在日變時鐘裡滴答作響的是細胞的內容物（亦即基因與蛋白質），還有內容物之間的交流。每個活體細胞都含有ＤＮＡ，ＤＮＡ是緊密交纏的兩股基因物質。在真核生物（範圍廣泛的有機體，所有的動植物皆涵蓋在內），ＤＮＡ是留存在細胞膜內的細胞核。每股ＤＮＡ其實是兩股鏈交纏形成的雙螺旋結構，這兩股螺旋是由核苷酸構成，而核苷酸又造就了長短不一的基因。ＤＮＡ的活動頻繁，它經常拉開暴露出一個基因或幾個基因，複製出有作用的基因，然後從細胞核裡送到細胞質，細胞質會根據送來的範本，建構不同種類的蛋白質。想像一下，島上有個忙碌的建築師要郵寄藍圖給大陸上的製造商，製造商會依照藍圖打造出各種機器人。

絕大多數的基因會對那些在細胞裡其他位置執行活動的蛋白質加以編碼，進而組成蛋白質分子，可催化代謝反應，修補內在損傷。然而，日變時鐘基因——有兩個主要基因——

並非如此。日變時鐘基因會對細胞質裡形成、最終滲回細胞核裡的一對蛋白質進行編碼，細胞核裡的編碼蛋白質會連接到原始基因的活化物並將其關閉。簡單來說，日變時鐘基因不只是一對基因而已，最終還會藉由各種媒介關閉自己。我們的這位建築師不是只有寄出藍圖而已，她還把字條裝在瓶子裡，寄送給未來的自己。最後，海洋裡累積了足夠數量的瓶子，字條終於來到建築師的手中，上面寫著：「小睡一下吧。」

建築師睡著、時鐘基因休息之時，蛋白質的生產也停了下來。既有的蛋白質會在細胞質裡逐漸退化，不再擠進細胞核裡，也不再關閉基因，因此基因可以再度下命令。如果你覺得此過程聽來像個循環，其實這就是天擇偏好的方式。值得注意的並不是生產的東西（整體上也並非有形之物），而是生產期間，也就是時鐘基因初次啟動、關閉、再度開啟的循環過程，整個過程平均需要二十四小時。確實有東西生產出來了，但不是分子，而是時段。實際上，日變時鐘是細胞的DNA及其蛋白質製造者之間的交流，約需一天的時間才會揭露出來。這個內生的時鐘會滴滴答答度過一個循環，即使有內在時鐘者（例如人類、小鼠、果蠅、花朵）在黑暗裡連續待個幾天也是如此。然而，日變時鐘並不是跟日光週期一樣長，它會漸漸跟太陽日不同步；若經常暴露在陽光下，就能重設日變時鐘，跟太陽日同步。日光是交流的調解者，每天斟酌權衡一番，好讓交流不偏離正軌，卻也不會時時刻刻都出手干涉。

在細胞裡，生化反應多半不到一秒鐘就發生了，而日變時鐘的週期長度約二十四小時，就顯得更引人注目。實際上，細胞核裡的時鐘基因，細胞質裡的蛋白質，兩者的交流都是由一連串額外的分子居間調停，這些分子是由自身的基因加以編碼。也許，與其說是交流，倒不如說是瘋狂的電話遊戲。我們的這位建築師寄了張字條給自己，卻有一些中間人要居中處理，例如承包商、快遞員、管理員。最後，字條終於到了，花了二十四小時！

科學家對日變時鐘的知識多半來自於動物研究。一九六〇年代，西摩・本澤（Seymour Benzer）與羅諾・科諾普卡（Ronald Konopka）展開一系列經典的實驗，結果發現果蠅活動力的高低是依循二十四小時的週期。此外，某些品種的果蠅呈現的節律略長於或略短於二十四小時，有時差距的幅度很大。生物學者進行果蠅的異種交配，微調DNA後，找出了相關的基因，揭露了時鐘運作的基本模式。名為per與tim（分別代表「period」〔時期〕

與「timeless」（永恆」）的一對基因會進行編碼，生產出名為PER與TIM的一對蛋白質。這兩個蛋白質會共同形成單一的分子，這類分子在細胞質裡累積足夠數量，就會回到細胞核，關掉per與tim這兩個基因。

後續研究也在小鼠身上發現了很類似的時鐘和很類似的成分，但小鼠時鐘的關鍵基因與蛋白質有其他變異。研究員也在人類細胞裡找到同樣的基因成分。所有的動物——小至螞蟻蜜蜂、大至馴鹿犀牛——確實都依循著構造類似的日變時鐘。植物有日變時鐘，許多品種的植物預期早晨會有昆蟲襲擊，就會運用日變時鐘，打開化學防禦機制；植物的日變時鐘若正常運作，比較能抵抗昆蟲的襲擊。美國萊斯大學（Rice University）細胞生物學者珍妮特．布拉姆（Janet Braam）及同僚發現，甘藍菜、藍莓、其他蔬果在採收後，其日變時鐘仍舊繼續滴答響。然而，在不停照射的雜貨店燈光底下，在冰箱裡持續的黑暗當中，日變節律開始消失，關鍵化合物的週期生產也跟著消失，使得植物易受蟲襲，或許風味也會變淡，甚至營養價值流失。我們把蔬菜變成了……蔬菜＊。

＊ vegetable，編註：意思是呆板或毫無生氣。

就連卑微卻獲充分研究的麵包黴菌，也是依循著日變時鐘。動植物時鐘的共同概念充分引人注目又根深柢固，因此有些生物學者猜想，自從多細胞生物在七億年前首度現身於地球，就全都是依循同樣的時鐘，只是版本不同罷了。這種想法在清晨四點二十七分，在我思量著自身意識以及終歸一死的當下，實在令人欣慰。或許，人類是唯一知道自己終歸一死的生物，而我是其中的一員。青草準備好接收陽光，就算我有可能使用割草機，青草也依舊是無憂無慮。我醒來時，蜜蜂也醒了，遠方植物的花朵會生產出我的咖啡機要用的咖啡，而在我家廚房流理台上的麵包，黴菌漸漸增加。同樣的遺傳特徵在我們的體內滴答響，把時間告訴我們，讓有能力的去計算時間。

請問現在幾點？

我們想要知道現在是什麼時間。只要看看床邊的時鐘、手上的手表，或者開口問人：

一切順利，可是等看了第二個時鐘，卻發現上面的時間老是跟第一個時鐘不一樣。要相信哪一個呢？於是，我們找了另一個時鐘做調停，比如說：市區廣場鐘樓上的時鐘，領班門口的打卡鐘，校長室牆上掛著、放學時就會響鈴的時鐘。如果要我們每個人都準時，那麼我們全都得依循同一個時間，這樣才能在同一個時間全部準時。也就是我們必須同步才行。生活猶如一部以他者時間為主題的改編大作。

人類的細胞也是如此。一九七〇年代，研究人員發現哺乳類動物的主要日變時鐘，顯然是一種名為視交叉上核（suprachiasmatic nucleus）的腦部構造。視交叉上核是下視丘裡約兩萬個特定神經元的雙叢集，靠近腦下，會依循日變節律同時間發出信號。視交叉上核的名稱源於其所在位置，它位於視神經交叉的正上方，左右兩眼的視神經交叉處（這個位置容易接收外在世界的資訊）。視交叉上核每天調節體溫、血壓、細胞分裂速度，和其他重要活動。視交叉上核會依日光重新調節，也會按自己的節奏走；若是待在黑暗的洞穴裡，或者沐浴在恆定的光線中，視交叉上核會重複著平均二十四點二小時的韻律，接近二十四小時的日變節律。實驗室囓齒動物或松鼠猴的視交叉上核若是遭到移除，體內的節律就會變得不同步，也就是說，體溫、荷爾蒙的釋放、生理活動都不依循日變模式，前述活動失去了共有的時鐘，彼此之間再也無法同步。倉鼠若處於這種狀態，就會罹患糖尿病，睡不著覺，失去方向感，動作也不協調。然而，視交叉上核細胞移植回去，生理時鐘就會失而復得，不過有可能會依循捐贈者的時鐘。

這種細胞叢並不是人類唯一擁有的生理時鐘，根據過去十年的研究，人體內幾乎每個細胞都自有一個日變時鐘。肌肉細胞、脂肪細胞、胰臟、肝臟、肺臟和心臟的細胞，甚至是整個器官，都依循著自己的日變節律時間。某項研究以二十五名腎臟移植病患為對象，結果發現七名病患的新腎臟忽視新主人的日變節律，反而堅持依循捐贈者的排泄節奏。其餘十八名病患的腎臟跟新主人的內在節律同步，卻是剛好相反，也就是說，新腎臟最活躍的時候是舊腎臟最不活躍的時候，反之亦然。就連基因——用以製造蛋白質、維續細胞、管理內在能量網、最終界定我們是誰——也是依循日變的規律運作。約十年前，我們以為只有少數的哺乳類動物基因會依循日變規律；如今，大家都很清楚，這樣的節律是所有基因都有的基本特質。我們的體內充滿無以計數的時鐘。

每個時鐘都有可能自主運行，自行滴答作響，要是跟其餘時鐘隔離，就會以將近一日的週期自行運作。此外，這些時鐘很少會同步擺動。研究員在小鼠心臟與肝臟的一千多個基因當中發現，基因的活動雖是依循日變規律運作，卻是各有差異。想像管弦樂團的畫面：弦樂器（即小提琴、中提琴、大提琴、低音大提琴）呈現多層次的主題；銅管樂器與木管樂器則是對位；打擊樂器在後方隆隆作響，偶爾傳出引人注意的鑼聲。然而，少了指揮，結果就會是一團噪音。在人類與多種脊椎動物的身上，視交叉上核的作用有如指揮，可藉由荷爾蒙與神經化學物質維持主要的節奏，將節奏傳達給周邊的時鐘，讓這些時鐘保持步調一致。時鐘要好好運作的話，必須把自己的時間告訴附近的時鐘，或者起碼要聆聽並理解其他時鐘所說的話。時鐘有如音樂會，有如團體的對話，有如互動的故事。你不光是體內裝著一堆時鐘而已，應該說加總起來，你就**是**一只時鐘。

然而，這個人體時鐘也不是完美的時鐘，光憑它一個稱不上完美。人體時鐘要跟二十四小時的日變週期同步，就必須根據外在世界的信號重新調節，以每天調節為最理想。最強烈的信號顯然就是日光，而正如所有的哺乳類動物與大多數的動物，人類的光線通道就是眼睛。如果說視交叉上核是身體的指揮，那麼眼睛就是節拍器，它轉譯生理時間，讓生理能夠了解。視網膜—下視丘路徑（retinohypothalamic tract）是一條單獨的神經徑，從眼睛後方通到視交叉上核，日光一進入眼睛，信號就會傳到體內的指揮，從上面提醒指揮要讓交響樂再度開始演奏。

這個過程稱為同步導引，體內的諸多時鐘要統一運作，就端賴於此。不是隨時隨便一種光線就能對這位指揮重新調節，至於光線的哪個波長最有成效，哪種暴露時間長度最理想，一日哪個時刻最理想，科學家這些年來已有充分的了解。睡眠實驗室使用特殊照明儀器，可讓受試者過著不同長度（二十六小時、二十八小時）的一日生活，或者半夜起床、中午睡覺。然而，要是只剩下體內的儀器可以倚靠，那麼導引著我們的，就是白日，就是規律的地球自轉。我的手機傳送信號到內有超級精確時鐘的軌道衛星上，然後等待衛星回應，藉此跟地球上的其他地方同步。如果我的腦袋要跟地球上的其他地方同步，那麼我只要張開眼睛，讓白日的光線進入眼睛就行了。

從前從前，有個細胞進入山洞，獨自在那裡待了好多個日夜。那個細胞是我，也是你。那個細胞在誕生的幾個月前，是李奧（Leo）和約書亞（Joshua）——我那異卵雙生的雙胞胎兒子。

是我們誕生於時間之中？還是時間誕生於我們之中？答案當然要看時間的意義，「我們」的意義，還有這個我們是何時開始的。最初是始於一個細胞，在這個活躍的半封閉式工廠裡，有生化反應與互動、能量傳遞、離子交換、回饋循環、有節奏的基因表現。前述活動加總起來，即是細胞的電位隨著時間而有的細微起伏。一個細胞變成兩個細胞，再變成數以千計的細胞，然後變成可辨認的胚胎。受孕後四十天至六十天間，將來會變成視交叉上核的細胞隨即出現。這些細胞產生於初形成的大腦的某個部位，漸漸漂移，到了十六週的懷孕中期，就固定在下視丘。狒狒的胚胎發育跟人類很像，到了妊娠末期，視交叉上核的細胞會自行開始有所起伏，也就是說，在約二十四小時的週期內，視交叉上核細胞的代謝活動會有高低變化。在缺乏日光的情況下，會出現長度接近一日的規律，細胞依循日變規律運作。

在更早的妊娠期，大約是二十週的時候，視交叉上核移到定位一個月後，人類的胎兒即清楚呈現出依循晝夜規律活動的跡象。心跳率、呼吸率、某些神經類固醇的分泌，全都是依循二十四小時的週期而有所變化。然而，胎兒並不像是某些不同步的法國洞穴學者那樣，在內生的時間裡漂流不定。儘管胎兒處於黑暗當中，視網膜—下視丘路徑——日光的信息通往主要時鐘核心的途徑——也尚未成形，但是胎兒的日變週期活動還是會跟子宮外的自然明暗週期同步。白日究竟是怎麼進去裡頭的？

答案就是藉由母體。在經由胎盤進入胎兒體內的營養素與物質當中，有兩大神經化學物質，分別為神經傳導物質多巴胺與褪黑激素，在胎兒主要時鐘與外在晝夜時間的同步上，兩者都扮演關鍵角色。在子宮內的結構成形初期，這兩種神經化學物質的受體會出現在視交叉上核。夜裡我躺在黑暗之中，往往想著子宮裡的生活肯定就像這樣，只是更好，那裡沒有時鐘的滴答聲，也沒有滴答聲的念頭忽隱忽現；胎兒浮在空間裡，超越時間，不慌不忙，天真無邪。可是，這顯然是虛構杜撰，其實胚胎一直浸泡在正確的時間裡，正確的時間也充溢在胚胎裡。在這段借來的時間裡，胚胎活著、成長著。

胎兒對於一日的認知是二手的，那麼胎兒到底從中獲知了什麼？科學家認為，早期感知子宮外部的晝夜變化，可能會有一項優勢。在地洞裡生活的哺乳類動物，例如鼴鼠、小鼠、地松鼠，出生後頭幾天或頭幾週通常不會暴露在直接的日光下。如果新生的幼崽終於現身在地面上，必須額外花幾天的時間適應日光規律，便很容易受到獵食者的攻擊。也許對牠們而言，對人類而言，在子宮裡體驗到的日變週期，正是好的開始，等於是為日光下的現實，修習了先修課程。

然而，日變時鐘也是整理內環境時不可或缺的環節。動物——即使處於胚胎時期——有如一堆迷你日變時鐘的組合，數以十億計的小時鐘存在於細胞、基因、發育中的器官裡頭，以約二十四小時為一天週期，對指定的任務進行處理。中樞時鐘先是由母體的子宮提供，最後是由個體的視交叉上核提供。少了中樞時鐘，體內各種系統就無法正確發育，也無法跟其他系統相互合作。如果胃決定一點鐘進食，而胃酶在一小時後才出現，那麼消化就會變得沒效率。在個體的時鐘準備就緒前，母體時鐘為胎兒提供基本的條理，某篇期刊論文稱之為「內在臨時秩序的一種狀態」。母體時鐘還統合了胚胎與母親的生理機能，讓兩者在同一時間進食、消化、代謝。畢竟，在誕生的那一刻以前，胎兒其實就是母體的一部分，是另一個需要管理引導的周邊時間。

母親的日變節律也是胎兒的鬧鐘。研究人員發現，許多哺乳類動物的分娩發作，也受到日變週期的影響。比如說，大鼠通常是在白天出生，白天相當於大鼠的夜晚，而在實驗室裡，只要縮短或延長母體暴露在光線下的時間，就能改變分娩發作的時間。就美國婦女而言，在家生產者大都是在晚上生產，在凌晨一點至五點之間（然而，在醫院，新生兒大都是出生在週間的早上八點至九點間，可能是因為催生與剖腹案例益趨增加所致，通常在這樣的安排下，醫護人員提供的照護品質會更加完善）。有好幾項的動物研究顯示，胎兒在生產的時間安排上也扮演活躍的角色。在孕期的最後一天，早已跟太陽日同步的胎兒大腦主要時鐘會觸發神經化學物質信號的串連，信號的串連會在出生時達到高峰。這個幼小的時鐘原本是個待在黑暗裡的周邊時鐘，如今現身在這世界，宣布自身的獨立，促成自身的解放。

七月四日凌晨，李奧和約書亞提早六週半出生，相隔四分鐘。新生兒是種怪異的生物，滿臉驚恐，哇哇叫嚷，全身包覆著白色的胎兒皮脂。回首當日情景，老實說，兩個兒子剛現身於產房，我眼前所見就是兩尊有些瘋癲脫節的活動木偶。小小的奇觀。他們在誕生前的數個月期間，已經十分熟悉時間，時間猶如藉由胎盤輸送進來的神經化學物質洗澡水。如今，這兩個新生的人類急切找著床邊時鐘，想知道**現在幾點了**，卻也沒指望自己能找著。

當然了，他們的新時鐘——宇宙時鐘——正以光的形式照射在他們身上（那其實是凌晨兩點鐘的醫院燈光，不過幾小時後，他們就會曬到真正的日光）。米歇爾・西弗伊從內生的洞穴時間首次現身於日光底下，就是受益於成熟的日變節律系統。回到文明世界不過幾天，他的睡眠清醒週期恢復到接近正常情況，再度跟親友、跟更廣闊的世界同步。反之，新生兒誕生在這個世界時，其日變時鐘尚未完全運作。生下來的時候是跟母親同步，然後有好幾週的時間，在大白天的時候，陷入暫時的混亂，把全家人也都一起拖下水。

就我記憶所及，幾週大的新生兒睡眠紊亂，多半是出於這個原因。我們全都睡得很少，睡眠時間也不定，我的工作記憶變得模糊起來。我記得自己好幾次在午夜過後一邊用奶瓶餵兩個嬰兒，一邊看《霹靂神探》（*The French Connection*），儘管如此，我還是說不出劇中情節，只記得有個鬍子男，有地下鐵追逐，金・哈克曼（Gene Hackman）戴著平頂紳士帽。我的情況跟西弗伊很像，幾乎不記得前一天做了什麼，不記得前一天有多長，也不記得前一天到底結束了沒。那整段時期模糊成一大段由不眠與失眠構成的時間。好幾個月過後，蘇珊和我終於再度擁有回顧的能力，我們發現自己都在說，那個時候「時間停在原地」，那個時候「時間飛逝」，而且我們覺得這兩種狀態都是真的。

嬰兒出生後約三個月內，一天要睡十六小時至十七小時，可是睡眠模式並不統一。新生兒的休息時間平均分散在二十四小時的週期，起先是白天睡得比晚上久，到了十二週，才是晚上睡得比白天久。這種散亂的模式是內在溝通不佳所致。雖然嬰兒出生就有個日變時鐘在下視丘運作，但是負責將日變規律傳遍大腦與身體的神經與生化通道還沒有完全連接起來。佛羅里達大學醫學院的小兒科主任史考特．利夫奇斯（Scott Rivkees）對我說：「時鐘滴滴答答不停走，可是時鐘裡頭發生的事情和生物的其餘部分，可能會有不協調的情況。」嬰兒的大腦知道當日的正確時間，卻沒辦法適當散播出去，就好像美國海軍天文台無法將時間信號傳送到GPS衛星網，就好像美國國家標準技術與研究院忘記開啟時間專用的無線電頻道。

不久之前，這種不協調的情況還是臨床上頗感興趣的主題。一九九〇年代晚期，利夫奇斯幫忙找出了早產兒與新生兒的視網膜—下視丘路徑，這條神經路徑連結了眼睛與視交叉上核。利夫奇斯還發現，此通道在妊娠晚期就有作用了，即使嬰兒提早數週出生，此通道也會回應光線。利夫奇斯對我說，這個發現還有當中所含的意義，出乎他的意料。早產兒在強壯得可以回家以前，都是待在新生兒加護病房。一九九〇年代晚期，新生兒加護病房的常見做法是一律關燈，當時的推論主張子宮很暗，早產兒所在的醫院環境也應該要很暗。利夫奇斯不由得猜疑那番推論是否合理。早產的嬰兒立刻失去了母體傳入的日變週期信號，而初形成的器官與生理系統要漸漸彼此同步的話，這些資訊十分重要。然而，早產兒的視網膜—下視丘路徑還沒起作用，可能會自行理解日變週期資訊。利夫奇斯猜想，醫院本來是努力去做正確的事，卻剝奪了嬰兒應獲得的必要臨時資料。

利夫奇斯與同僚共同進行實驗。控制組的新生兒在出院前，會待在典型的新生兒加護病房環境裡，在兩週的期間一直暴露在病房的昏暗照明下。第二組的新生兒暴露在規律循環的光照下，早上七點至晚上七點之間，燈光是開啟的，其餘時間則關燈。兩組的嬰兒回家時，腳踝都有活動監視器，持續記錄心跳率與呼吸的些微變化。根據資料顯示，返家待了一週以後，兩組嬰兒的睡眠模式大致一模一樣。不過，曾經暴露在醫院循環照明下的嬰兒，日間的活動力比夜間高了百分之二十至三十，母親跟嬰兒的互動也比較頻繁；控制組的嬰兒要再過六至八週，才會出現類似的模式。早期暴露在光線下，早期感知到時間，用處比保健食品還要大，更是新生兒家庭培養關係時的關鍵環節。

如今，新生兒病房通常採用循環照明，部分要歸功於該項研究結果。小兒科醫師通常建議家長在家中使用遮光窗簾，黃昏到黎明之間應該要遮光，嬰兒午睡時不要關上窗簾。然而，利夫奇斯表示，部分家長還是有著子宮不受時間影響的迷思。小兒科護理師到府訪視，經常發現新生兒睡的房間一直很黑或昏暗。利夫奇斯說：「你以為小孩回家會住在明亮通風的房間裡，卻往往不是這麼一回事。」即使是嬰兒出生後，母親還是持續把自己的日變節律刻印在嬰兒身上。母乳含有色胺酸，色胺酸這種分子在攝取後會合成為褪黑激素，這種神經化學物質可引發睡意。色胺酸自然是依母親的日變時鐘時間表製造出來，母乳的色胺酸含量在一天中的某些時候會比較多。定時餵食母乳，嬰兒更能配合母親的睡眠週期，更能配合日變週期。近來有多項研究顯示，相較於餵食配方奶的嬰兒，親餵母乳的嬰兒更快依循合理的睡眠時間表。對新生兒而言，一天的時間是一種既要消耗也要吸收的東西。

我聽到哭聲，在黑暗裡醒來。是李奧，他餓了。幾點了？我摸索著時鐘，拿到眼前。清晨四點二十分，今天是六月二十一日，夏季的第一天，日光照射時間最長的一天。我顯然要清醒度過這段白晝了。

在約略兩萬個時鐘細胞以及視網膜一些特化神經元的協助下，李奧和約書亞經歷第一個將近三百六十五天的日光，產生了代謝變化。有好幾週的時間，他們睡了一整夜，卻在第一道曙光之時，甚至是趕在鳥兒之前，就提早醒來，一臉難受樣。友人堅稱，只要我們讓小孩比平常時間晚一點睡覺，小孩早上就會晚一點醒來。可是，我們研讀過日變週期的同步導引現象，願意把理智交付給科學。

光線會重新調節日變時鐘，但不是任何一種光線都有這樣的作用；否則的話，豈不是每一個逝去的日光時刻都能重新調節日變時鐘。實際上，生物對光線最為敏感，更精確而言，生物是對光線強度的變化最為敏感，而且是在生物眼中的一日開始之時。夜行動物（如蝙蝠）的日變時鐘對傍晚日光強度變化的敏感度高於早晨，晝行動物（包含進入白晝期的小孩）對黎明光線的敏感度高於黃昏。由此可見，無論小孩子前一天晚上是六點鐘入睡，還是八點鐘入睡，都會在同樣那麼早的時候醒來。

我再度在心裡跟蘇珊討論這整件事（她現在也醒來了），此時外頭的鳥兒突然唱起歌來，起先是孤單一隻知更鳥用顫音鳴唱，然後是一整群合唱。現在時間是清晨四點二十三分，蘇珊拖著腳步去餵李奧。二十分鐘後，李奧再度入睡，蘇珊回到床上。不到一分鐘，約書亞醒了，哇哇叫。蒼白的日光穿透窗簾，滲進房內。鳥鳴聲變得刺耳，我們覺得約書亞是因此才會一直醒著。研究日變節律的科學家用**授時因子**（Zeitgeber）一詞來描繪生理時鐘重新調節的事件——Zeitgeber 源於德文的 Zeit（時間）與 Geber（給予者）。最強烈也最常見的**授時因子**就是日光。要是長時間剝奪日光照射，人類就會尋找其他信號，潛意識地調節自身的日變節律，那信號或許是鬧鐘，或許是鈴聲，或許是簡單規律的社交接觸。

日光是知更鳥的**授時因子**，知更鳥是小孩的**授時因子**，小孩是大人的**授時因子**。

蘇珊輕聲說：「死鳥，閉嘴。」

我們益發深切體認到，當父母親就是漸進又持續不停的一次次退讓。起初，我們對自己說，我們其實不是新手爸媽，我們是管理新創公司的經理人。按照這種說法，我們的生活會跟以前一模一樣，只不過是多了兩個可愛又表現不佳的員工。我們的工作就是強制他們按表操課，幾點和幾點進食，幾點鐘到幾點鐘睡覺，完全配合我們大人以前沒孩子時的時間表。可是，我們的公司日趨像是由靠不住的員工持有運作。

我變得執著於小孩的午覺時間，在這段長達兩三個小時的時間內，我可以找回從前的自己，做一些從前的自己想做的事，比如寫作或睡覺，假裝現在的自己還是從前的自己。然而，這只是不切實際的幻想。我把兩個小孩輕輕抱到嬰兒床裡，躡手躡腳離開，他們會安靜下來，可是不久其中一個就會開始喋喋不休，然後叫我。我要是不過去，他就會大聲叫嚷，接著開始跳上跳下，才不管另一個就在旁邊熟睡。太不講道理了吧，此舉冒犯了我那新的家長獨裁地位，還進一步侵害了我的獨立感。我努力告訴他：**這是我的時間**。

我好說歹說，又哄又罵，他反倒興奮起來，害我更為惱火。我一臉不悅，他卻不為所動，似乎覺得用滑稽的動作激怒我，真的很好玩。我頓時意識到自己變成大人，現在這個小孩在反抗我。最後，我明白了，他其實不是想要反抗大人，只是想要大人跟他玩而已。我屈服了。我放棄了自以為還能工作的幻想，我們兩個在午覺時間醒著，開開心心一起反抗大人。某天下午，他指著臥室牆上的時鐘，時鐘的滴答聲讓他睡不著覺，而他想要更近一點看時鐘。我把時鐘拿下來，帶到他的面前，讓他看時鐘背面的塑膠盒，裡頭有電池和機械裝置。然後，我把時鐘翻到正面，我倆眼神迷茫，一起望著秒針轉圈。

哈德遜河畔的山腳下，有一棟老舊的建築，我在那裡工作。這棟建築物的前身是啤酒廠，現在裡頭開著各式各樣當地的店家，有承包公司、鋼琴維修店、兒童舞蹈教室，還有各種藝術家和音樂家在那裡工作。牆壁很薄，地板是合成地板，整個結構逐漸腐壞。晚上，我用塑膠布蓋住電腦，免得天花板漏水或有砂礫碎屑掉下來。有一天早上，我發現有一隻泥蜂在天花板上築起巢來。還有一天，牆壁那裡傳來隔壁業主罵員工——那員工恰好是業主的母親——的聲音：「假如我要趕最後期限，卻還需要更多時間，那麼第一要務就是搞清楚還需要多少時間！」

前面外頭的停車場旁邊有一座人造池塘，池邊有張長椅，我有時會去那裡想事情。池塘很小，也許只有三十公尺寬，池塘邊緣是水泥砌成。水——郊區徑流——從遠處一道長滿野草的溝渠進入池塘，再從近處的排水管出了池塘。早春之際，池水清澈，在一公尺深的池底附近游著的金魚清晰可見。五月中旬，池塘表面泛著一層綠色的膜。到了六月末，池塘塞滿浮渣，沒什麼可看的，倒是有一堆可想的。

世間的渣滓幾乎都未受到應有的對待。我們口中所稱的浮渣通常是指藍菌，舊稱藍綠藻，此名稱涵蓋了各種住在水裡、靠陽光成長的單細胞原核生物，即缺少細胞核的生物。藍菌不是尋常的細菌（你家中的細菌不會行光合作用），精確來說，也不是水藻（水藻是單細胞的真核細胞，有細胞核）。不過，藍菌到處都是，在地球上的生物量佔有一定比例，也是食物鏈的根基。在四十五億歲的地球上，藍菌是極其古老的生命型態。藍菌最起碼是出現在二十八億年前，也許是早在三十八億年前就出現了，當時地球的大氣還沒有氧氣存在；大家都認為，藍菌這種單細胞在行光合作用時，產生氧氣這項副產品。不知怎的，在某個時間點，時間空間的枯燥本質因生命而變得內在化、形象化。如果說生命時間的歷史是從某一處開始的，藍菌算是個好起點。

擁有內生的時鐘，等於是具備有用的適應工具。首先，內生的時鐘是個不可或缺的備用品。理論上，生物沒有內生的時鐘也過得下去，只要直接不斷利用二十四小時的日光規律，就能滿足自身所有的時間測定需求，舉例來說，自身的內環境還是能保持井井有條。只可惜到了晚上，還有陰天的時候，就會跟日光規律脫節（這種情況就有如電波時鐘在日落後無法接收無線電，沒有方法可自行計時）。然而，一九八〇年代晚期之前，生物學者多半認為微生物（例如藍菌）不具備日變時鐘，理由也很簡單，他們認為一般的微生物壽命短暫，不需要日變時鐘。一個藍菌通常每幾小時就會分裂成兩個全新的藍菌，在大太陽底下，藍菌的分裂會更快速更活躍，黑暗處的分裂速度較慢。一個母細胞經過二十四小時的時間，可產生六個世代或更多的世代，形成大量的細胞。正如范德堡大學微生物學者卡爾．強森（Carl Johnson）對我所說的話：「假如你到了隔天就不會是同一個人，那麼時鐘還有什麼用處？」

二十多年來，強森向來是站在研究的前線，他證明細菌其實具備日變時鐘，而且還是出奇精準的時鐘。此外，細菌的時鐘不像是動植物細胞和真菌細胞裡的時鐘，於是令人不由得猜想，日變時鐘起初為何會進化？後續出現的各種時鐘之間有何關聯？

藍菌經由光合作用，產生氧氣；許多生物也會處理氮氣，從空氣中取得氮氣，再轉換成植物可運用的化合物。氧氣的存在使得捕捉氮氣時需要的酶受到抑制，產生氧氣又要處理氮氣，同時做兩種工作堪稱一大挑戰。比較複雜的絲狀藍菌只要將兩種工作分配給體內的多個細胞，就能同步進行前述活動。然而，單細胞的藍菌就只有一個細胞，只好依時間分配工作，白天進行光合作用，夜間處理氮氣。

這種一日週期的存在，就表示微生物具備某種日變時鐘。強森與幾位同僚共同合作，解開日變時鐘的奧秘，他們主要研究光合藍藻（Synechococcus elongatus），這是實驗室經常使用的一種藍菌。各種的藍菌普遍都有這樣的日變時鐘，其他的微生物也有類似的日變時鐘，只不過跟更高等生物的日變時鐘之間，幾乎毫無相似之處。光合藍藻的核心有三種蛋白質，分別是 KaiA、KaiB、KaiC，名稱源於日本漢字**回天**（kaiten），是指天之循環輪迴。KaiC 是最重要的蛋白質，外觀有點像是兩個甜甜圈上下相疊，更貼切而言，就像是時鐘裡的齒輪。KaiC 偶爾會跟 KaiA 或 KaiB 進行互動，KaiA、KaiB 會稍微改變形狀，以便抓住或釋放磷酸鹽。最後，三種蛋白質會聚集在一起，組成生命短暫的單一分子，叫作異源多聚體（periodosome）的複合體。加州大學聖地牙哥分校微生物學者蘇珊．戈登（Susan Golden）把前述蛋白質的互動稱為「團體擁抱」，這種擁抱需要二十四小時左右才能完成。

戈登對我說：「那就像是時鐘的齒輪在轉一樣。」這種結構有好幾個層面引人注目，但主要的驚人之處則是在於其獨立性。高等生物的日變時鐘是由有節奏的DNA表現加以推動；細胞核裡的關鍵基因會促進細胞質裡的蛋白質形成，然後關閉細胞核裡的這些基因。藍菌沒有細胞核，其日變時鐘僅是蛋白質之間的對話。雖然這些蛋白質是由特定基因製造（去除這類基因的話，時鐘最後會因缺少成分而以失敗告終），但是蛋白質時鐘滴答作響的速率與基因表現的速率之間，並無密切的關聯。蛋白質時鐘滴答響的速率跟細胞的DNA其實完全無關，關鍵的蛋白質要是從細胞裡提取出來，隔離在試管裡，還是會連續多天不斷進行為期二十四小時的擁抱。

戈登說：「在植物、動物、真菌的體內，時鐘是個非常模糊的東西。時鐘有如多起事件的整體代表，還有一堆參與者四處打轉。藍菌的時鐘有個特點，它是個東西，是個裝置。

你可以把它隔離在試管裡，讓它發揮作用。」

人們認為細胞的某些成分（例如產生能量的粒線體以及發生光合作用的葉綠體）曾經是自由游動的原核生物，遭攝取後卻從未代謝，基本上可說是體內的共生生物。我不由得猜想，蛋白質時鐘是否也有類似的過去？以前的蛋白質時鐘是否獨立存在於大自然，並且像借來的手表那樣，由藍菌內化而成？也許於今仍是如此？戈登的答案是否定的，科學家唯有在實驗室裡運用精密的技術，才能在活體細胞之外成功複製蛋白質時鐘。然而，戈登表示，時鐘的存在正可呈現出這個系統耐用又簡單。只要有適合的容器和僅加上幾個部分，天擇不用太費力就能製造出精準的手表——而且這手表還能代代相傳下去。

沒錯，藍菌分裂時，時鐘會一分為二，繼續滴答作響，連一拍也不錯過。兩個細菌變成四個，變成八個、十六個、數百萬個，全部都一模一樣，全部都有著同樣的時鐘，走著同樣的時間，大家都同步了。時鐘是由一堆蛋白質組成，這些蛋白質在細胞膜裡互動。細胞膜分裂，蛋白質也隨之分裂，如此一來，內在的機制就會維持不變，兩個新容器還是依照舊拍子走。由於內在機制的運作跟生物的DNA無關，因此時鐘的存在可說是超越了任何一種個別細胞的壽命。光用看的，難以得知這點，但池塘表面上的薄膜，那數以十億計的藍菌細胞，正可呈現出一只手表的一致表面。

在數十種藍菌的體內，也找得到這類時鐘的某種變體。戈登說：「可能也有別的生物具備其他種類的時鐘，到底外頭還有多少個時鐘，我們並不清楚。」動物、植物、真菌、細菌，它們體內運作的時鐘，種類何其多，生物學者不由得猜想這些時鐘之間的關係究竟有多深。生物學界出現兩派看法。第一種派別稱為「多時鐘派」，認為二十四小時的日光規律一直是無處不在的天擇之力，加上日變時鐘是關鍵的適應工具，因而演化出種類無以計數的日變時鐘。戈登說：「不同的生物在自家廚房裡可運用不同的材料烹調成時鐘，能成的就能成。」

第二種派別是「單時鐘派」，持有相反的主張，認為日光的規律向來是無處不在的天擇之力，原始的日變時鐘一經演化，就會一直演化下去。這個論點比較站不住腳，人類與植物之間，植物與真菌之間，真菌與藍菌之間，在時鐘類型上差異甚巨，似乎難以達成一致。然而，微生物學者卡爾・強森認為，最後有可能會達成一致。強森認為，基因轉錄而後轉譯成蛋白質，蛋白質相互交流，多細胞生物的時鐘於焉形成，也就是說，藏在這交流底下的，是藍菌的蛋白質時鐘在滴答作響，推動這些明顯的交流。強森對我說：「轉錄與轉譯也許不是核心的模式，我一直在推廣這樣的觀念。或許，藍菌正在引領我們邁向新的思維方式。」

對著浮渣時鐘池塘凝視得夠久，問題就接二連三冒了出來，比如說：「日變時鐘是經過多次演化？還是只演化一次？」「為什麼會開始演化？」自然沒有一個答案是可以證實的，天擇掩蓋了自身的足跡。然而，日光肯定促成了日變時鐘的出現。日變時鐘的規律，太陽日的長度，兩者的關係密不可分，在生物界又是如此一致又普遍的現象，因此絕對不可能是純粹的巧合。

假如你是微生物的話，你對體內為期二十四小時的日變時鐘可以做哪些事情呢？沒太陽的時候，日變時鐘是個有用的備用品，此外更是個預測裝置，近似鬧鐘；日變時鐘還能準確預估明天的太陽何時出現，讓你做好迎接太陽的準備。假如你會行光合作用，那麼日變時鐘或可讓你的能源採集機制做好準備，也許還能領先其他光合作用系統，從而繁殖得更成功，把你的日變時鐘傳給未來的世代。這項優勢在赤道附近也許沒那麼有用，畢竟赤道的白天和晚上的長度一樣，日升日落的時間未曾變化。然而，朝地球的極區往北或往南移動，日光與黑暗的比率會隨著時間的進展，每天都有變化，此時日變時鐘就有助於預測這樣的變化。或許，日變時鐘讓早期的生物得以拓展範圍，如同十七世紀經度與機械時鐘的發明，英國人得以探索地球各大洋，在遙遠的島嶼建立殖民地。

然而，日光是選汰壓力的一種，有利也有弊，該利用也該迴避。紫外線會嚴重損害細胞的DNA，而在細胞分裂期間，亦即DNA解開螺旋、自我複製時，基因組是最為脆弱的。約四十億年前的環境更是危機四伏，當時的地球尚未形成臭氧防護層，無法像現在這樣避免生物暴露在危險的太陽射線下。那些可製造氧氣與臭氧層——至少需耗時十億年——的藍菌，處境更是危險至極。藍菌沒有鞭毛，無法移動，也就因此無法沉入水域的陰影下。

既要繁殖，又不能讓自身的脆弱部位暴露在紫外線下，藍菌到底是怎麼做到的？

日變時鐘也許會有幫助，有了日變時鐘，微生物就能安排細胞分裂發生在一天之中比較不危險的時間點，生物學者稱之為「逃離光線」假說。藍菌光靠太陽能就可運作，在光線下似乎是不斷分裂，卻也會對繁殖一事施加一些暫時的限制。某項研究以野外的三個微生物群落——兩個是水藻群落，一個是某種藍菌的群落——為對象，結果發現它們一整天都在行光合作用，但中午有三至六小時會停止製造新的DNA，然後在日落前再度繼續製造。中午時分，最易受紫外線影響的群落區會在陰影底下睡個有效率的午覺。

現代的動植物細胞也許仍以「隱花色素」這種特殊蛋白質的形式，保有這段演化的歷史。這類蛋白質對於藍光與紫外線很敏感，也是屬於生物日變時鐘的一部分，讓生物跟自然的日光週期保持同步。這類蛋白質的結構十分類似DNA光解酶，會利用藍光能量，對受到紫外線損害的DNA進行修復。有些生物學者認為，DNA光解酶的角色可能已隨著時間的流逝而有所演化。DNA光解酶一開始也許只是個修復紫外線損害的工具，經吸取納入日變時鐘後，成為隱花色素，角色更偏向管理，讓生物完全避開太陽造成的損害。醫學生變成了調解人。

如果逃離派的主張正確無誤，那麼日變時鐘堪稱為世上第一個預防療法，是安全性交的先驅。生物要是有預感，懂得避開白天最危險的時段繁殖，那麼就能獲得下一代。生物要是挑的時機不好，配的裝備不當，基因就沒了。生死存亡，馬爾薩斯*人口論，不就這麼回事。我望著辦公室前方的池塘，雖沒能立刻看懂箇中規律，卻也覺得應該就是如此吧。它們也許是浮渣，卻把時間給了我們。

*編註：英國人口學家和政治經濟學家馬爾薩斯（Thomas R. Maltrus, 1766-1834）認為應採取預防性抑制措施，如禁欲、晚婚、不婚等來遏制過度的人口增長。

一九七二年二月十四日，米歇爾．西弗伊進行第二次重大的、也是史上歷時最久的時間隔離實驗。在美國太空總署的資助下，西弗伊在德州德利奧（Del Rio）附近的午夜洞窟，打造出一間地底實驗室。木製平台上搭了大型尼龍帳篷，裡頭有床、桌子、椅子、各種科學儀器、裝有食物的冷凍庫，還有七百八十一桶容量一加侖的水。沒有行事曆，沒有時鐘。他在新聞攝影機前露出微笑，親吻新婚的妻子，擁抱母親，隨後就沿著三十公尺深的垂直豎井下降至洞穴，進入他的隔離空間裡。一切順利的話，他會待在洞穴裡六個多月，直到九月為止。他之後如此寫道：「絕對的黑暗，全然的寂靜。」

西弗伊計算時日的方法是使用週期，從清醒時間到清醒時間的週期。他早上很忙，一起床就打電話給地面的研究小組，研究小組會把他在洞穴裡安裝的燈給打開。他記錄自己的血壓，在健身車上騎四點八公里，用空氣槍練習五回的目標射擊。他把電極貼在胸膛上測量心跳，貼在腦袋上記錄睡眠狀態，使用肛溫計測量體溫。他刮鬍子時都會把刮下的鬍鬚保留起來，以便日後研究荷爾蒙有無變化。他還清掃地面，周圍的岩石會分解成塵土，到處都是塵土，還混合著之前的蝙蝠群落遺留的糞便，所以塵土飛揚時，他努力不要吸進去。

西弗伊很想知道獨自一人長時間與世隔絕，在不知道時間的情況下，身體的自然節奏會發生什麼事。根據艾許夫和其他研究員的研究，部分受試者與世隔絕一個月，就會開始進入一天四十八小時的規律，睡眠和清醒的時間是一般人的兩倍。太空船或核潛艦的人員會不會達到這樣的生活規律並從中受益？可是，進行測量，貼附及取下溫度計和電極，篩分鬍鬚，這樣的作業日復一日反覆地做，西弗伊不久就心生厭煩。第一個月還沒過完，唱機就壞掉了，這可是他轉移注意力的主要媒介。他在筆記本上面寫著：「現在我手邊只有書了。」黴菌不斷擴散，連科學設備的刻度盤也發霉了。

根據測試與測量的結果，西弗伊頭五週在地底下過著二十六小時的日變週期。體溫每二十六小時分別上升下降一次，雖然他並未察覺到這點，但是睡覺和清醒的時間也是依循這樣的規律，每天起床的時間都晚了兩小時，三分之一的時間都在睡覺。就像上次在斯喀拉森冰河的情況，他變得不同步了。他完全依循內生的時間表，不靠日光也不靠社會的規律，過著盧梭的理想生活。

西弗伊在地底下待了三十七天的時候（據他的計算是三十天），發生了前所未有的事情。他的體溫和睡眠週期，不但跟太陽日脫節，彼此之間也相互脫節，但他渾然不知。他保持清醒的時間久得超過了平常的就寢時間，然後睡十五小時，是他平常睡眠時間的兩倍。之後，他的時間表來回變動。有時他是依照二十六小時的週期睡覺，有時週期是四十至五十小時之間。不過，他的體溫始終維持二十六小時的週期變化。他沒有留意到這些情況。

於是科學家發現人類的睡眠習慣不是全由日變週期支配。隨著一天時間的流逝，腺苷（adenosine）這個神經化學物質會在體內逐漸累積，引起睡意，而腺苷的增長就稱為恆定壓。想睡的感覺是可以推翻的，第一種方法是小睡片刻，消耗部分的腺苷，並且把想睡的感覺推遲到晚上；第二種方法是硬撐過去，也許是飲用含咖啡因的飲品，盡量努力保持清醒。然而，一睡著就是由日變週期接管。睡眠的初期階段，會進入深沉的睡眠，不過隨著夜色加深，就會開始做夢。做夢，亦稱快速動眼期睡眠，最有可能發生在體溫最低的時候。就多數人而言，做夢是發生在醒來前幾個小時。由此可見，因為體溫會隨日變週期變化，所以很可能在漫長的夢境後，醒在黎明之前，比方說，像我這樣每天都差不多醒在同一個時間點，清晨四點二十七分。

換句話說，腺苷會讓人有睡意，只要不硬撐就會入睡。睡眠的強度取決於先前清醒多久時間，也就是說，抗拒恆定壓多久時間。不過，讓人從睡眠中清醒過來的，是黎明前升高的體溫，這也是日變週期的現象。清醒因素多少可以操控，但體溫因素就沒辦法操控了。睡眠時間的長短，端賴於入睡時間點與體溫最低點的相對關係。入睡時間離體溫最低點越近，睡眠時間就越少，即使清醒時間比平常還要長，也不例外。

日後科學家在乾淨的實驗室裡進行隔離實驗，從而得知這種現象，而且受試者並沒有像西弗伊那樣感覺受到剝奪。西弗伊一度寫道：「我正度過人生的深淵。」第七十七天，他的手無法靈活串珠鍊，心智也無法把思緒串連起來，連記憶力都衰退了。「昨天發生的事情，我記不起來，就連今天早上的事情也記不得了。要是不趕快把事情給寫下來，就會忘記。」他刮除雜誌上的黴菌，讀到文章寫著蝙蝠的尿液與唾液會經由空氣傳染狂犬病，不由得陷入嚴重的恐慌。第七十九天，西弗伊拿起電話，大喊：「J'en marre!」（我受夠了！）

其實，還不夠，當時的天數未滿預定天數的一半。他測量、監控、探查、貼附及取下電極、剃鬍、掃地、騎車、射擊，日復一日，最後再也受不了了。他拔掉身上所有的電線，心想：「花時間做這種愚蠢的研究，簡直浪費生命！」然後，他想到自己拔掉電線，同事會損失一堆寶貴的數據，只好再貼回去。他考慮過自殺，可以弄得像是意外，卻又想起了這次的實驗還有帳單要付，死了的話，父母就得付帳。

第一百六十天，西弗伊聽見小鼠的沙沙聲。待在午夜洞窟的第一個月，夜裡小鼠移動的聲響簡直把他給嚇壞了，於是他設下陷阱，剷除掉一整個群落的小鼠。如今，他卻渴望有隻小鼠作伴。他把那隻小鼠取名叫阿鼠，花好幾天的時間研究牠的習性，打算要活捉牠。他用焗烤盤草草做了個陷阱，以果醬為誘餌，終於在第一百七十天，這隻即將成為他朋友的小鼠小心翼翼接近陷阱，他在一旁看著，只要再踏出小小的一步……他猛然把蓋子蓋在焗烤盤上，心臟興奮得怦怦跳。他寫道：「進入洞穴後，這還是我首度有一陣喜悅感。」可是，事情出了錯。他舉起焗烤盤，發現自己不小心把小鼠給壓扁了。他望著牠死去。「嗚咽聲逐漸淡去，牠動也不動，孤寂感淹沒了我。」

九天後，八月一日，電話響了，實驗結束了。西弗伊還會在洞穴裡再待一個月，進行額外的測試，不過這一個月終於有人類作伴。九月五日，在地底待了兩百多天的他回到地表，面對眾人歡迎他的喧鬧情景，還有青草的香氣。他累積好幾箱的錄音帶，還有好幾公里長的磁帶有待分析。他視力減弱，慣性瞇眼，還有五十萬美元的債務，要在接下來的十年償還。

七月前往北極，要攜帶的物品當中，或許就屬手電筒最沒用處，我卻帶了兩支。時至今日，我還是說不出原因。北極圈的北部，始於北緯六十六度，阿拉斯加費爾班克斯（Fairbanks）往北二〇一公里，從五月中旬到八月中旬，太陽不會落下。太陽在最低點的時候，總在地平線正上方徘徊不去，蒼白的日光照射在一里又一里起伏不定、潮濕泥濘的凍土地帶，即使凌晨兩點鐘，仍是同樣不變的情景。夏季無異於漫長的一日。整個生態系統歷經演化，已能善用這段日光不滅的夏季時光，在八月末太陽首度落下之前，在日光開始墜向為期數週的冬夜之前，生物忙著開花、孵化、餵食、游泳、交配、產卵、再度躲藏。這些我事先都知道了，可是，不知怎的，我想像著一片需要我來照亮的黑暗，那片黑暗在我或可探勘的洞穴裡，在我或可窺看的北極地松鼠的地洞裡，在我那黑之又黑的帳篷裡的行軍床底下。

我來到北極是為了跟拓里科研究站（Toolik Field Station）的生物學者一起做研究，研究站位於阿拉斯加的北坡，拓里科湖（Toolik Lake）的湖畔。研究站興建於一九七五年，是一處繁忙的營地，有多間高科技的移動式實驗室，還有耐受嚴酷氣候的半圓拱形活動房屋，除此之外，這裡杳無人煙。往南是布魯克斯山脈（Brook Range），有如一道嶙峋的壁壘橫跨在地平線上。往北二〇九公里，是北極海岸普拉德霍灣的死馬鎮（Deadhorse），也是阿拉斯加輸油管的北端。要抵達彼處，必須沿著道頓公路，開五個小時的車子一路碾壓過去，在這條寬廣的碎石路上行駛的，大半是聯結車，它們轟然而過，掀飛了拳頭大的岩石。

南北之間是連綿不絕、無邊無際的凍土地帶，還有成百上千、狀如淚珠的淺湖，拓里科湖即是其一。凍土地帶乍看是枯燥乏味又單調一致的地景，實則為豐富又多樣的生態系統，富含苔蘚、地衣、地錢、莎草、草本植物、矮生灌木。地表往下三十公分或六十公分即為永凍土，未結凍的地表上層住著田鼠、野兔、狐狸、地松鼠、大黃蜂、築巢的鳥類等生物。每年夏季，約有一百位科學家與研究生前來研究站，探勘凍土地帶，在湖泊溪流採集樣本，進行量測、秤重、記載。這片地景變化緩慢，卻並非那麼脆弱不堪。在其他地方，一般生態研究為期不過數年，預算經費與專注時間也有限。然而，拓里科象徵著科學家奮力不懈的精神，努力了解自然環境在數十年期間的運作方式。

白晝的學問深深吸引著我。為了前往研究站，我提出申請，說明我有意深入了解日變節律，還列出一些問題，想要追隨拓里科的生物學者，探討一番。比如說：「光照方式如何影響新陳代謝？如何影響微生物和浮游植物的週期？」「在更為廣大的食物網中，這些影響是如何表現出來？是經由群體的分布與成長率？是經由氧氣與養分的可用量？還是其他途徑？」我的意思是，北極的夏季環境極端惡劣，日變節律是如何出現在這種最貧乏的生態系統中？在最是貧瘠之處，生物時間是何等樣貌？

其實，我只是想要知道那是什麼感覺。一九三七年四月到七月，時值嚴寒黑暗的南極冬季，探險家李察．柏德（Richard Byrd）在南極小屋獨居四個月，記錄氣象讀數。柏德在回憶錄《獨自一人》（*Alone*）中寫道：「這一切應該從頭說起。我深切喜愛這門研究，在迄今仍無人居的南極洲內陸觀察氣候與極光，這經驗勝過一切，更有其堅實的價值，我真的想要踏上南極親身體驗……我人生沒什麼重要目的，沒有像那樣的。沒什麼的，只不過是一個人渴望充分經歷那種體驗，想獨處一陣子，想長時間品嘗和平、寧靜、孤獨的滋味，想認識到那些滋味有多美好。」

我想要擺脫掉時鐘。我讀過的時間隔離實驗，都是躲在洞穴裡或黑暗嚴寒的小屋裡進行的。可是，夏季在阿拉斯加的曠野，體驗兩週不落的日光，聽來動人，正好是容易退縮的我會欣賞的那種冒險。別管我那對雙胞胎了，我不在的時候，他們會度過兩歲的生日，而太陽正等著把永久的日光灑在我的身上。

一萬年前，最近一次的冰河時期結束，最後的冰河從北坡退去，留下了溪流，留下了面積小、深度淺、相互連接的湖泊，蔓延成一大片的水網，而且幾乎全都位於道路無法抵達之處。一九七三年，麻州伍茲霍爾的海洋生物實驗室（Marine Biological Laboratory）派出一群生物學者組成的研究小組來到北極，目的是研究輸油管可能受到的影響，當時正是輸油管興建期間。他們發現拓里科湖就位於布滿碎石的公路旁邊，一處興建輸油管的營地附近。他們在附近搭帳篷，著手開始工作，偶爾會去營地那裡洗衣服，從冷凍庫裡拿根冰棒。後來，他們搬到湖泊對岸，扎下根來。如今，研究站佔地達數千坪，還是全世界研究北極生態系統的最先進實驗室。

一天早上，我跟著北卡大學格林斯伯勒分校的淡水生物學者約翰．歐布萊恩（John O'Brien），前往其中一處的田野地點，亦即拓里科正南方數公里處的三座小湖。光憑雙腳不可能抵達該處，凍土地帶凹凸不平，長著如海綿般柔軟濕潤的地錢，還有堅硬的棉花草草叢，在凍土上長距離行走會筋疲力盡，像是在沼澤裡跋涉，只是扭傷腳踝的風險高多了。研究站有一台小直升機專供戶外研究用，歐布萊恩安排直升機，讓我們與三位研究生搭乘，機上備有橡皮艇、槳、裝滿採樣工具的背包。直升機停在其中一座湖泊當中稍微隆起的地方，該座湖泊僅有九十一公尺寬，勉強稱得上是池塘。直升機離開後，草也靜止不動，此時蚊子紛紛包圍過來。白晝光亮無風，暖和得不尋常。

歐布萊恩曾經參與一九七三年在拓里科開拓的研究小組，此後幾乎每年夏季都會離開家人好幾週，回到拓里科，針對微小的淡水植物，以及專吃淡水植物、體型稍大一些的淡水浮游動物，研究兩者的互動情況。我們在研究生態系統時，往往著重生物層面，例如橈足動物、地衣、雪跳蟲、燈蛾、灰噪鴉、北極茴魚。然而，前述生物都是短暫的軀體、臨時的器皿，只是讓養分不斷流經它們罷了。前來拓里科的科學家，研究領域各有不同，有植物學、湖沼學、昆蟲學等——不過，最終都是探究同一個基本生物地球化學，也就是從土壤到溪流、從葉子到空氣、從雨水到土壤，這種周而復始的循環當中的碳、氮、氧、磷等元素。科學家藉由成長率、呼吸率、生物重量，仔細量測前述元素。在該區各處量測一段時間後，就能可靠判斷生態系統的整體表現與變化。

在拓里科的第一天過後，就發現那裡的研究員顯然沒人在研究日變節律生物學，無論是北極地區還是其他地區都沒人研究。此外，他們全都在研究同一個主題的各個面向，那個主題就是無可否認的地球氣候暖化現象。北極含有的生物要素相當少，這個基本模型有利我們了解生態系統對全球暖化的反應有多錯綜複雜。此外，北極地區本身就至關重要，全球的陸域碳至少有百分之十封閉在凍土裡。隨著氣溫上升，凍土裡會有多少陸域碳釋放出來？有多少的陸域碳會遭植物重新捕獲作為促進生長之用？有多少的陸域碳會進入大氣中，導致地球暖化加劇？拓里科荒涼無人住居，為時已久，如今卻益發成為一切事物的中心所在。

歐布萊恩說：「早期山頂都會積雪，一整個夏天都是這樣。這種溫暖的氣候很討厭。」歐布萊恩站在湖畔，眼睛望著南方的布魯克斯山脈，身體倚著橡皮艇的船槳，彷彿那支槳是個研究員。六十六歲的歐布萊恩，身材魁梧，求知欲強，頂著亂蓬蓬的白髮，蓄著粗硬的白鬍子。他的存在有如船錨，令我安心。他喜歡說故事，我也喜歡這點。他講的故事多半是這樣開頭的：「以前啊……」以前啊，北坡是見不到大雷雨的。以前啊，才不會想要穿件T恤就到野外來，而他現在卻是這樣穿。以前啊，沒有筆電，沒有GPS定位系統，沒有專門的鐵工，在拓里科所有的東西只能靠自己做出來。

歐布萊恩說：「以前啊，總是那麼關注自己的肉體需要，引出了內心的獸性。」他在阿拉斯加的第一個夏季，跟幾位同仁花了三個月的時間，調查諾阿塔克河谷（Noatak River Valley），那又是阿拉斯加境內一處杳無人煙、風景優美之地。他們每週工作七天，每天工作十四小時。太陽永不落下，他們也跟著不停工作。不久，他們就變得厭煩了彼此，厭煩了大家，全都不說話了。廚子烹調，但只有最低限度，也不願洗碗盤，於是整個團隊吃東西的時候，開始用油布充當盤子器皿。為了擺脫現實，歐布萊恩閱讀《永不讓步》（*Sometimes a Great Notion*），那是肯．凱西（Ken Kesey）撰寫的小說，描繪伐木家族的故事。歐布萊恩深陷於小說故事和周遭環境，開始覺得自己現在和未來都會是小說裡的角色，而現實的家庭生活是虛構的小說。歐布萊恩說：「我們完全陷入瘋狂狀態。」

待在拓里科的兩週期間，我的住處是組合屋，這個專門用來睡覺的棚屋，鋪的是木頭地板，搭的是赭色帆布製成的牆壁。我睡的床墊擺在螺旋形彈簧的床架上，上頭還罩有蚊帳。我跟研究站的其他居民都收到同樣的建議，一星期沖澡兩次，最好只沖兩分鐘，節約淡水用量。另有一些便利設施，例如：高速無線網路；全天營業的食堂，供應酥炸吳郭魚佐香蕉番石榴醬汁；蒸汽浴室，材質採用雪松，可俯瞰湖面如鏡的拓里科湖，午夜過後，人總是特別多。

然而，沒有黑暗存在。頭幾天，我都是突然間從睡袋裡驚醒，準備迎接一天的到來。日光已照亮小屋的牆壁，想必天亮了，往手表一看，凌晨三點三十分。到了晚上（或者說，我開始覺得是「晚上」的時候），我不得不戴上眼罩，彷彿坐上越洋飛行的航班。等手表顯示真正的早晨來臨之時，我會步出門外，又一次提醒自己：**別忘了關燈**。但這句話在此地毫無意義可言。

經過一段演化的時間，棲息在極區的動物都適應了，能夠從容應對這漫長白晝帶來的混亂狀態。在南極洲，頰帶企鵝拖著腳從聚居地走向海岸潛水進食，牠們往往堅持依循先前走過的舊路線，也相當固守上路的時間，依照將近二十四小時的週期，在一天的開端出發，無論溫度是高是低，無論日光是明是暗，每天如此（牠們會在一天的結束返回聚居地，只是時間表比較彈性）。在夏季不滅的日光照射下，芬蘭北部的蜜蜂並不是整整二十四小時都很活躍，牠們的活動高峰是約略中午時分，午夜就停止工作，或許是為了在一天當中稍微變涼的時候，讓蜂巢溫暖起來，或許是為了休息，或許是為了鞏固當日努力覓食的記憶。最起碼在前述的努力中，動物忽略太陽的時間表，嚴格依循內在的日變時鐘。

北極馴鹿卻採取相反策略。二〇一〇年，英格蘭曼徹斯特大學研究員安德魯．勞登（Andrew Loudon）與同僚發現，北極馴鹿有兩個關鍵的時鐘基因並沒有像其他動物那樣依循日變節律而起伏。其他複合生物的睡眠、清醒、荷爾蒙分泌，多半是依循約略二十四小時的時間表，其日變時鐘對於日光相當敏感，即使是持續不斷暴露在夏季日光下，還是會被導引到自然規律的白晝，與之保持同步。然而，北極馴鹿並不如此，牠們不會產生內在的日變節律信號，反而是直接對日光反應，在天空最明亮時清醒，在日光變暗時入睡。馴鹿真的擺脫了內在時鐘，全然是太陽的奴隸。勞登說：「演化這傢伙想出了關掉細胞時鐘的方法，也許那裡仍有個時鐘在滴答作響，可是我們就是還沒找到。」

對於不滅的日光，拓里科的生物學者有各種應對之道。可收集數據的季節很短暫，因此在沒有黑暗可拖慢速度的情況下，研究人員不分晝夜在此區各處呈扇形散開，進行採集、量測、綜合、比較、交談。七月四日，我前往死馬鎮，觀察北極海，回到家已是凌晨兩點三十分，此時一堆人在食堂裡大啖龍蝦和菲力牛排。在拓里科，人人都有個失眠的故事可講。有個人在拖車實驗室裡擺了充氣睡墊，隨便哪個古怪的時間點，都可以直接睡在那裡；某年夏季，他利用失眠的時候，打造了桌上足球台和帆船。還有人認為，待在拓里科的期間，應該要把手表收起來，努力忽略時間，想吃就吃，想睡就睡，不停工作，可是夏季結束，他返家後，向我吐露，夜晚「有點嚇壞我了」。還有人描述前一陣子吃完晚餐後就去健行，走到忘記時間，等回到營地才赫然發現，廚房的員工都在準備早餐了。

不過，其他人都是虔心遵守時鐘的時間。歐布萊恩底下的一位研究生跟我說：「該睡覺的時候，我就得睡覺。」我們替橡皮艇充氣，在湖泊中央採集水樣，此時，歐布萊恩站在湖畔，用小網子撈浮游動物。那位研究生說：「要是等累了才去睡，就會睡不著，可能會跑去食堂吃蛋糕。」歐布萊恩嚴格遵循時鐘的時間，還要求學生按他的時間表做事，這點也是出了名的，或者說，他努力要求過。他期望學生每天早上都出現在食堂裡吃早餐，但學生想出規避的方法，他們熬夜一整個晚上完成工作，現身去吃早餐，跟歐布萊恩會面，告知最新的進度，討論當天的工作，然後上床睡覺。二十年後，歐布萊恩才發現真相。

如果說日光的海洋上，有個共通的臨時地標，那肯定是早餐了。除了少數人以外，營地的人都是以早餐為準，安排時間表。早餐在早上六點半正式開始，到了六點四十五分，食堂都滿了。早餐的吸引力有以下的社交因素與生理因素：有田野計畫要討論，有一連串數據要檢討，有工作機會要分享，對於誰能替 Sevylor 66 橡皮艇最快充飽氣，也有爭論要解決。理論上，人真的能忽略拓里科的所有時鐘並完全依照自己的內在節律過活，可是這個理論不太務實。專案只要有超過一個人參與，就必須有共同的時間表作為補強，比如說：中午在碼頭見；直升機九點整出發，前往阿納克圖沃克（Anaktuvuk）的現場；星期五晚上八點半，在大帳篷跳騷沙舞。

我望向手表，看見數字，可是在拓里科，每過一天，手表上的數字就變得越來越不重要。就連「日復一日」這個用語，都失去原本的意義。我純粹是過著漫長的一天，不時小睡片刻，在清醒時才赫然得知，依照手表上的數字，我睡了好幾個小時。睡眠不再用來區分這一日與那一日，睡眠的重要性變得可有可無。我發現自己花更久的時間待在研究站的電話間，靠著T1線聯絡家人。

我越來越常夢見時間。我夢見雙胞胎兒子把我的手表給摔壞了，碎片散落在地板上。我夢見自己走過沙丘，突然滑落到谷底，爬不出來，我那些朋友都不知道我去了哪裡，我朝他們大喊，他們也聽不見，我只好往谷底深處走去，而在巨大的沙丘底下，我背後的日光逐漸減弱，我知道沙丘隨時會靜靜坍塌，把我埋在沙裡。

這個夢境肯定是來自我的清醒生活，來自我家中書房某本講述登山者的書，那位登山者摔到裂縫裡，腿摔斷了，爬不出來，只好爬向黑暗深處，進入山中的心臟地區。他舔苔蘚上的水氣支撐過去，後來終於奇蹟般找到出口，爬到向陽坡上。可是，營地在好幾公里外的地方。於是，他只好繼續爬，爬過天然形成、錯綜複雜、艱險難行的冰橋，爬過遍布巨石的溪谷，爬過湖泊的岩岸。他寫道，推動他前進的，其實是他的手表。他從雪地上抬起頭來，挑出一兩公里外的地標，看向手表，告訴自己：「二十分鐘要到那裡。」接著，繼續爬下去。只不過他聽見的嗓音並不是自己的，而是無形的嗓音，那個富有權威、橫跨古今的嗓音，在他的腦海裡迴盪不已，逼迫他繼續向前。同行的登山者在營地附近即將找到快昏迷的他之時，這一切即將告終之時，他躺在地上，凝視著廣闊夜空的點點繁星，此時他的身體已經脫水，腦袋神智不清，覺得自己肯定是躺在那裡幾百年了。

像拓里科這樣的靜謐之地，叫人容易錯認時間已然消失。然而，時間總是存在於此處，在飛掠而過的雲朵裡，在浮游動物的細微動作裡，在千萬年來，凍土地帶的結凍與融化裡。

如今，變化來得更快更猛，令人煩憂。拓里科和整個北極地區的平均氣溫持續穩定上升。三十年前，北坡少有大雷雨，如今卻普遍起來。科學家認為北極海的海冰退縮導致氣候模式產生變化，致使該區變得更為乾燥，更有可能發生閃電。二○○七年，研究站測得史上最高溫記錄，也是記憶中最乾燥之時，閃電擊中阿納克圖沃克河沿岸的凍土地帶，距離拓里科三十二公里處。閃電引發大火，燒了整整十週，一千平方公里化為焦土，面積約等同於麻州的鱈魚角。那是阿拉斯加境內凍土地帶最大的一場大火，在全球史上可能也是最大的。那年夏季，我來到拓里科，研究人員都忙著勾勒大火肆虐的影響。有保護作用的泥煤層已經沒了，更多的熱進入土壤裡。有好幾處地方，地面下的永凍土有一部分已經融化了，導致山坡崩塌，土壤與養分滲入溪流裡。

某天早上，我跟著來自伍茲霍爾的水生生物學者琳達·狄根（Linda Deegan），一起踏入庫帕勒克河（Kuparuk River）。庫帕勒克河貫穿北坡，從布魯克斯山脈流至普拉德霍灣。一九八○年代以來，狄根經常前來拓里科，研究北極茴魚。北極茴魚春季沿河而下，夏末洄游，是庫帕勒克河的唯一魚種，也是部分鳥類與體型較大的湖鱒的主要食物。狄根一整個夏季都在追蹤北極茴魚，並持續多年之久。她努力量測氣候變遷對茴魚數量與洄游狀態（如時間、速度、距離）帶來的影響，調查這類變化造成哪些更廣泛的影響。

茴魚跟許多的遷徙動物很像，在基因上都是依循著太陽。北極的春季，每過一天，就額外多了八至十分鐘的日光。茴魚的日變節律系統會注意到這個延長的光週期，光週期會觸發一連串的生理變化，讓茴魚做好踏上旅途的準備，游到下游繁殖。狄根想了解茴魚在這段旅途上食用哪些昆蟲，這些昆蟲的生命週期並不是依日光變化調整，而是依水溫調整。隨著年溫逐漸上升，這些昆蟲可能在當季稍早一些就孵化出來，或許那些堅守固定日光週期的茴魚還沒抵達，昆蟲就先孵化出來了。於是，由溫度推動的生命週期，由日光推動的生命週期，兩者就有可能脫鉤。狄根尚未進行量化，此現象在北極地區也尚未有人深入研究。狄根說：「那只是我的感覺。」

別處的科學家都在記錄溫度界與時間界之間益形擴大的差距。為了因應變暖的春天，部分候鳥比往年提早兩週抵達北極，繁殖季也提早開始，晚到者面臨新的劣勢。其他鳥類的活動範圍往北移動，涵蓋北極地區，跟北極當地的鳥類爭奪資源。有些生物的適應力佳，相較於美國作家梭羅的年代，華爾謄湖附近的許多植物現在開花得比較早，也更為繁盛。然而，有些生物的季節行為深受日變週期影響，變得比較脆弱。斑姬鶲在西非過冬，春季飛往歐洲森林繁殖，牠們遷移的時間表受到光週期影響，有了些微的改變。不過，相較於二十年前，斑姬鶲幼雛食用的毛蟲的春季孵化時間提早了，等到斑姬鶲抵達部分地區，就很少有毛蟲可以給幼雛吃，該區的斑姬鶲幼雛數量已減少百分之九十。那就好像整個地球都開始經歷某種時差。有些生物會遷移到氣候暖化的地方，甚至也許會在那裡茁壯起來，要麼提早遷徙，要麼延後遷徙，要麼改吃別的東西；有些生物不遷徙，只得步入滅絕。

在深遠的洞穴或極北之地，在午夜時分或不滅的日光下，可體驗到時間消失的感覺，或類似的感覺。不過，還有一種方法更容易體驗到時間消失的感覺，只要搭飛機就行了，越遠越好。

先從物理學開始探討起，你正在好幾公里的高空處快速移動，而且受重力牽引之故，正在掉落。愛因斯坦的狹義相對論有個獨特的推論，相較於站立不動的觀察者的時間，迅速移動的物體上的時間比較慢。實驗也證實這種看法，若把原子鐘放在噴射機上，它滴答響的速度會比地面上靜止不動的鐘還要慢，數小時後就會有幾毫微秒的差距（在飛機上，一秒鐘還是準確一秒鐘的長度，跟前一秒的長度也一樣；只有未移動的結構裡的觀察者測得的一秒鐘比較慢），影響雖小，卻是真實。二〇一六年三月，太空人麥克・凱利（Mike Kelly）以每小時近兩萬九千公里的速度，在軌道上繞行地球五百二十天後，終於返回地球。那時，他那待在地球上、比他早生六分鐘的雙胞胎哥哥馬克（Mark），已經比他額外老了五毫秒。

然後，還有時區。所有時區加總起來是二十四小時，每個時區是一小時寬，在地球經度線上是等距的，都相差十五度。計時起點是英格蘭的格林威治，也是皇家天文台的所在地。地球是不斷旋轉的天體，太陽無法一次照亮整個地球，因此白晝不會同時出現在各處。在時區制下，「中午十二點」在全球多數地方都具有相同意義，也就是說，太陽約略位於天頂，即使是一次只發生在一個時區，也是如此。十九世紀，時區開始漸漸獲得採用，好讓鐵路公司那日趨擴展的鐵路網在時間表上達到一致。一九二九年，全球大部分的國家都簽立了單位為一小時的時區方案，不過，今日部分國家的時區是以半小時為單位，而尼泊爾甚至是以四十五分鐘為單位。一九四九年，正在拓展版圖的中國採用相反策略，將自己的五個時區改成一個大時區。

如今，拜飛機所賜，我們不時跨越時區。在巴黎飛到紐約的七小時當中，可去掉這兩個城市的六小時時差。時鐘的時間最終還是依地點而定，現在的時間是幾點，就要看你現在是在哪裡。如果你是在飛機上快速移動，俯瞰如油畫般的無盡海洋，那麼你的位置和時間會隨著每一刻的流逝而變化。我的手表也許仍是設成巴黎時間，落後我幾個小時，而我前面的頭靠上面的資訊圖是顯示紐約時間，領先我幾個小時。在這段不知何時結束又狀似永恆的時間裡，我卡在兩者之間。

我們的班機有個中央標準時間，就在有視交叉上核機長的駕駛艙那裡。這世上許多原子鐘的世界標準時間，是依照巴黎國際度量衡局建議的演算法進行篩選加權得出，並且不斷經由衛星傳輸到移動中的貨船、出租汽車、飛機上的導航系統。然而，在外頭的經濟艙，每一只時鐘都獨立運作。乘客有的打盹，有的進食，有的打算趕赴傍晚等著他們開的會議，有的清晨努力趕飛機，正在恢復精神，有的沉浸於機上的電影時光，在另一個世界享受美好結局。向西行進，沐浴在不滅的日光裡，少了有意義的時間信號，我們只好各自依循自己的時間。

大腦的視交叉上核如何將時間傳播到人體各處？我們對此依舊所知甚少。不過，這個過程需要時間，需要數小時至數天不等。如果你的光照方式突然有變動，不得不調整成新的時間表（跨越數個時區，或者日光節約時間開始後或結束後的一兩天期間，就會發生這種情況），那麼你的周邊時間不會一次就全部達到一致，速度也不會一樣。身體不再是同步的時鐘聯盟，反而暫時變成多個臨時自治州亂成一團的狀態。這就是時差的本質。我的視交叉上核降落在紐約之時，我的肝臟也許還過著加拿大新斯科細亞省的時間，我的胰臟也許還停在冰島某地的時間。有那麼幾天，我的消化系統紊亂不已，器官還沒完全做好代謝準備，大腦就要我進食（身體是以每天約一個時區的速度恢復）。結果就是腸胃炎，長途旅客與機長經常出現的疾病。時差不在大腦裡，而是不同步的整副身軀生了一場小病。

科學文獻有時會把人體的周邊時鐘稱為視交叉上核的「奴隸」時鐘。不過，周邊時鐘可以自主行動，在合適情況下，還能根據其他地方下的命令，同步其日變節律，而不是依循主要時鐘與自然的日光週期。原來食物竟然會傳送特別強烈的訊息給體內時鐘的某些零件。過去十年，有好幾項研究證明，定時用餐可以轉變肝臟的日變時鐘狀況，使其忽略大腦轉達過來的日照型時間表，也許甚至還能將自己的訊息往上游傳送。為肝臟界定時日的，是用餐時間，不是太陽時。加州大學洛杉磯分校頂尖的日變節律研究員克里斯・柯威（Chris Colwell）對我說：「假如在實驗室小鼠睡眠週期中途就去餵小鼠，那麼小鼠很快就會懂了，要在餵食時間不久前清醒過來。我跟學生說，假如披薩外送員開始每天清晨四點鐘送披薩到你家，那麼我敢保證，你後來三點半就會醒來。」

由此可見，要大幅減少時差（尤其是長途飛行後），就是不要依照空服員送餐的時間進食。空服員依循規範，每隔幾小時就要送餐，出餐時間通常是以出發城市的時間為準。飛行途中沒有正常的光照信號，是由肝臟推動日變時鐘，好讓你更緊黏著出發城市的時區。手表最好立刻設成目的地時區，依照目的地城市的時間進食。柯威說：「我們給旅客的標準建議，就是盡快接觸光線、規律用餐、投入社交。」此外，柯威也提倡吃早餐。柯威說：「假使人類的運作方式類似實驗室小鼠，那麼要保留這些信號，早餐就很重要了。吃了早餐，就算沒有光線信號，也不會混亂成一團。」

根據柯威的研究結果，規律運動亦可有助推動日變節律系統。他在實驗室中發現，在滾輪上運動的小鼠，牠的視交叉上核產生的信號會比不活動的小鼠更為強烈。而且，如果小鼠只能在清醒狀態的初期跑步，產生的信號是最強烈的。最大的受益者是那些缺乏特定時鐘蛋白質的小鼠，小鼠在清醒狀態晚期運動的話，視交叉上核更能將信號傳送到心臟、肝臟及其他器官。跑得越多，時鐘就運作得越好。規律運動能不能讓人類獲得同等程度的好處？目前尚且言之過早。不過，柯威說，這種想法確實引人嚮往，畢竟人類的主要時鐘品質會隨年齡增長而下降。柯威說：「我快要五十歲了，很難一覺到天亮，白天也比較容易累。」即使計時員也會變老。

不管怎麼說，時差只是短暫的現象。然而，人類發現其他更持久的方法，可對抗日光與黑暗的劃分標準，只是帶來的影響引人擔憂。在美國，數以百萬計的勞工從事輪班工作，例如夜間駕駛，在貨運中心值夜班，在醫院依血汗班表工作。這些勞工罹患了日變節律生物學者所稱的「社會時差」，造成的後果不只是不方便、不舒服而已。日變時鐘的一大作用就是管理身體的新陳代謝，確保我們餓了就進食，確保細胞在恰當的時間獲得需要的養分。可是，有許多研究人員發現，常值夜班的勞工比較容易過度肥胖，罹患糖尿病或心臟疾病。也有越來越多的證據顯示，日變節律偏差——亦即睡眠清醒週期跟日變時鐘不同步——極可能引發代謝症候群。代謝症候群是包含糖尿病在內的一系列症狀，體內負責消化食物的系統跟能量生產與存放過程不同步，就會出現這類症狀。

為了研究人類應該吃什麼食物，投入了數以百萬美元計的成本；可是，進食的**時間**應該也同樣重要。最近有項研究顯示，小鼠在應該睡覺時進食，也就是說，在日變週期不對的時間進食，體重就會變得比正常時間進食的小鼠還要重。雖然日變節律偏差研究多半是研究齧齒動物與非人靈長類動物，但是有越來越多的醫療研究員把注意力轉移到人類受試者身上。在哈佛的某項研究，十位人類受試者接受訓練，過著一天二十八小時的生活。到了第四天，受試者的時間表就顛倒過來，半夜就會清醒及進食。四天後，時間表又顛倒過來，恢復正常。在為期十天的研究中，受試者的血壓飆高，血糖高於正常，有三位受試者的症狀已是糖尿病前期。原因經確認不是缺乏睡眠，而是受試者進食的時間點，一直是器官與脂肪細胞還沒準備好代謝食物的時候。該項研究的其中一位作者表示：「即使是短短幾天過後，受試者的葡萄糖新陳代謝還是有驚人的變化。只是短短幾天就快速變化，表示這類變化甚至會短暫影響到每年數以百萬計有時差的人。」

今日的肥胖疾病有諸多成因，久坐的生活方式和不良的飲食習慣也包括在內。然而，日變節律研究提出另一項較不明顯的起因——我們日趨嘗試佔領開拓的，是一日當中不對的時刻。柯威說：「人類的內生時間測定系統十分優良，該系統是依照舊有的規則運作。只不過是發明電燈罷了，竟然自以為能夠無視黑夜，這種想法未免狂妄。」

假如科學家的理論正確無誤，那麼人類遲早會前往火星。這件任務相當艱難，火星距離地球有五千八百萬公里遠，以今日的動力技術來看，光是前往火星，就需要六個月，彷彿六個月都在人工照明下跟同伴一起待在罐頭裡。那裡沒有窗戶，以便大幅減少宇宙輻射暴露量，畢竟要在地球的防護磁場外，行進那麼長的一段時間（並不是外面有什麼可看的，那裡只有無盡的黑暗與星星）。至於如何讓乘客受得了如此漫長的旅程，研究人員已經在思考了，比如說：哪些食物最健康、最美味？哪些活動最能排遣無聊？發生緊急醫療狀況時，該如何處理？不管怎樣，終究會到達火星的。人類會步出罐頭，踏入火星那燦爛的夏季陽光裡，然後匆忙進入住所，這又是另一個無窗的容器，而且為了節約能源，人工光線會調得很昏暗。

在火星上的第一天，會是人類所知的最漫長的一日。火星的自轉速度沒有地球快，火星的一天是地球上的二十四點六五小時，也就是說比地球的一天多了三十九分鐘。雖然聽起來可能還好，但是比起人類日變節律系統自然選擇適應的時間，還是多了三十九分鐘，火星的新住民不久就會感受到不良作用。哈佛醫學院暨波士頓布萊根婦女醫院（Brigham and Women's Hospital）生理學者羅拉・巴格爾（Laura Barger）對我說：「那就像是每三天就要跨越兩個時區。」在哈佛醫學院暨布萊根婦女醫院睡眠醫學部門主任查爾斯・柴斯勒（Charles Czeisler）及其他同僚的幫助下，巴格爾針對軌道上運行的太空人以及隨時必須跟太空人保持聯絡的航太工程師，研究他們的日變節律。在某項研究中，受試者要努力適應一天二十四點六五小時的週期。巴格爾說：「他們的日變節律無法調整過來，還出現睡眠問題，每個人都是臉孔蒼白，毫無血色。」

二〇〇七年，柴斯勒進行實驗，在一日當中的某些時間點，運用某些波長的人工光線，想看看此方法能不能強迫日變時鐘調整為二十五小時的週期，成功的話，就比較能適應火星上的生活。十二位受試者在光線昏暗的房間裡待了六十五天，那裡沒有時鐘、窗戶，也沒有其他時間信號。頭三天，受試者過著一天二十四小時的生活。然後，科學家額外加了一小時，有效讓各受試者的一天多清醒一小時。為了幫助受試者調整，研究人員會在特別漫長的每一日即將結束時，把光線調亮，亮度約等同於日落或日出的亮度，提供的光照劑量是兩個四十五分鐘，分別相隔一小時。三十天過後，受試者順利接納並適應了一天二十五小時的生活。

科學證明那是可行的，也就是說，太陽系及其對人類生理的作用，是可以暫時克服的，至少是稍微克服。明日的人類在多出來的一小時會做什麼呢？也許會工作吧。研究人員在論文中表示，有生產力的活動可能包括了「照顧強光溫室艙裡的作物」。之後，我們會喝一杯，接受這片無窗的景象，點選瀏覽地球的老照片。

一九九九年十一月三十日，西弗伊下降到斯喀拉森洞穴裡三十七年後，開始進行第三次也或許是最後一次的時間隔離實驗。六十歲的他打算研究自己的老化會如何影響體內的日變節律。他再次挑選一處天然形成的洞穴——克拉姆斯洞穴（Grotte de Clamouse），這個石灰岩洞位於法國蘭多克區（Languedoc）南部。這次他也再度在一個特別大的洞穴裡，打造寬廣的木頭平台，在平台上搭了尼龍頂篷。洞穴入口處，他戴著礦工帽和燈具，脫掉手表，最後一次轉身，揮手道別，緩緩步入黑暗當中，此時，研究人員、祝福的民眾、媒體齊聲歡呼。

西弗伊的住處沐浴在鹵素燈泡的光線裡。在他自行拍攝的影片中，我們看見他坐在木頭工作台前，吃著鮭魚罐頭，在電腦裡輸入用餐時間。他輸入的內容、活動、健康狀況，都由洞穴外的研究室負責監控。他穿著綠色的橡膠長筒靴和紅色的刷毛背心，即使是在爬梯機上運動，也是這副打扮。他把尿液保留在玻璃小瓶裡。他睡在睡袋裡，睡袋跟草坪椅綁在一起，他隨時可以舒服倚靠在椅子上，閱讀附近的擁擠書架上拿下來的書籍。他從來不曾自言自語，只是有時候會唱歌。

二〇〇〇年二月十四日星期一，西弗伊從大地子宮裡現身。現場淨是歡呼、掌聲、鎂光燈。他再度證明，隔絕日光的話，人類生理時鐘的運作速度會比地球的自轉還要慢。他進入地底已過了七十六天，可是他以為只過了六十七天，以為現身於地表的這日是二月五日。一月一日的頭幾個小時，全世界都在慶祝千禧年的到來（也鬆了一口氣，電腦沒有當機），他卻什麼也沒做，根據他的計算，該日是十二月二十七日。他在一月一日過新年的時候，全世界的日期是一月四日。

多年後，西弗伊向採訪者表示，在地底下與世隔絕這麼久的時間，有如居住在似是永恆的當下。他說：「那就像是漫長的一天，唯一有變化的東西就是醒來的時間，還有睡覺的時間。除此之外，就是全然的黑暗。」他步出克拉姆斯洞穴後，對某位記者坦誠以告：「我覺得自己的記憶受損了。甚至是昨天在那底下做的事情，或是前天做的事情，我都記不起來了。」

他出了洞穴，進入陽光下。對於自己置身在此地，置身在戶外露天處，置身在這種有始有終的現在，不由得鬆了一口氣，他說：「真好，又可以看到藍天了。」

III

當下

在大麻膏帶來的茫感裡，表象的時間觀逐漸擴大，頗不尋常。我們說出一個句子，還沒說到句尾，句首就變得像是很久以前說的。我們進入一條短短的街道，卻彷彿永遠走不到街的盡頭。

——威廉・詹姆斯（William James）《心理學原理》（*The Principles of Psychology*）

現在有多久？

我坐在餐車車廂裡寫作，當時是拜訪他城友人，搭火車返家途中。我坐在車廂前端的雅座，背對著前壁，面對車廂後面部分。在我眼前，整個車廂如舞台般一覽無遺。鄰近的桌子坐著兩位大學生，他們喝著咖啡，討論課本內容；另一張桌子那裡，有個售票員正在跟休息的餐車服務生聊天；車廂另一端，好幾位乘客擠在某位年輕人的筆電旁邊，觀看足球賽最後幾分鐘的緊張場面。我的目光飄向車廂側壁的一長排窗戶。在漸深的暮色裡，依稀可見屋舍輪廓，還有火車行經時，不時閃逝而過的街燈。屋與燈會突然出現在我右手邊窗戶的邊緣，它們沿著車側疾行而去，然後消失不見，接著又是街燈與屋舍輪廓現身於連綿不絕、益趨黯淡的川流裡。我不由得懷有這樣的想法，從我右肩後方某一點飛逝而過的每盞燈光、每棟屋舍，只存在於剛才那一刻。我朝未來向後猛衝，望穿當下、凝視回憶之時，路燈屋舍似是從我的身上散射出來。

我躺在家中的床鋪上，在黎明前的黑暗時刻，卻體驗到相反的情況。床邊的時鐘滴答作響，秒針聲在我眼前的黑暗裡逐一成形，猶如夜路上的里程標示牌。秒針聲靠近我，經過我，然後在我枕後的某一處消失不見，空留我猜想著它們到底來自何方，每一聲又是如何交棒給下一聲。霍桑（Nathaniel Hawthorne）寫道：「假如你可以從長夜裡挑選出一小時清醒的時刻，那就是這個了。你發現了一個過渡的空間，在那裡，生活之事不會闖入，短暫的片刻流連不去，真正化為當下。」我說不清那條路去至何方，但在這一個小時，且唯有在這一個小時，我彷彿擁有全世界的時間，足以好好思量。

兩千多年來，世上偉大的思想家已就時間的真正本質多所論辯。時間是有限的還是無限的？時間是連續的還是不連續的？時間如河水般流動嗎？還是像沙漏裡的流沙那樣一粒粒滴漏？緊接著還有個問題，當下是什麼意思？**現在**是不能分割的瞬間嗎？還是說，現在是過去與未來之間，一縷純粹的水蒸氣？還是說，現在是可以量測的瞬間？若是如此，現在到底有多久？介於這一瞬間與下一瞬間之間的，到底是什麼？這一瞬間是如何讓步給下一瞬間？**現在**是如何變成**其後**、**之後**或**不是現在**？公元前四世紀，柏拉圖如此評論：「這個瞬間，這個古怪的自然狀態，是介於動與靜之間的事物，根本不是時間。然而，進入那一瞬間時，動者化為靜；離開那一瞬間時，靜者化為動。」

柏拉圖的時代往前推一百年，古希臘哲學家芝諾（Zeno）把前述問題整理成一套難應付的悖論。想像一下，一支箭正在飛行，在這條飛行路徑上的任何一個瞬間，箭是位於某個固定點，其後又是位於另一個固定點。箭是如何——何時、在多長的一段時間內——從這一點移到那一點？在芝諾的眼裡，一瞬的時間短暫得無法化約。箭無法在這麼短暫的瞬間移動，假如做得到的話，假如真能在那瞬間飛過微不足道的距離，那麼那個瞬間肯定是一定的時間長度，有開端有結尾。假如那瞬間有其時間長度，就表示可以分割。瞬間取半，箭的移動距離即為一半，依此分割到不能分割為止。如此一來，動作敏捷的阿基里斯，就引人同情了，他到達不了終點線。這個悖論讓柏拉圖的學生亞里士多德煩心不已。亞里士多德如此摘述芝諾的邏輯：「移動是不可能的，因為移動中的物體必須先抵達中途點，然後才能抵達終點。」假如移動是不可能的，那麼時間也不可能了，既然從未離開地面，更何況飛行。

亞里士多德試圖主張時間與移動是同義詞，他想藉由粗暴的語意學，解決這道難題。時間並不是事件發生所在的蒼穹，移動（例如以弧線運行的太陽、箭的飛行）**即是**時間。此外，亞里士多德還主張，瞬間是實際又可量測的一段時間長度，在這當中就存在著移動。亞里士多德說：「時間並非由多個不可分割的『現在』組成，正如其他任何的量值並非不可分割。」可是，這種說法又引發若干複雜難解的疑問：「**現在**不光是純粹區隔過去與未來而已？」「現在是否總是同一個現在？還是說現在會有變化？」「假如現在真有變化，那變化是發生在何時？」亞里士多德寫道，肯定不是發生於現在**之內**，因為變化「在自己所處的瞬間內不可能會消失，畢竟變化是當時之事」。

這類細微的疑慮通往存在的洞穴。時間如何從這一刻進入下一刻呢？假使無法說明這個疑問，那麼對於變化，對於新奇事物，對於天地萬物，該如何解釋起？怎麼會有東西是從空無之中現身？任何事物——天地萬物、時間本身——是怎麼開始的？自我成了討論的主題，例如：「現在的我，跟片刻前的我、上週的我、去年的我、童年的我，是同一個人嗎？」「我是如何改變卻又同時一直維持這個我？」在芝諾的時代之前，有齣希臘喜劇，劇中的一位男人走近另一位男人，請對方還些欠款。欠債的說：「我又沒跟你借錢！現在的我跟當時的我不是同一個人，好比一堆石頭，放進去一些石頭，又拿走一些石頭，就不是同一堆石頭。」一聽這話，第一個人打了第二個人的臉。第二個人問：「你幹麼打我？」第一個人答：「誰？我嗎？」

時間專家喜愛談論時間，假如還有個主題是專家同樣喜愛談論的，肯定就是我們談論的方式。時間以時態的形式，編寫在我們說的語言當中，過去式、現在式、未來式，還有它們底下各式各樣的分類。這些時態我們很早就出於本能學會了，兩歲幼兒多半善於正確使用過去式，但「明天」和「昨天」的差別，「之前」和「之後」的差別，可能無法次次都懂得區分。皮拉罕語（Pirahã）——巴西的皮拉罕人以及少數幾位語言學者所說的語言——含有的時態不多。現代哲學家把哲學界分成時態派與反時態派，時態派主張「過去」與「未來」是真正存在的特性，反時態派則持相反意見。

然而，在奧古斯丁的眼裡，事情其實更為簡單。凡是撰寫時間生物學與時間感的科學家，幾乎遲早都會引用奧古斯丁的話，畢竟奧古斯丁率先將時間視為內在體驗加以討論，還探討人類棲居於時間裡是何種感覺，藉此尋求時間的含義。時間也許看似捉摸不定，又抽象得令人惱火，但時間與我們的關係卻是密不可分。奧古斯丁認為，時間存在於我們每一次的行動，存在於我們每一個的遣詞用字；我們只需要停下來，聽聽我們是怎麼交談的，就能領略當中訊息的急切性。時間的本質，時間的所有特徵與悖論，的確從一句話就能得知，例如：

Deus, creator omnium.

意思是「上帝，萬物的造物者」。這個拉丁文句子可以大聲說出來，也可以默念。這句共有八個音節，短音節、長音節輪流出現。奧古斯丁寫道：「長音節比短音節長一倍，我只要念出這句話，就能證明這種說法。」可是，要如何測量這句話？這句話有一連串的音節，而我們的腦袋是逐一接連碰到這些音節。聽者要如何才能同時注意兩個音節來比較兩者的時間長度？「短音節結束了，長音節才會開始，如此一來，如何才能抓住短音節？如何才能把短音節當成標竿來測量長音節？」就這件事而言，要如何才能在心裡記住長音節？長音節的長度要等到念完了才能確立，可是等念完了，短音節和長音節早就消失了。奧古斯丁寫道：「兩者都出聲、飛走、消失，再也不存在。由此可見，現在哪還存在著什麼可以讓我測量？」

簡單而言，「當下」是什麼？關於當下，我們立於何處？不是本世紀、今年或甚至今天的那種當下，而是就在我們眼前、正在不斷消失的當下。如果你曾經夜裡清醒地躺在床上，心思撩亂，細細聽著潺潺的溪流，或者純粹試著在內心的思緒進出意識時抓住思緒（那條溪流就是威廉．詹姆斯所稱的「意識流」），那就表示你懂得奧古斯丁的意思。奧古斯丁主張當下即是一切，這是從亞里士多德那裡借來的概念。未來與過去不存在，明天的日出「迄今尚未存在」，他的童年不復存在。於是，就剩當下了，這段短暫的時間不會延展，它「之所以能稱之為『時間』，唯一的資格就在於它會逃往過去」。可是，我們顯然會測量時間。我們可以證明一個音節的聲音長度是另一個音節的兩倍，我們可以判斷某人說話的時間長度。我們是在何時測量這個時間？肯定不是過去，也不是未來。不存在的東西，我們無法測量。「我們只能期望在它經過時測量它」，也就是說，在當下進行測量。不過，那要如何才能辦到？如何在某物——聲音或沉默——結束前，測量出該物的時間長度？

從這個悖論中，奧古斯丁獲得重要的頓悟，現代的時間感科學更是視之為不爭的事實，那個頓悟就是時間是心靈的產物。當你自問某個消失的音節的長度是比另一個音節長還是短，就表示你測量的並不是音節本身（畢竟已不復存在），你測量的是記憶中的某樣東西。奧古斯丁如此形容：「那是個固定不動又永久在那裡的東西。」音節已經過去，卻留下持久又仍留存的印記。奧古斯丁寫道，我們所稱的三種時態其實是一種時態而已。過去、現在、未來本身並不存在，三者**全部**都存在於內心，存在於我們目前對過去事件的記憶裡，存在於我們目前對當下的注意力裡，存在於我們目前對未來的期望裡。「時態或時間分成以下三種：過去事物的當下，現在事物的當下，未來事物的當下。」

奧古斯丁把時間從物理學領域拉出來，不偏不倚放在我們現在所稱的心理學。奧古斯丁寫道：「在我的內心，我測量時間。」我們體驗到的時間不是某個真實又絕對的事物的洞穴暗影，時間**即為**我們的感知。用字、聲音、事件來來去去，但它們的經過會在內心留下印記，時間就在那裡，不在他處。「要麼時間就是這個印記，要麼我測量的不是時間。」如今，科學家探討這番見解的方式，就是在實驗室裡使用電腦模型、齧齒動物、大學志願者、數百萬美元的磁振造影機。奧古斯丁開始的地方就跟我們一樣，都是從說話的行為以及聆聽的意願開始的。

某天下午，友人湯姆跟我一起吃午餐，他對我說：「奧古斯丁並不是要構思出時間的哲學或神學，而是要描繪心理狀態，也就是說，處於時間當中究竟有何感覺？」

湯姆是住在附近的朋友，我們的小孩年齡相仿，有時還會一起玩，搶著當老大。湯姆白天是知名大學的神學專家，晚上在頗受注目的樂團裡演奏貝斯，還撰寫部落格，講述音樂、流行文化、靈性。至於靈性是什麼，我不確定自己是不是真的知道，但湯姆讓「靈性」二字聽起來很有智慧又很酷。當時，我們在鎮上的某家餐廳，那裡沒有客人。那是陣亡將士紀念日前的星期五，外頭的天氣完美無瑕，盛放的春季景象。

湯姆把奧古斯丁當成神學入門課的教學材料，他說學生很認同奧古斯丁的內在觀點。他說：「我們受的教育是把時間視為我們之外的東西，時間是滴答作響的東西，是你眼前一閃即逝的東西。其實，時間就存在於我們的腦袋，存在於我們的靈魂，存在於我們的精神，存在於我們的當下。」我們不只是觀察時間而已，我們佔據時間，棲居時間。或許，時間也佔據我們，奧古斯丁一度把時間比擬為容量，而我們就是時間的器皿。由此可見，時間不是用抽象方式討論的題材，而是要往內觀看，聆聽自己的聲音，一個個音節，一字字，都要聽清楚。從內容物就能了解容器。

此為風格細膩的論點，諸如海德格等日後的哲學家會視之為現象學而欣然採納，現象學就是站在主觀視角，研究意識經驗。湯姆說：「我們之所以能對自己這般評論，是因為我們就是用這種方式體驗。」湯姆又說，這種修辭手法有其目的，「用意是把你拉進去，改變你的感知，改變你走出世界的方式。」如今，人們參與週末的研討會，是為了尋找新方法來管理時間、體驗時間、理解時間。奧古斯丁說，專注於詞語本身。

奧古斯丁的用意就是要引起讀者的心理變化，提醒你轉變自我與靈魂，而且唯有全心全意投入當下才辦得到。湯姆說：「在即將消逝的事物上，你只品嘗到細節之美，短暫之美，及時之美。問題在於品味到的美要如何化為靈修？你如何及時正當行事？」在尋求自我提升的道路上，我們習於認為時間是可消耗的數量，可運用的工具。在奧古斯丁的眼裡，時間是可思考、可映照之物；屬靈訓喻不是為了善用時間，而是更棲居在時間之內，活在音節之中。湯姆說：「我從學生那裡得到的，很多都是學生從他們父母那裡得到的。他們覺得必須在自己擁有的時間之內竭盡所能，所以一切就要看時間有多長，產能包裹有多少個。時間有如一階階爬梯子，又有如你往上爬進去的那個東西。」

餐廳三點關門，我們是最後一桌客人，店員煩躁不安，晃來晃去。湯姆要回家，下午得接手照顧小孩。我們共同理解初為人父的教訓——小孩是糟糕透頂的時間管理人，依他們的時鐘，只要沒有現在就做到，就會導致大災難發生。我漸漸懂得，自己的工作就是讓他們了解**等一下**的意思。其實，親職多半可歸結為短暫的教育，也就是教小孩看時間、計算時間、尊重時間、創造時間、安排時間、管理時間，同時也要不時忽視前述的要求。

春季已近尾聲，夏季即將來臨，過去這幾週，四歲的李奧醒得越來越早。也許是光線喚醒李奧，清晨五點半，蒼白的曙光照亮窗簾，知更鳥突然齊聲合唱。更有可能是膀胱的緣故，每天固定在此時即將爆開。我聽見李奧拖著腳步進入走廊而後進入浴室的聲音，接著又聽見他回到臥室的聲音。李奧不會待在那裡不動。約書亞睡的床離李奧的床很近，約書亞用絨毛動物壓著臉，擋住光線，而李奧目光晶亮，躡手躡腳進入我們的臥室，在床邊走來走去。李奧輕聲說：「我想下樓玩遊戲。」他話裡的意思是：**你也一起**。

我向來不是早起的人，冬天特別不想摸黑下樓去冷冰冰的遊戲室。我們試過科學做法，兩個孩子還不會看時間，我們買了很像紅綠燈的時鐘，只要把時鐘設定在特定的時間，例如早上六點四十五分，時間到了，號誌就會從紅燈變成綠燈，這個信號讓孩子知道可以起床，大聲喧鬧，開始新的一天。湯姆說，這時鐘對他女兒很有用。可是，他女兒的思考模式跟李奧不一樣，也沒有兄弟。這時鐘的作用恰好跟我們期望的相反。李奧會像平常那樣早起上廁所，回到床上，然後躺著呆望紅燈，隨著時間過去，越來越不耐煩。接下來一小時內，李奧會放輕腳步走到我們房間好幾次，並且輕聲宣布：「還沒綠燈。」或者，李奧會到處蹦蹦跳跳，大聲嘆氣，吵醒約書亞，不一會兒，這兩個孩子就會開始聊天，對著神秘又不妥協的紅燈大笑。到了六點四十五分，紅燈變成綠燈，他們歡呼，終於正式解脫，對每個人而言，都是解脫。

所以，我會讓李奧一個人靜靜下樓，有時蘇珊會跟著他下樓，而我把枕頭壓在臉上，繼續睡回籠覺。不過，我越來越常率先悄悄溜下床，朝樓下走去。兩個孩子不久就要離開托兒所，九月要就讀公立學校的幼稚園，他們的生活開始向外盛放，遠離我們。當然，這是個漸進又不易察覺的過程。然而，最近很難不感覺到自己彷彿正站在轉變的邊緣，而日子呈現出水晶般晶瑩剔透的特質，彷彿我們已經開始站在記憶的角度看著孩子。那兩個孩子也察覺到了，但願是從我們這裡察覺到的。答應孩子的請求，父子倆靜靜度過至少半小時的時光，有如天賜的禮物。於是，李奧和我坐在硬木地板上，後門開著，知更鳥的歌聲傳了進來，我們又玩了一回賓果，或跳棋，或捕鼠器遊戲（我發誓），玩到約書亞拖著腳步來了為止。聲音粗啞、滿頭亂髮的約書亞（像是沒喝咖啡的我），開始下起命令。我現在明白了，這些日子，這些時刻，甜美又少見，唯有年少者才能從頭睡到尾。

威廉．詹姆斯睡不著。

時值一八七六年，年輕的詹姆斯剛進哈佛，在新興的心理學系擔任助理教授。他躺在床上，想著愛麗絲．吉本斯（Alice Gibbens），那是他將來的妻子，當時的他愛她愛得癡狂。他最後把思念之情傾瀉在一封給她的信函裡。「七週的失眠勝過了百般的顧慮。」十年後，他在黑暗裡煩惱著自己的著作《心理學原理》，該書共有兩冊，耗時多年，厚達一千兩百頁，一八九〇年出版不久即成為經典（根據羅伯特．李察森〔Robert Richardson〕撰寫的詹姆斯傳記《美國現代主義的大漩渦》〔*In the Maelstrom of American Modernism*〕所言，詹姆斯寫作順利的話，失眠症狀就會加劇。一八八〇年代晚期，詹姆斯往往要使用氯仿才睡得著）。也許，詹姆斯在床上翻來覆去之時，會思考著安妮塔・卓瑟（Annetta Dresser）開給他的「心藥」有沒有功效。卓瑟服膺的是「昆比系統的疾病心理療法」（Quimby System of Mental Treatment of Diseases），此法的名稱源於創始人，已故的菲尼亞斯・昆比（Phineas Quimby），這位鐘表匠認為生理的病痛源於心理，唯有藉由催眠、對話、正確的思維，才能減輕症狀。詹姆斯對妹妹說：「我坐在她旁邊，不久就睡著了，此時她把我心裡的結給解開。」也許，在黑暗中醒著的詹姆斯會希望自己聽從醫生的建議，試試看比較大的枕頭。

也或許，詹姆斯躺在那裡，是在體會當下。「就讓別人試吧，我不會開口阻止，只會留意或注意當下此刻的時間。令人困惑不已的經驗發生了。所謂的當下，究竟在何方？它已融化在我們的掌握之中，我們還沒觸碰到它，它就消失無蹤，它在正成形的瞬間就不復存在。」詹姆斯的《心理學原理》處理各種主題，例如記憶、注意力、情緒、本能、想像力、習慣、自我意識、「自動機理論」等。「自動機理論」這種持續存在的觀點是詹姆斯反對的理論，詹姆斯寫道，該理論主張人類的神經機器內有某種人造人或迷你人「對應著主人心智史的每一個陰暗處，無論那陰暗處有多細微，皆有其對應」。

時間感是書中頗具影響力的一章，運用巧妙的筆法，綜合分析其他研究人員近來的調查，以及詹姆斯對時間感的看法。歐洲的科學焦點從純粹的生理學（即生理機制研究）轉移到底下的神經傳訊，從精確的哲學轉移到更嚴密的心智與認知研究。一八七九年，德國心理大師威廉・馮特（Wilhelm Wundt）在德國萊比錫開設第一間實驗心理學實驗室。馮特追求的是感覺與內在經驗的量化，馮特寫道：「實驗心理學的唯一目的就是精準描繪意識。」時間感正是實驗心理學研究的核心所在。詹姆斯並不相信意識本身，也就是說，詹姆斯認為不應該把意識稱為某種分子之外的「心智玩意」。然而，詹姆斯覺得無論意識確切是何物，只要檢視自己是如何感知時間，就能適當看待時間。詹姆斯往往藉由第一人稱的經驗來描述時間，原因在於他認為這是精確處理該主題的最佳席位。

靜靜坐著，詹姆斯如此提議。閉上眼睛，關掉世界，試著「全神貫注於時間的消逝，如同醒來之人，如同詩人所言，『聽見夜半時間流動，萬物邁向厄運之日』。」詹姆斯引用的是英國桂冠詩人丁尼生（A. Tennyson）的詩句。我們在那裡找到了什麼？很有可能少之又少，只有空虛的心靈和千篇一律的思緒。詹姆斯說，假如我們真能注意到什麼，也是察覺到瞬息片刻輪番綻放，「一段段純粹的時間好像都抽出芽來，在我們向內的凝視之下逐漸成長。」我們體驗到的是實在之物？還是錯覺？對詹姆斯而言，這個問題針對的是心理時間的真正本質。假如用表面價值去看待經驗，假如人能在空白片刻出現的當下，真正領略何謂空白的片刻，那麼肯定會「對純粹的時間生起特殊的感覺」。依此邏輯，純粹的時間是空白的，而一段空白的時間足以刺激感覺。然而，如果我們擁有的萌芽片刻經驗是錯覺的話，那麼會有時間消逝的印象，其實是反映出有某個東西填滿那段時間，反映出「我們對時間裡頭先前內容的記憶，而我們會把那段記憶跟現在的內容相比」。問題在於，時間的裡頭是否真的空無一物？時間到底是容器還是內容物？

在詹姆斯的眼裡，時間就在內容物的裡頭。詹姆斯寫道，我們感知不到空白的時間，好比長度或距離的裡頭若空無一物，我們就無法憑直覺知道一段長度或距離有多長。抬頭望向清澈的藍天，一百公尺有多遠？一公里有多遠？要是沒有地標當作參考點，就說不清了。時間也是同樣的道理。我們感知到時間的消逝，是因為我們感知到變化，而我們要能感知到變化，時間無論如何都必須是由某物填滿，光是一段空白的時間無法刺激到我們的覺知。那麼，是何物把時間給填滿了？

答案很簡單，是我們。詹姆斯在《心理學原理》一書中寫道：「變化必須是有形之物，或是表面或內部可覺察的系列，或是注意力或抑制力的過程。」看似空白的片刻其實永遠不會是空白，因為我們只要停下來思量，就會用一連串的念頭填滿那個片刻。閉上眼睛，關掉世界，仍可看見眼皮底下的薄光，「上演著朦朧之光凝結的戲碼」。心智把時間給填滿了。

詹姆斯迂迴描述的概念，是奧古斯丁在數百年前提出的概念，以及在那之前，亞里士多德提出的概念，亦即時間猶如心智的產物。詹姆斯也許不至於認為人類時間感以外之處並沒有時間的存在，卻會強調大腦提供的是時間**感**，不是時間本身，而且這種說法已是我們憑一己之力最接近真實的說法了，我們的時間經驗不外乎自己主觀的經驗。聽來或許近乎贅述，離眾多當代心理學者與神經系統學者的觀點卻也不遠。一般人都會覺察到時間在某些情況下似乎會變快或變慢，也很容易料想得到，大家之所以有這些印象，是因為在那裡頭的某處，大腦不知怎的就是會追蹤一段特定的時間實際上究竟耗費多久。然而，那種時鐘或許並不存在。也許，大腦不會像電腦那樣對現實世界計時，只會針對大腦對現實世界的處理作業進行計時。

無論是哪一種情況，我們永遠無法徹底逃離自己。詹姆斯有了體悟：「我們總是向內沉浸於馮特所稱的一般意識的懵懂狀態。我們的心跳、我們的呼吸、我們的注意力、流經我們想像力的詞句片段，擠滿了這處陰暗的棲息地……簡而言之，盡量清空我們的腦袋，某種變化的過程就會留存下來，我們可以感覺得到，而且無法驅逐之。」

時間從來就不是空白的，因為我們會坐立不安，把時間給佔滿。可是，就連那樣的構想也都流於過分讚揚時間。我靜靜坐著，閉上眼睛，或者在黎明前的時刻，清醒地躺在床上，望著空白的時間流動。詹姆斯寫道：「我們用脈搏計算時間，我們感覺到時間萌發的時候，要麼說著『現在！現在！現在！』，要麼計算著『更多！更多！更多！』」詹姆斯寫道，時間似乎以不連續的單位形式流了進來，時間似乎不知怎的就是獨立又自我完備，這並不是因為我們察覺到空白時間是不連續的單位，而是因為接連發生的感知行動是不連續的。**現在**之所以反覆出現，只是因為我們反覆說出「現在！」詹姆斯認為，當下此刻猶如一筆「假想的資料」，經驗少，捏造多。當下並不是我們偶然走入又走過的東西，而是我們為了自己，反覆不停製造出的東西。

一個句子可以揭露出許多訊息，奧古斯丁更是認為所有的重要訊息都在句子裡了。試想，背誦一首詩或聖詩。詞語發出聲音時，頭腦努力回憶哪些是說過的內容，還往前伸手抓住那些還沒說出口的內容。記憶是為期望效勞：「我正在做的事情的生命力，就在於兩者之間的張力。」此時此刻，在你體會詞語、努力記住詞語、猜想後續詞語之時，**生命力**正是奧古斯丁的本質，也是你的本質。奧古斯丁表示：「時間不過是張力，若說時間本身不是意識張力，我反倒會深感詫異。」數百年後，科學家仍在努力定義何謂意識，何謂自我，何謂時間。奧古斯丁藉由語言，把前述三者連結起來。唯有在句子顯露的時候，試圖對時間的流逝進行測量，才能夠接近時間。在那裡，你的心智是繃緊的，是處於當下的。

唯有處於當下，唯有全神貫注，才能一窺自身為何。在奧古斯丁的眼裡，**現在**是一種**心靈**上的體驗。

詹姆斯的看法還多了個轉折，他認為未來、過去、現在這三種時態都不存在，還提出第四種時態，名為「心理的當下」（Specious Present）。這個術語借用自E·R·凱雷（E. R. Clay），這是退休雪茄巨頭兼業餘哲學家E·羅伯特·凱利（E. Robert Kelly）的筆名。真正的當下猶如無量綱（dimensionless）的微粒，心理的當下則是「我們立即察覺到又不斷察覺到的一小段時間」。在這一小段時間內，我們足以認出一隻飛翔的鳥或一顆流星，足以理解歌曲某個小節裡的全部音符，足以理解某人說出的一個句子裡的詞語。芝諾提出的悖論，康德的觀點（亦即我們無論如何都能憑直覺知道時間的先驗性質），這些全都別放在心上。過去、現在、未來，也都忘掉吧。對於當下，唯一值得討論的，就是我們對當下的覺知，有了覺知，就能有效定義何謂心理的當下。

當我觀察一隻鳥飛行，當我閱讀某一行詩句，當我夜半聆聽床邊時鐘的聲音，該怎麼去描述這個心理的當下呢？詹姆斯表示，這種當下是（或者在覺知中看似是）不斷變化的。

「凡是對人類時間感的描繪，都必須說明這個層面的人類經驗。」詹姆斯跟奧古斯丁都同樣認為，人類要覺察到變化，就必須召喚回憶。若要自信滿滿說時鐘**正在滴答走**，說鳥**正在飛**，就要時時覺察活動的開始或進行是發生在不久前，而且現在還持續著。認出了當下，剛流逝的過去的某方面即會浮現，因此肯定是經過一小段時間才逐漸覺察。詹姆斯寫道：「簡言之，實際認知的當下並不是刀刃，而是猶如馬鞍，有一定的寬度供我們安坐其上，馬鞍上的我們在時間之流裡望著兩個方向。時間感的組成單位是一段時間，可以說是有船頭也有船尾，也就是說，有往後看一端，也有往前看的一端……我們感覺到的似乎是整體的時間長度，當中嵌入了兩端。」

由此可見，心理的當下是測定意識時的間接評量法。詹姆斯提出多種暗喻來形容心理的當下，例如：它是一艘船，一個三角屋頂，某個「後緣與前緣模糊不清又開始消失」的東西（一段繩子？）；它甚至是「有如瀑布上的彩虹那般永久矗立」。重要的是底下的思緒之流，亦即意識流。你的意識永遠是同時間包含著多種想法或感官印象。你並不是依序個別經歷事件C、事件D、事件E等，而是經歷事件CDEFGH，頭幾起事件最後會從當下漸漸淡出，換新的事件上場。內容會部分重疊，對於意識流裡其他部分的覺知，總是跟絕對的當下混在一起。假使意識只是一連串的影像與感覺，像珠子那樣串在一起，那麼我們就無法獲得知識與經驗，我們所知的一切都會是當下此刻。詹姆斯引用英國哲學家約翰．彌爾（John S. Mill）的話：「我們的意識有多個接連出現的狀態，每一個狀態都在終止的那一刻永遠消失。而這類短暫的狀態個個都是完整的自我。」詹姆斯還說，我們的意識「有如螢火蟲的光芒，照亮了自身直接遮蓋住的那一點，卻把一切拋在背後的全然黑暗裡」。

詹姆斯認為，在這種情況下，現實生活雖「可想像」卻不可行。不只是如此。一九八五年，成就非凡的指揮兼音樂家克萊夫．韋爾林（Clive Wearing）罹患病毒性腦炎，致使腦部的幾處額葉受損，連同整個海馬迴也都受到損害，而海馬迴是喚起記憶及放置新記憶的重要部位。後來，韋爾林能夠行走，俐落交談，自己剃鬍穿衣，甚至還能彈鋼琴。可是，他記得的東西很少，三十年後，記起的東西還是不多。他不記得自己的名字，不記得周遭人們的名字，不記得哪些食物會有什麼滋味。他說著某個句子時，不記得句子說出口前冒出的想法。等到他要回答時，卻又忘了問題是什麼。日後，克萊夫的妻子黛博拉

（Deborah）在英國《電訊報》（*Telegraph*）刊載的文章中寫道：「病毒致使克萊夫的腦部出現孔洞，他的記憶掉了。」他也不記得她的名字，卻還是開心地跟她打招呼，像是許久不見那般擁抱著她，即使她剛才只是去了別的房間一會兒，也有如久違的相會，他對別人不會這樣。他會緊張不安，從家裡打電話給她，不曉得她幾小時前就陪過他了。他催促她：「天亮時到這裡來，用光速到這裡來。」

在韋爾林的眼裡，只存在著心理的當下。有許多紀錄片與文章描繪韋爾林的情況，而黛博拉更是對BBC表示：「他就像是擱淺在這一小塊的時間碎片上。」黛博拉也寫了一本書談論丈夫的狀況。她寫道，有一天，她發現他正在仔細觀察巧克力。他一手拿著巧克力，另一手蓋住巧克力又拿開手，每隔幾秒就這麼反覆做著，期間一直仔細盯著巧克力看。

「你看，」他說：「新的！」

「是同一個巧克力啊。」她對他說。

「不是……你看！它變了，之前不是那樣……」他又示範了一次那個把戲。「你看！又不一樣了！他們是怎麼辦到的？」

每樣東西，每個人，永遠都是新的，連同他自己也是新的，彷彿他是第一次醒來面對這世界。有一次，他大聲對黛博拉說：「我看得到你！現在我完全可以看到每一樣東西！」又有一次，他說：「我從來沒有見過別人，我從來沒有聽過一個字，直到現在才有了改變。我甚至連一個夢也沒做過。白天和黑夜都一樣，都是空白，正像是死亡。」他反覆說著同樣的話，只是表現形式稍有不同，這種情況已持續多年。「我什麼也沒聽過，什麼也沒看過，什麼也沒碰過，什麼也沒聞過，就像死了一樣。」除非他的腦袋在想著別的事情，不然這就是他的人生經驗了。

然而，覺察自己正在醒來，覺察自己正踏入當下，實在太過重大，於是韋爾林一次又一次用紙筆記錄下來。他寫下時間（例如早上十點五十分），然後記錄自己的見解：「第一次醒來！」他注意到前一行有類似的文字，那是幾分鐘前寫下來的。他看了自己的手表，畫掉之前寫的那一行，彷彿那行字是冒充他的人寫的，然後他在目前寫的這一行畫底線。紙頁上寫滿這類文字，除了目前寫下的這一行，其他行都被畫掉了。現在，日誌（若此為正確用語）已寫滿數千頁，總共數十冊之多，每個醒來的時刻都宣稱自己勝於先前的每一刻。

下午兩點十分：此時完全醒來……

下午兩點十四分：此時終於醒來……

下午兩點三十五分：此時徹底醒來……

下午九點四十：不管我前面說了什麼，這是我第一次醒來。

在早上八點四十七分：完全醒來。

在早上八點四十九分：完全醒來。體認到了解自己，是個問題。

在威爾斯（H. G. Wells）的《時間機器》（*The Time Machine*）小說裡，時間旅人在晚宴客人的面前講了個故事，說自己如何打造出一個跨越時間的裝置，說自己不久前才坐在時間機器的座位上，推動控制桿，「將自己拋進未來」——先是在八〇二七〇一年碰到孱弱的艾洛伊人（Eloi）與粗暴的莫洛克人（Morlocks），接著在三千萬年後看見幾乎沒有生物的海灘，最後在剛才的時候進入起居室要杯酒喝。

感覺彷彿坐上雲霄飛車，只能無可奈何往前衝！……隨著我的步調加快，白天後面緊跟著黑夜，有如黑色翅膀在拍動。實驗室變得朦朧隱約，現在似乎遠離我而去，我看見太陽迅速躍過天空，每分鐘跳躍過天空一次，每分鐘就是一天……有史以來爬得最慢的蝸牛，在我眼裡衝得太快了……我看見樹木長高又轉變，有如一團團的水汽，現在是棕色，現在是綠色，它們成長、擴展、顫抖、死去。我看見龐然的建築物升起，朦朧又漂亮，然後如夢境般消逝。整個地表似乎都起了變化，在我眼前融化流動……我的步調是一分鐘一年；在一分鐘的時間內，白雪在這世上閃現即逝，隨後是明亮短暫的綠色春天，如此以一分鐘一年的速度循環不止。

《時間機器》於一八九五年出版，恰好出現在時間旅行概念正在小說界風行的時機。前往未來或過去的旅行，多半是意外發生的，方法也不明確。《回顧》（*Looking Backward*）與《烏有鄉消息》（*News from Nowhere*）這兩本小說的主角都是在十九世紀睡著了，打盹許久後，醒在二十一世紀。《水晶時代》（*A Crystal Age*）的旅人從懸崖上掉下來，醒在數千年後（他十分確信這點）。《英國野蠻人》（*The British Barbarians*）的二十五世紀人類學者不知怎的就來到英格蘭的薩里郡（Surrey），身穿「做工精美的灰色花呢西裝」。《時間機器》有其獨到之處，最引人注目的特色就是旅行的模式，以及時間本身（在某種意義上可說是如此）。時間旅人不是消極的媒介，他主動前往自己所選的時代。他也不光是抵達彼處而已，他加速通過此時與彼時之間的每一刻。在他的手裡，時間可縮放又可替代；心理的當下可以擴張，涵蓋了季節、人生、永世。感知到的當下，不外乎就是感知罷了。旅人只要能改變感知，就能改變時間。

威爾斯接受過扎實的當代科學理論訓練。大學時期，威爾斯在赫胥黎（T. H. Huxley）的門下攻讀生物學，顯然也讀過《心理學原理》，生物圈幾乎人人都讀過該書。一八九四年，《週六評論》（*Saturday Review*）雜誌刊登威爾斯的當代心理學評論文章，文中展現出他對記憶、意識、視知覺、暗示、錯覺相關文獻的扎實理解（近代某位學者細心分析《時間機器》的年表，提出令人信服的論據，證明那位時間旅人在晚餐時講的故事，其實是對客人開的玩笑話，而且那故事是那天下午騎三輪車遊玩，後來睡午覺夢見的）。《時間機器》開頭的第一章，其實就是當時時間感概念的短期課程。「時間以及三度空間的任何一度，兩者之間並無差別，只差在我們的意識會順著移動。」時間旅人如此告訴客人，然後從四度幾何的角度大談自己的時間理論，一般認為威爾斯是從一八九三年紐約數學學會的某段演講中擷取出該理論。席中一位客人一度提出反對：「你逃不出當下此刻。」時間旅人回應：「我們總是在逃開當下此刻。」等到該讓時間機器進入首次航行時，打開開關的是心理學者。

威廉·詹姆斯做事一絲不苟，向來會記錄自己讀過的書，卻沒提到《時間機器》。其他的書他倒是幾乎都讀過了，例如奧古斯丁的著作、斯特恩（L. Sterne）的《項狄傳》（*Tristram Shandy*）、史帝文生（Robert Louis Stevenson）的《化身博士》（*Dr. Jekyll and Mr. Hyde*）等（詹姆斯如此描述史帝文生：「那男人有如魔法師」）。詹姆斯跟威爾斯通過信，在信函中稱讚威爾斯的《烏托邦》（*Utopia*）與《重要事項》（*First and Last Things*），還把威爾斯比作吉卜林（Kipling）和托爾斯泰（L. Tolstoy）。威爾斯則是理解詹姆斯提出的實用哲學，還把詹姆斯稱為「我的良師益友」。據說一八九九年兩人在史蒂芬·克萊恩（Stephen Crane）家中的派對不期而遇，半夜還一起玩撲克牌遊戲。李察森撰寫的詹姆斯傳記，描繪了幾年後的一幅場景，威爾斯順道路過亨利（Henry）——詹姆斯的弟弟——的家，去接詹姆斯。亨利氣急敗壞，他當場捉到哥哥威廉．詹姆斯站在梯子上，偷窺花園牆外，想看一眼小說家柴斯特頓（G. K. Chesterton），對方就住在隔壁的小旅館裡。威爾斯回憶道：「那種事肯定沒人做過。」

可是，那種事威廉倒是經常做。他個性衝動，不假思索就會直接去梯子那裡，好像沒有時間可以浪費一樣。他會一步跨兩三階樓梯。李察森對我說：「他老是急驚風。」李察森介紹我讀《童年及其他》（*A Small Boy and Others*），那是亨利．詹姆斯的自傳，一九一三年出版，是威廉離世三年後。威廉得年六十八歲，走得相當早。亨利寫道，威廉「老是轉個角一溜煙兒就不見了」。亨利雖是在比喻（威廉比亨利大一歲），但那或許也是實情。李察森如此評論威廉：「他一直很有活力，彷彿站在邊緣上，而且還是站在精神崩潰的邊緣。我認為他覺得自己沒有很多時間，也確實如此。」

一八六〇年，夏末的某個晚上，俄羅斯昆蟲協會成員首度在聖彼得堡舉辦聚會。主題演講是由嚴肅的德國動物學者馮貝爾（Karl Ernst von Baer）發表，歷史上多半只記得馮貝爾總是急躁地反對達爾文的學說觀點，不認同所有生物都是從共同的祖先演化而來。然而，達爾文本人倒是對馮貝爾深感敬佩，馮貝爾是作風強悍的知識分子，更是深具開創精神的生物學者與觀察家。馮貝爾率先主張所有哺乳類動物（包括人類在內）都是源自卵細胞。他使用顯微鏡長時間檢驗大量微小又不定形的雞胚胎和其他生物胚胎，訝異地發現差異甚大的一些生物可能源自於類似的初期型態，才做出了這般的結論主張。

馮貝爾的演講題目是：*Welche Auffassung der lebenden Natur ist die richtige? Und wie ist diese Auffassung auf die Entomologie anzuwenden*，意思是「哪個生物界的概念是正確的概念？如何應用於昆蟲學？」——題目看似怪異又難以理解，對任何屬性的聽眾而言都是同樣難懂，更何況演講對象是一群昆蟲愛好人士。然而，在演講過程中，馮貝爾探討十七世紀以來哲學圈流傳已久的問題，不久前更是自然學者討論的主題，那就是：「現在到底有多長？」

馮貝爾對聽眾表示，無一物能長久。我們誤以為能持續存在的，例如看似永久存在的山與海，其實是人類短暫生命引發的錯覺。試想，「假使人類的生命步調變得快多了或慢多了，那麼不久就會發現，在人類的眼裡，大自然裡所有的關係看起來都會變得完全不同。」假設人類的壽命──始於出生、終於老邁──只有短短二十九天，是原本壽命的千分之一。這種壽命僅有一個月的人類（Monaten-Mensch），頂多只能看見一次月亮週期，季節、冰雪會變成抽象的概念，如同我們眼中的冰河時期。對於壽命只有幾天的生物（包括部分的昆蟲與蕈類）而言，前述的經驗並不陌生。現在假設我們的壽命又短了千分之一，只能活四十二分鐘。這種壽命僅有幾十分鐘的人類（Minuten-Mensch），對於黑夜與白天一無所知，花與樹看來毫無變化。

馮貝爾繼續說，想想相反的情境。試想，我們的脈搏沒有加速，反倒是比正常的速率慢一千倍，假設每跳一下都有相同數量的感官經驗，「那麼這種人的壽命會在約八萬年進入『晚年』。一年猶如八點七五小時。我們沒有能力觀察冰融化，沒有能力感覺地震，沒有能力觀察樹葉發芽、緩慢結果、落下葉子。」我們眼見山脈起落，漏看瓢蟲生存。花朵引不起我們的目光，只有樹木會留下印象。太陽或許會在天空中留下尾巴的痕跡，就像彗星或砲彈那樣。現在，把這樣的壽命乘以一千倍，人類壽命達八千萬年，但這樣的地球一年，心跳只有三十一點五下，感知只有一百八十九個。太陽不再是一個不連續的圓圈，而是成為光亮的橢圓日光，到了冬季會變得比較暗。心跳十下，地球是綠色的；再跳十下，地球變成白色；跳一下半，雪就融了。

十七世紀與十八世紀，有越來越多人使用望遠鏡與顯微鏡，大家不由得思考何謂尺度的相對性。宇宙比我們想像的還要大，兩個方向都是如此，會往外擴張，也會往內收縮。人類的觀點開始失去特權感，我們的觀點只是眾多觀點之一。假設哲學家馬勒伯朗士（Nicolas Malebranche）在一六七八年假定上帝創造出巨大的世界，在我們眼裡龐大的一棵樹，在那巨大世界的棲居者眼裡卻很正常；或者，相反的，上帝創造出迷你的世界，我們眼裡很微小的東西，在微小的棲居者的眼裡卻是司空見慣。馬勒伯朗士寫道：「Car rien n'est grand ni petit en soi.」意思是，就本質而言，無一物可稱為巨大或渺小。不久，斯威夫特（Jonathan Swift）在一本小說裡呈現出這種概念，小人國與大人國的景色在細節與大處都是相同的。

時間也是同樣的道理。一七五四年，法國哲學家孔狄亞克（Étienne Bonnot de Condillac）寫道：「想像一下，有個世界有許多部分跟我們這個世界一樣，但那個世界不比榛果大。我們這裡過了一小時，那裡的星星肯定升起又落下數千次之多。」試想，有個世界極其廣闊，連我們的世界都顯得渺小，對那個廣闊世界的生物而言，我們這世界的生物壽命短暫得有如一閃而逝的光，但在榛果星球的棲居者眼裡，我們的壽命有數十億年之久。時間感是相對的，甲生物的眼裡是瞬間，乙生物的眼裡或許是長久。

這種說法聽起來有點像是文字遊戲。如果我們把一天定義成地球沿地軸旋轉一次，那麼在人類、小蟲、榛果的眼裡，一天的長度總是相同的（日變節律生物學者會說，無論是榛果還是人類，無論有沒有意識到，一日的長度其實都刻印在每種生物的基因裡）。然而，孔狄亞克認為，對榛果上的小蟲而言，一天的時間長度可能沒有用處，甚至無從察覺。這種想法蘊含的時間觀到了今日仍有莫大的作用，我們估算的瞬間到底有多長，就要看那一瞬間有多少行為或想法掠過心頭。英國哲學家約翰．洛克（John Locke）在一六九〇年表明：「我們無法感知一段時間的長度，只能考量我們理解範圍內輪番出現多少個想法。」如果你在短時間內體驗到許多感覺，那麼處於那段被感覺填滿的時間內，就會覺得那段時間比較長。洛克寫道，對我們而言，剎那也許是無量綱的，可是或許會有其他心智有能力察覺，而我們的理解力猶如「一隻被關在櫥櫃抽屜裡的毛蟲對人類的感覺或認識」。我們心智運作的速度就這麼快而已，一次能擁有的想法就這麼多而已，因此我們能感知到的時間長度有其侷限。「假使我們的感官能力變得更快速更敏銳，那麼在我們眼裡，萬物的外觀與表面結構會有另一番面貌。」

威廉．詹姆斯採納了這種想法。一八八六年，詹姆斯寫道，假設大麻膏改變你的感官能力，你也許會短暫經歷到類似「馮貝爾與史賓塞（H. Spencer）提出的短命生物的情況……簡而言之，情況很像是顯微鏡把空間放大，在目前的視野範圍內，一次看得到的實際東西變少了，但每樣東西佔據的空間比一般還要大，視野範圍外的東西則是遙遠得很不自然。」一九〇一年，威爾斯寫出的短篇故事〈新奇快速藥〉（The New Accelerator），講述有個教授發明靈藥，身體及其感知能力可加速一千倍。威爾斯如此寫道，讓酒杯掉落，酒杯卻看似停在半空中；街頭的行人「莫名僵硬，貌似逼真的蠟像」；「我們應該要製造販賣快速藥，至於後遺症……再看看。」

雖然我們很少意識到事實，但是人類就是同時在好幾種時間尺度下運作並仰賴於此。人類的平均心跳是一秒一下，閃電擊一次是百分之一秒，家中電腦執行軟體的單一指令，是以奈秒（即十億分之一秒）為單位，電路的切換時間以皮秒（即兆分之一秒）為單位。數年前，物理學者成功創造出一個僅有五飛秒（即五千萬億分之一秒）的雷射光脈衝。在日常攝影中，相機的閃光燈可「停止時間」約千分之一秒，這速度夠快了，即使捕捉不了快速球的畫面，最起碼也能捕捉住球棒揮打的畫面。同樣的，有了快達飛秒的「閃光燈泡」，科學家得以觀察定格裡的奇景，例如振動的分子、化學反應期間的原子束縛、其他超小超快速的事件，這些都是以前未能做到的。

飛秒脈衝已進化成有利的工具，不但很適合鑽小孔，也能快速儲蓄能量，沒時間讓周圍材質升溫，比較不會弄得亂七八糟又沒有效率。此外，基於光速使然（每秒將近三億公尺），為期一飛秒的光脈衝的實體長度只有千分之一公釐左右（反之，為期一秒的光脈衝的實體長度，則是地球與月球的距離的五分之四）。就把光脈衝想成是微小的炸彈吧，可以只擊中透明材質表面的下方，實際上又不會穿透材質。飛秒脈衝係用於蝕刻玻璃片內部的光波導，這個發展徹底改革了資料儲存與電信技術。飛秒研究員已發展出全新的眼睛雷射手術方法，能直接在角膜上動手術，同時又不損及角膜上方組織。渥太華大學物理學者保羅．科克姆（Paul Corkum）對我說：「這種方法可處理生物材料內部，而且耗費的能量極少。」

然而，超快速還是不夠好。各種重要的事情可能會發生在飛秒之間，閃光燈泡太慢的話就會錯過。因此，科學家正在加緊腳步，想打造出更小的時間窗口，透過這樣的窗口來研究實體世界。一群物理學者——包括科克姆在內——組成國際團隊，終於在幾年前成功突破飛秒屏障。他們使用精密的高能量雷射，造出一個比半飛秒略長的光脈衝，精確來說，是六百五十原秒。長久以來，原秒（10^{-18}秒）只存在於理論中，這還是首度有人實際目睹原秒。原秒是全新的時間長度，小歸小，潛力卻是無窮。科克姆說：「這是物質的真正時間尺度。我們日趨有能力站在原子與分子的角度，觀察它們所處的微型世界。」

物理學者一捕捉到分子，就證明了分子的實用度。他們瞄準分子，讓長度較長的紅光脈衝進入氪原子氣體裡。原秒脈衝刺激氪原子，踢出電子，紅光脈衝撞擊到電子，讀取電子的能量。科學家調整兩個脈衝之間的時間差，就能精確測出電子經過多長時間就會衰變，精密度可達原秒之內。從來不曾有人以這麼短的時間尺度研究電子動態。該場實驗轟動物理界。美國布魯克海文國家實驗室（Brookhaven National Laboratory）物理學者路易斯・狄莫羅（Louis DiMauro）對我說：「原秒讓我們以全新的思考模式看待電子。原秒成了探查物質的新方法，之後可應用在各個科學領域。原秒物理學的時代已經來臨。」

當然了，有一天，或許就在不遠的將來，就連原秒也無法讓人滿意。原子核的自然時間尺度在速度上快了好幾個數量級，物理學者要探查原子核的活動，就必須進入千分之一原秒（即一億兆分之一秒）的領域。與此同時，必須運用已取得的原秒，應付過去。可想而知，很容易流於得意忘形，在硬碟裡裝滿家庭影片，在電波裡塞滿那些渴求好幾秒長度的原秒影像，而且基本上都是永久留存。科克姆確信這類事情不會發生，他說：「實際上，我們只是著眼於合理的一段時間。」無論一段時間是短是長，只要觀察者覺得無趣，就還是能設下限制。科克姆說：「前一陣子，我姊夫寄了他們家寶寶的一些影片。一開始還滿有意思的，可是十五分鐘過後……哇，好久。」

我年紀小一點、時間比較多的時候，夏天總喜歡躺在草地上，閉上眼睛，算算自己同時能聽到多少種聲音。那裡，有蟬的唧唧聲。上面，高空有噴射機的轟鳴聲。我的後方，微風吹得樹葉沙沙作響。有些聲音是規律的存在，有些聲音時有時無，冠藍鴉的叫聲即是其一。我可以同時記住四、五種聲音，再多一種聲音就會有一種聲音漸漸淡出，這樣才能設法辨識出這個多出來的聲音，像是雜耍者要先讓一顆球落下，才有餘裕抓住另一顆球。沒有多久，我習慣了這種不斷加減相抵的過程。剛開始的難題是自己可以保有多少種的聲音，接下來的難題是這些聲音在我內心佔據多少空間，最少需要多少氣力才能讓這些聲音繼續出現。

這個過程很放鬆，也可用來量測……嗯，我不太確定是在量測什麼。是量測我能專注多長時間？還是量測我的覺知界限在哪裡？如今回想起來，我顯然是利用自己的原始方法，努力去量化當下此刻，而這番努力有其悠久的歷史。威廉．詹姆斯運用E．R．凱雷的方法，提出「心理的當下」的觀念之前，科學家多半認為「心理的當下」具備一段實際的時間長度，還花費不少心力試圖加以量化。現在到底有多長？也可以說，現在，到底有多短？

要對當下進行量測，其中一種方法就是計算當下可裝進多少個心理物件。節奏可說是很有用的量測標準。想像一下，一連串的拍子產生出這樣的節奏：滴咔答—滴—滴—滴，滴咔答—滴—滴—滴，以此類推。若有個別的拍子太慢出來或太快出來，就辨別不出節奏了；唯有拍子處於某種中間速度的範圍內，也就是說，每秒鐘或每分鐘固定有多少拍，此時拍子才會融入到你的心裡，構成一個整體。換句話說，唯有個別的拍子數量足夠（又不至於太多），並且落在一段短暫又略有變化的覺察期，節奏才會出現。德國生理學者威廉．馮特把這種現象稱為**意識範圍**（Blickfield），意識範圍是一段短暫的時間，在這段時間內，不同的印象會融合成現在感。一八七〇年代，馮特開始投入意識範圍的量測。某次實驗，他以每秒一拍至一拍半的速度，播放一連串的十六拍（兩拍一對，共八對），**意識範圍**介於十點六秒至十六秒之間。他在受試者面前，播放那一連串的拍子兩回，第一回播完後，先暫停一會兒，再播放第二回。受試者立刻辨別出節奏，也認出前後兩回的節奏一模一樣。如果第二回的節奏多加一拍，就算受試者並未計算個別的拍子，也會立刻發現。馮特表示，受試者會察覺到整體的模式，每個節奏「整體而言都是存在於意識中」。馮特加快速度，十二拍的各個拍子每半秒或每三分之一秒就會出現，而受試者仍可辨別出節奏或「整體」，並且相互比較。依此量測方法，可辨別出的**現在**時間長度介於四秒至六秒之間。如果以每秒四拍的速度，播放五組八拍的拍子，就能立刻辨認出四十拍（如此一來，意識範圍就會是十秒鐘）。人能察覺到的最短暫的時間長度是由十二拍組成，亦即以每秒三拍的速度播放三組四拍，這個長度有四秒鐘之久。

若採取其他措施，現在有可能會變得短了許多。一八七三年，奧地利生理學者席蒙．艾克斯納（Sigmund Exner）表示，他可以聽見電火花連續兩次的劈啪聲，而且兩次的劈啪聲最短可相隔五百分之一秒。馮特的受試者是針對填滿的時刻，評估當中的內容；艾克斯納是針對空白的時刻，標明其邊界。艾克斯納發現，這個現在的大小多半端賴於人採用的感官能力。採用聽覺的話，可察覺的時段是最短的（〇．〇〇二秒）。視覺比較慢，如果艾克斯納觀察到兩個連續發生、稍有時間差的火花，那麼唯有這兩個火花的時間差超過〇．〇四五秒（略短於十二分之一秒），艾克斯納才能正確辨認出哪一個火花先出現。如果是先聽見一個聲音、再看見一個火光，那麼就需要更長的時間差（〇．〇六秒），才能辨識何者為先、何者為後。如果是先看見一個火光、再聽見一個聲音，那麼人能察覺到的最短時間差是〇．一六秒，又更長了些。

再早個幾年，一八六八年，德國醫師維洛爾特（Karl von Vierordt）提出另一種方法來測量現在的時間長度。在維洛爾特的實驗中，受試者聆聽一段空白的時間，當中是以節拍器的兩聲滴答聲來標記開始和結束。受試者要重現該段時間，方法是按下按鍵，藉此在捲筒式的紙張上標記出來。有時，受試者要重現的時間是讓節拍器響八拍（而不是兩拍）作為標記，不然受試者手裡的小型金屬尖端，可能會送出兩個拍子。維洛爾特查看數據，發現一件奇特的事情：時間長度若是未滿一秒左右，經判斷往往比實際的長度略長；時間長度若是略長一些，往往會遭到低估；在這兩者之間，就是受試者可精準判斷出的時間長度。維洛爾特進行多次實驗，試圖找出人類在什麼樣的時間長度，時間感能正確對應至實際時間。維洛爾特稱其為「無差異點」（indifference point）。無差異點因人而異，但之後的研究員表示，無差異點在平均上通常是〇．七五秒左右。

如今，前述發現顯然隱藏好幾個方法上的缺陷。其一，維洛爾特的實驗數據幾乎全都是取自於兩位志願者——維洛爾特，及其門下的一位博士生。儘管如此，大家還是認為維洛爾特估算出的無差異點具有重大意義。馮特和其他人從事的無差異點實驗，則是做了進一步的量化及闡述，他們取得的數值往往落於四分之三秒左右，不過有些數值的範圍可低至三分之一秒。某位歷史學者寫道，雖然後來經過檢驗，無差異點的證據大都失去效力，但是最起碼有一會兒科學家似乎都辨識出心理上的時間單位，亦即「心理上當成標準使用的一段絕對時間長度」。這段時間長度無論確切規模有多大，都是意識的代表，是人類直接覺察的最短片刻。

科學家針對「現在」的確切規模所進行的深入探究分析，一直延續到二十世紀。今日的科學家往往認為兩種概念截然不同。一種是感知的片刻，是一段轉瞬即逝又可量化的時間長度，是兩起連續事件之間的最大時間差，而一對被視為同時發生的火花即是其中一例；另一種是心理上的當下，時間略長，當中會有單一事件（例如一連串擊鼓聲）逐漸展現。前者可能是九十秒，可能是四點五毫秒，可能是五分之一秒到二十分之一秒之間，時間長短視你詢問的對象和測量的方式而定；後者可能是兩秒到三秒之間，可能是四到七秒之間，可能是不超過五秒。最起碼認知領域有一群科學家提出了時間量子的存在，時間量子是「時間解析率的絕對下限」，科學家認為時間量子是四點五毫秒左右。

一八九〇年，詹姆斯出版《心理學原理》，當時他認為現在的規模基本上已經確立。他寫道：「我們經常意識到某個時間長度，亦即心理的當下，而其長度不同，短則幾秒，長則不到一分鐘。」額外的調查研究，亦即進一步的「飢餓法與騷擾法」，則是有失尊嚴。「這類『稜鏡、擺錘、計時器派』的全新哲學家，少有莊嚴體面的作風，公事公辦，毫無騎士精神。」詹姆斯認為新階段的德國研究屬於「微觀心理學」，「考驗耐性到極點，要是國民會覺得無趣，就無法興起了」。與其不斷深究細微處，至死方休，不如把時間花在更有意思的事情上。

這類「時間感」實驗無論是揭露何種結果，在在證明機械計時器越來越精準。過去，科學家長久著迷於「動物本能」或「神經活動」，其可促使肌肉移動，讓人擁有動作、認知、時間感的能力。然而，神經脈衝（舊稱「神經活動」）的速度每秒鐘近一百二十二公尺，每小時四〇二公里，十八世紀的技術偵測速度沒有那麼快。就科學而言，一有想行動的念頭，行動就會立刻隨後而至。不過，十九世紀，測量時間的儀器獲得進展，有擺鐘、精密測時器、計時器、電子快速計時器，還有多半借用自天文領域的其他裝置，因而得以測出新的時間尺度，例如：十分之一秒、百分之一秒，甚至是千分之一秒。探索宇宙的專用儀器應用在生理學的研究上，還開了個時間窗口，大得足以揭露我們的潛意識。

不久以前，時鐘與手表上的時間是天文台從星星那裡收集的，然後再送到我們的眼前；如今，大家廣為接受原子時與世界標準時間，此技術十分先進，必須經由新聞稿傳播出去。想像一下，有一條線從頭頂上方通過，連接正北與正南；無論你身在何處，太陽每天都會在你所在地區的正午通過這條線，即「天子午線」（所謂的日照正午就是太陽通過天子午線的那一刻）。到了夜晚，群星會在幾個同樣的精準時間通過天子午線，天文學者會密切追蹤群星通過的情況。我們可以據此設定時鐘，就像製表匠以及擁有時鐘的人那樣，起先是直接打擾當地的天文學者，後來是訂閱天文台核准的某種「報時服務」。一八五八年，瑞士紐沙特（Neuchâtel）建造天文台，專門提供精準的時間給鐘表業。紐沙特天文台創辦人兼台長阿道夫．赫希（Adolph Hirsch）誇口道：「時間有如自來水或瓦斯，送到每家每戶。」當地製造商可以把自家的鐘表送到天文台，進行檢驗、校準、正式認證。遠地的鐘表匠則是每天經由電報接收報時信號。到了一八六〇年，瑞士每一家電報局都會收到紐沙特送來的時間，歷史學者兼威瑪的包浩斯大學（Bauhaus University）媒體理論教授漢寧．舒密德根（Henning Schmidgen）所謂的「標準時間構成的廣闊地景」就此確立。

當然了，地球上的每一處並不是同時都是正午時間，各地的時間並不同步。地球會旋轉，太陽並不是同時照耀在所有人的身上；紐約的中午是香港的半夜。你若往東行去，日出日落（和中午）時間會比你的起點略早一些；往西行去，就是略晚一些。東經和西經共有三百六十度，往東十五度，中午就會早一小時；往西十五度，中午就會晚一小時。有了望遠鏡和時鐘，就能繪製地球的時間圖。假如你是在零度經線的格林威治天文台任職的天文學者，又知道某顆星星會在何時跨越格林威治子午線，那麼就能精準預測該顆星星會在何時跨越大西洋中央（例如西經三十五度）的子午線。現在，你在一艘船上，用望遠鏡和時鐘判斷該顆星星何時會跨越你所在地區的子午線。只要知道該顆星星跨越格林威治子午線的確切時間，就能從兩地的時差，計算出你所在地區的經度。十六世紀與十七世紀英國探索世界，就是憑藉這種計算方法。此法促使科學家發明精準的航海鐘，還推動一六七五年格林威治皇家天文台的興建。皇家天文台是第一座提供可靠基準值的天文台，遠洋船隻可依照基準值對自己的所在位置進行定位。

從星星的凌日來確立當地時間，這過程十分辛苦。指定的時間即將到來時，天文學者會瞥向時鐘，記錄時間（連同秒數在內），然後用望遠鏡望向天空。在視野範圍內展開的是一連串等間距的垂直線，通常是用交叉瞄準線在望遠鏡上排成垂直線作為標記。不久，星星——有色光暈裡一顆銀光的亮點——就會滑入視野範圍內。天文學者會大聲讀秒，或者聽著時鐘（有時是聽節拍器）的秒針聲音，記下星星跨越每條線的確切時間，中間的子午線尤其重要。天文學者必須在星星跨越子午線之前與之後的那次擺動，用眼睛找出星星的所在位置，記下兩個位置，比較兩個位置，以十分之一秒為單位，呈現兩者的差異，也就是星星跨越子午線的確切時間。可以用數天或數週為範圍，比較星星凌日的時間。星星向來準時無誤，若跟預期行程有誤差，肯定是時鐘的錯，可根據星星重調時鐘。

人們以為這種技術可精準到十分之二秒，卻是處處錯誤。每家天文台的望遠鏡清晰度都不一樣，而且不是每座天文台時鐘的每次擺動都是平穩均速，也不是每次都能不受外部噪音與振動影響。星星或許異常光亮，或許異常晦暗；星星或許在難以發現的氣流裡閃爍不定；星星或許在關鍵時刻消失在雲朵中。有一種人為錯誤更加不易察覺，天文學領域以「人為誤差」稱之。一七九五年，格林威治天文台的台長表示，他開除了助理，助理記錄的星星凌日時間一直比他本人記錄的時間還要晚一秒。台長說：「他陷入了自己的那一套方法，不規則又混亂。」可是，不久真相大白，隨便選兩位觀測人員，他們記錄的凌日時間肯定都不一樣，每個人都會有人為誤差的情況，無一例外。接下來的五十年，歐洲各地的天文學者都對自己的錯誤進行量測比較，卻是徒勞無功，無法排除人為誤差。

一八六二年，赫希推斷問題就在於人類的生理機能，那是「天文學者神經系統裡一種不利的特性」。一八五二年，德國物理學者兼生理學者亥姆霍茲（Hermann von Helmholtz）經實驗發現，感知、念頭、行動畢竟不是瞬時的，人類念頭的速度是有限的。亥姆霍茲在受試者的不同身體部位施以微弱的電擊，藉此測量受試者多久會對電擊刺激做出反應、移動頭部。雖然反應時間差異甚巨，但他概略算出人類神經信號的速度約是每秒近三十七公尺，相較於部分研究人員估算的每小時一千四百萬公里，實在是慢了許多。他針對人類神經以及「將某國最遠邊境的報告傳送給中央政府」的電報線進行比較。他寫道，這類傳輸需要時間，例如：察覺到刺激的時間，做出反應的時間，還有介於前述兩者，「大腦接收信號、願意行動」所需的時間。他估算，這個接收信號、願意行動的步驟約需十分之一秒。

天文學者赫希把這個時間差稱為「生理時間」，並且覺得人為誤差就是生理時間所致。為釐清事實，赫希繼續進行一連串的實驗。其中一項實驗是讓金屬球大聲墜落在板子上；受試者一聽見聲音，就要用手指敲打電報鍵。赫希使用精密測時器（此種時間差量測裝置的精密度可達千分之一秒），針對金屬球掉在板子上的聲音到受試者敲打按鍵的時間差進行量測，結果測出的神經速度約是亥姆霍茲計算結果的一半。精密測時器是一八四七年馬西亞斯．希普（Matthias Hipp）的發明，這位鐘表匠日後成為赫希的受試者，研究內容是測量獵槍子彈與墜落物體的速度。日後，希普成為瑞士電報局局長，於一八六〇年退休，在紐沙特開設自己的電報公司，一部分是為了供應設備給赫希新起步的時間傳輸生意。赫希使用一種精密的儀器進行實驗，該儀器會顯示人工星星正在跨越子午線望遠鏡上的線條。赫希發現人為誤差不光是因人而異，每次觀測、在一天當中的不同時刻觀測、在一年當中的不同天觀測，會有不一樣的誤差；星星的亮度、星星移動的方向，也會有不一樣的誤差。如果你記錄凌日時間的方法是預測星星跨越子午線的時間，而不是等待星星實際跨越子午線，那麼人為誤差也會不一樣。

不久，天文學者就懂得排除人為誤差，避免天文觀測過程受到個人影響。原本是靠眼睛耳朵，後來改用電子計時器，直接把捲筒式的紙張接到時鐘上。天文學者記錄星星的凌日，按下按鍵，在紙張上標記，再也不用查看時鐘或考量時鐘，再也沒有因人而異的時間差問題。如今，兩位天文學者可客觀比對彼此在同一個時鐘上犯下的錯誤。兩位天文學者分別在相隔數公里遠的天文台工作，還是能使用電報送來的同一個時鐘的時間（在排除電報傳輸時間之後），同時記錄同一顆星星的凌日，並且算出雙方的差異。

然而，還是留下人為誤差的痕跡。時間研究從天文學領域，跨足生理學與心理學領域。一八六二年，赫希發表的一篇論文提及「生理時間」，該篇論文是從德文翻譯而來，在科學界廣為流傳。後來，馮特以意識的時間跨度為主題，進行一些實驗，就是把赫希專為研究天文學者設計的實驗法當成樣板。反應時間研究益加受到關注。一九二六年及一九二七年，在心理學者華特・麥爾斯（Walter Miles）和史丹佛足球隊教練葛倫・華納（Glenn "Pop" Warner）的指導下，攻讀史丹佛大學心理學碩士學位的足球教練伯尼斯・葛瑞夫斯（Bernice

Graves）針對史丹佛足球選手的反應時間進行研究。在這項研究中，麥爾斯發明的計時儀器佔有舉足輕重的地位，但這個計時儀器對赫希而言很眼熟。麥爾斯把它叫作「多重計時器」（multiple chronograph），可同時連接到七位前鋒的身上，測量前鋒在四分衛發出開球暗號後可以多快出擊。當時對於哪種發送暗號的方法最佳，引發不少爭論。聲音暗號——亦即四分衛向隊友喊出一連串的數字當成戰術暗號，隨後大喊：「開球！」——顯然優於視覺暗號，因為防守的前鋒能一直專心盯著對面敵隊的後衛。不過，應該要讓前鋒突然聽見「開球」二字？還是要讓「開球」成為戰術暗號的一部分，在說出「開球」二字前，事先提示前鋒？暗號的抑揚頓挫應該要平穩一致，還是要有變化？葛瑞夫斯使用麥爾斯的計時裝置，測試所有變數。每位採取三點式站位的前鋒把腦袋頂在觸發器上，暗號發出後，前鋒一移動，就會觸發高爾夫球墜落，在捲筒式的紙張上留下記號。反應時間的測量是以千分之一秒為單位。葛瑞夫斯發現，倘若突如其來又沒有節奏感，球員的出擊就會更為一致。不過，如果暗號可預料又有節奏，球員就會更快往前猛衝，差不多快個十分之一秒，這或多或少也是人思考需要的時間。麥爾斯表示：「統一做出敏捷又精確的動作，是教練和選手努力想達成的目標。所有的努力都是為了讓十一個人的神經系統化為一個統合良好又力量強大的機器。」

某天，我在熟食店吃完午餐，走回辦公室，半路，我抬頭瞥向銀行外頭高台上的時鐘，那時鐘有點像是大船的羅盤，而我突然察覺到時鐘默默指引著我，在許多方面都是如此。其實這座時鐘——或者我手機上或床鋪邊的時鐘，或者我有時會戴的腕表——有幾件關於時間的事情要跟我說。就最基本而言，時鐘是計時器，我得以確立一會兒之前的時間以及即將出現的一段時間。哲學家馬丁．海德格表示：「如果我脫下手表，那麼我首先會說：『現在是九點鐘，那件事發生已經過了三十分鐘。再過三小時，就是十二點了。』」換句話說，時鐘引領著過去與未來。正如海德格所言，時鐘的目的「就是確立現在的具體固定物」，而**現在**卻是個不斷移動的目標。

不過，光是那樣的資訊，幫助有限。我的**現在**要是沒有確立的地標作為參考點，就有如漫無目標的船隻。其中一種參考地標就是太陽，這種時鐘使我得知自己是處於一日當中的哪個時刻。床頭時鐘顯示下午兩點，而我卻清楚看見外頭是半夜，這就表示時鐘出了大錯，沒有跟地球的自轉同步。此外，我目前所看的時鐘，也默默透露出我跟其他時鐘在地點上（或時間上）的關係。如果我路過銀行的時鐘要趕搭兩點十五分的火車，而銀行時鐘顯示下午兩點，那麼我可不希望五分鐘後抵達火車站，卻發現火車站的時鐘顯示下午兩點半，我錯過火車了。我們期望時鐘彼此之間同步，整體上也跟行星日同步。我的現在應當是你的現在，即使你遠在地球的另一端，也應當如是。

這樣的期望在現代數位生活中可說是根深柢固，卻並非總是如此。十九世紀，歐洲、美國、世上其他地方努力要從歷史學者彼得．蓋里森（Peter Galison）所稱的「時間未統一的混亂情況」中脫身。在天文學的幫助下，每座想要精準時鐘的城鎮，都能有座精準的時鐘。可是，光憑地方上的時鐘就要滿足大家的需求，要沒人出遠門才行。鐵路擴展，加上火車能以更快的速度載運旅人到更遠的地方，此時旅人發現兩地時鐘顯示的時間少有完全相同的。一八六六年，華府正午時分，薩凡納（Savannah）的官方當地時間是十一點四十三分，水牛城十一點五十二分，羅徹斯特十一點五十八分，費城十二點零七分，紐約十二點十二分，波士頓十二點二十四分。光是伊利諾州，就有超過二十四個當地時間。一八八二年，威廉·詹姆斯搭船前往歐洲，為的是跟頂尖的心理學者會面，同時也希望自己的著作能有一些進展，當時他的出發地美國總共有六十個到一百個當地標準時間。

為了方便起見，為了簡化火車時刻表，為了避免火車相撞，於是就使用電報來交流時間信號，努力讓城市之間的時間能夠統一。共時性成為分散式的商品，時間的地景從分鐘構成的顆粒地面，化為廣闊又更有規律的現在地貌。一八八三年春季，詹姆斯回到美國，而當年稍晚，精確來說，是十一月十八日星期日中午，美國政府正式將數十個國內時區縮減成四個。這起事件稱為「兩個中午之日」（the Day of Two Noons），各個新時區有半數的人要把時鐘的時間稍微往回調一些，於是又過了一次中午。《紐約先驅報》（*New York Herald*）評論道：「時區東半部的人『把人生的一小部分重新再過了一遍』，時區西半部的人則是被拋進了未來，有些人甚至半小時沒了。」

在世紀之交，各國政府勞心勞力，終於促成世界各地的計時系統彼此協調，在世界上繪製隱形的線條，並建立二十四個等間距的時區。對地球上的每個人而言，**現在**變得具體又固定。在這場協調時間的運動中，法國數學家亨利・龐加萊（Henri Poincaré）堪稱為主要代言人，他說時間只不過是個「協定」。蓋里森用法文寫的 convention 有兩種意思：一是共識（即各方意見有交集的地方），二是便利。為了我們共享的生活更加輕鬆，只要我們全都同意某個時刻是現在，那麼它就是**現在**。

這個概念很新奇。十七世紀以來，物理學者多半追隨牛頓的信念，認為時間與空間都是「無限的、同質的、不間斷的實體，我們測量時間與空間時所使用的任何靈敏的物體或動作，完全不會影響時間與空間」。牛頓還說：「絕對的、真正的、數學上的時間，本身依其本質會一貫流動不息，不受外界左右。」時間是宇宙構造裡固有的一部分，宇宙本身即是舞台。二十世紀，時間完全成了司空見慣的事物，而且只存在於量測當中。愛因斯坦更是把話說白了：「時間不多不少恰是『我們用時鐘測量出的東西』。」

於是，我醒在夜裡，不願看向床邊時鐘，這其實是一種抗議。時間的領域在本質上具有社會意義，民族與國家依循時間這份共同簽訂的協議，在諸般的困難與需求之中航行。我的時鐘在我的面前揭露**現在**——用數字把時間具體固定住——但前提是我必須簽署世界公約才行。無論是在半夜，還是在別的時間，我都希望自己的時間是我一個人獨有的。

我也明白，這種想法不過是妄想。每一具活著的軀體——我自己的軀體、星雲狀深海水母的軀體、趁我睡著時在我牙齒上生長牙菌斑的軀體——都是由多個部分組成，有細胞、纖毛、細胞骨架、器官、胞器，還有少量的遺傳基因資訊，而這些基因資料可讓個體的某方面能夠世代流傳。要做到有條有理，就要相互交流，就要安排哪些部分依何種順序在何時做什麼事。時間是一種對話，我們的那些部分藉此成就出的，是比所有部分加起來還要更宏大的整體。只要不去追究「我」的定義，就能忽視夜半潺潺作響的時間長河，順其自然獨自漂流一會兒。

我們往往把十九世紀晚期的工業化描寫成失去人性的時期，勞動益趨死板又機械化，工人猶如機器裡的齒輪。然而，接近二十世紀時，城市在整體上經歷的轉型恰與工人相反，城市開始顯現出活體的特徵。城市的邊界擴展，質量隨居民的增加而膨脹；管線網應需求而成長。一八七三年，柏林的某本教科書如此寫道：「大城市越來越像是完美的生物，有自己的神經系統……有自己的血管、自己的動脈靜脈，把瓦斯和重要的水配送到另一端。唯有道路開挖修繕時，才得以看見那些隱秘的幽靈，它們在地底深處把神力給發送出去。」

與此同時，生物研究走向專門化。要了解德國生理學者伯伊斯－雷蒙（Emil du Bois-Reymond）提出的「動物機器」如何運作（例如呼吸、肌肉動作、神經信號、血液與淋巴液的流動、心臟的跳動），就需要機械裝置，例如：皮帶輪、旋轉式引擎、煤氣動力。有一家實驗室在地下室兩部馬達的運作下，研究「動物在旋轉後的體內失調情況」，主要研究的動物是青蛙和狗。為了推斷器官的運作方式，對貓和兔子進行活體解剖，還必須使用風箱讓動物保持呼吸。不過，對人類助手而言，用風箱打氣是一件苦差事，於是一八七〇年代，這件差事就交給機械幫浦，機械幫浦可讓動物從頭到尾保持一致的呼吸，規律如鐘表。在生理學的工廠裡，歷史學者史文・狄里（Sven Dierig）表示：「創造及使用第一個半是機器、半是動物的生物，其實是基於科學用途。」精確的計時技術讓這件事得以成真。

那是自動機的黃金年代，由複雜精密的內部發條裝置推動的機械人，可以拉動車廂、背誦字母、繪製圖畫、書寫姓名。德國哲學家馬克思認為工廠本身即為自動機：「我們用機器怪物取代了孤立的機器，機器怪物的身體填滿了整個工廠，機器怪物的邪惡力量起初隱藏在龐大四肢的緩慢又整齊的動作下，最後無數運轉的器官終於突然快速又猛烈地轉動。」這些暗喻合起來只是加深了神秘感，是什麼讓人類有別於發條裝置？是什麼讓心靈有別於移動的身體？生物的結構如何導致意識產生？那個隨即消失的東西——我們體內的人造人、靈魂、道路底下的幽靈——究竟是躲在何處？一八六二年，馮特表示：「要拼湊出人造人，難如登天，始終淪為一場空想，儘管如此，科學家卻還是採取一些重要措施，往該方向邁進。」一八六一年，法國解剖學者保羅・布洛卡（Paul Broca）發現，大腦左前半球裡的絲狀皮質在人類的語言與記憶能力上是極其重要的部位。而這項發現引起美國發明家愛迪生（Thomas Edison）的注意。一九二一年，愛迪生說：「八十二場出色的大腦手術，就清楚證明了人格的重要部分位於『布洛卡皺褶』（fold of Broca）這個大腦部位。我們稱之為『回憶』的一切，都發生在這一小條的部位，長度不超過零點六公分。這就是矮人居住的地方，那些矮人替我們保存我們的記錄。」

時間的製造與研究也日趨走向工業化。一八一一年，格林威治天文台只有一位員工，那就是天文台台長。到了一九〇〇年，有五十三位員工，當中半數只負責計算，有「計算機」的稱號。新的心理學實驗室則是採用電報、計時器、精密測時器、其他高度精準的計時裝置，針對反應時間與時間感進行量測。天文學者與心理學者對嘈雜聲多有怨言，機械的隆隆聲響、車流的喧鬧、外頭的噪音與振動都滲了進來，造成震動，吵鬧不休，叫人心煩意亂，難以專注。

然而，最大的噪音往往來自於實驗室本身。如今，心理學者已確定受試者對一段時間的估算結果（例如鐘鳴的時間長度）會隨注意力而有所變化。雖然專注力確實重要，但是研究時使用的計時機械發出的卡嗒聲和笛聲，就跟外頭的噪音一樣，都會干擾到受試者。某位受試者抱怨：「我聽見精密測時器的聲音，我擺脫不了那聲音。」科學家努力擺脫自身這一方造成的影響，他們打造更安靜的工具、更安靜的場所，受試者所在的房間不放置實驗設備，而且是靠電報與電話線跟研究人員聯絡。時間實驗室懸掛著纜線與電線，越來越像是實驗室努力要避開的城市，越來越像是實驗室努力要解譯的大腦網。如今，我們隨意聊著大腦把神經「發射」的「信號」給傳送出去。這種暗喻說法是在十九世紀進入生理學領域，直接從電報業借用而來。

後來終於發明了隔音室，這或許是必然的結果。耶魯大學心理學者史奎哲（Edward Wheeler Scripture）提出以下的建築方針：位於建築物中央處的房中房，密閉磚牆底下有橡膠底座，牆壁間的空隙用鋸木屑填滿。你是經由沉重的門進入房內。「房間的裝潢與燈光應該要完全像是傍晚時分的舒適房間，電線與設備應該要一律隱藏起來。進入房間的人應該會認為這個房間只是會客室，覺得自己只是過來坐一下。」

請想像自己在無窗的電話亭裡，燈關了，自己是個觀測員，被留在黑暗與全然的寂靜當中。幾乎如此啦，還有最後一種噪音是史奎哲消除不了的。史奎哲感嘆：「唉！還剩下一個可悲的干擾源頭，也就是受試者本人。」史奎哲描述自己的經驗：「我每一次呼吸，衣服就會窸窸窣窣，沙沙作響；臉頰和眼皮的肌肉隆隆響；要是我的牙齒剛好動了動，那噪音可真嚇人。我聽見腦袋裡有巨大又可怕的吼聲；當然了，我知道那只不過是耳朵動脈裡的血液猛衝發出的噪音……不過，可以想見，我擁有的是陳舊的時鐘，而我思考的時候，聽得見輪子在轉動的聲音。」

剛才發生了什麼事

時間是一九〇六年四月十八日星期三，清晨五點二十八分，威廉．詹姆斯完全醒了，一如往常。詹姆斯住在帕羅奧圖，在史丹佛教書一學期。他五月寫信給友人查普曼（John Jay Chapman），信上說：「那裡的生活很單純，這次能成為加州工作機器的一分子，真開心。」

突然間，詹姆斯的床開始劇烈搖晃。他坐起身子，隨即被拋在床上躺平，身體不停晃動，「完全像是小獵犬咬住大鼠，不停左右搖晃」——這是他日後寫了另一封信回想當時情景的用語。是地震。他一直很好奇地震是什麼樣子，現在地震真的來了，他差點暈了過去。不過，可沒時間暈。他寫道，五斗櫃和梳鏡櫃倒了下來，灰泥牆裂開，空氣中充斥著

「可怕的轟鳴聲」。然後，轉眼間，一切歸於平靜。

詹姆斯毫髮未傷，他對查普曼說，那次的地震是「很難忘的經驗，我們全都大開眼界」。詹姆斯想起某位史丹佛學生的經驗，那位學生在宿舍四樓睡覺，地震把他給搖醒了，正要起身，書本家具倒在地上，他也跌在地上。接著，煙囪倒塌，砸穿宿舍中央處，書本家具和那位學生也跟著煙囪往粗糙的破洞裡墜落。詹姆斯寫道：「在可怕、邪惡又刺耳的轟鳴聲之下，無一物支撐得了。他隨著煙囪、地板橫梁、牆壁、所有的東西，一起往下穿越三層地板，墜入地下室。他心想：『這就是我的結局了，我就要死了。』儘管如此，他始終毫無一絲恐懼。」

我正在墜落，我就只知道這點而已。天空，我上次注意到的時候，是無與倫比、廣袤無垠的藍。此刻，我背朝地面墜落，天空變得大了一些，遠了一些。

我也很清楚，之前就算過了，從三十公尺的高度墜落到地面不用三秒。我的經驗來自於達拉斯零重力體驗館（Zero Gravity Thrill Amusement Park）的「空心進網三十公尺自由落體」（Nothin' but Net 100-foot Free Fall），這個遊戲項目只不過就是在土地上搭一座支架高塔，再加上兩張網子。我不知道自己是在那段跨距中的哪個位置，只知道墜落已經開始，尚未結束。

大家常說，受到創傷和極端壓力時，時間會慢下來。有朋友摔車了，幾年後，摔車的那一刻擴大了，細節歷歷在目，當時他伸出手，想讓自己別再繼續摔了，卡車緊急煞車，停在他腦袋前面數公分。某個男人的汽車在平交道上熄火，火車要來了，思緒與行動頓時清晰起來，他大吃一驚，也體認到撞擊前的時間只夠他把女兒拉到前座，用自己的身體保護她。受試者看完緊張的銀行搶案影片，回報的搶案時間長度會比實際上還要久。跳傘新手會高估第一次跳傘的時間長度，大約是跟恐懼的程度有關。

現在，我在這裡，向下墜落，穿越當下，想看時間會不會也為我慢下來。在這個擴大的當下，我能不能完成更多？反應更快？更細膩感知周遭環境？人是怎麼開始研究這種事情？科學家嘗試處理這類問題的話，必然會遇到難題：「這個據說會擴大的此刻應該要**何時**進行研究？是事件發生時，在短暫得難以企及的當下進行研究？還是要之後，在實際發生的事件與不可靠的事件回憶難以區分時進行研究？」時間的議題要研究透徹，就必須處理文獻中最深入的其中一道問題：「當下到底有多長？在這方面，人類心智的位置是在哪裡？」心理史學者波林（Edward G. Boring，他的文字其實相當引人入勝）曾經說：「人是在某個時間裡的哪個時間感知到時間的？」奧古斯丁當然有答案：「我們只能期望自己能在時間經過時，對時間進行量測，畢竟時間一旦經過……就不復存在，無法量測。」

於是我來到現在，來到我們所處的時刻。有些心理研究認為，我們所謂的「當下」是框限在眨眼的時候，約維持三秒。我覺得自己的眼睛並不是可靠的衡量標準。眼睛可能會快速眨動，可能根本不眨，大部分的時候，誰會注意那樣的事情？風肯定是在我墜落時從我耳邊呼嘯而過，可是就算如此，我也聽不到風聲。三秒鐘似乎不足以思考什麼事情，而我之後回想起來的事情，或許會跟我現在感受到的不一樣。目前，我所感受到的，無非是自己正在以更快的速度墜落。

大衛・伊格曼（David Eagleman）八歲時從屋頂上掉下來。伊格曼對我說：「我記得很清楚，屋頂邊緣有防水紙垂掛著，我當時不知道『防水紙』這個用語，還以為那是邊緣，就踩了上去。然後，我就往下掉了。」

伊格曼清楚記得自己摔落時，時間感變慢了。他說：「我冒出了一連串靜止又清晰的念頭，比如說：『不曉得有沒有時間抓住那張防水紙。』不過，我多少也知道紙可能會破掉。然後，我意識到自己反正應該沒有時間碰到那張紙。於是，接下來我往磚地摔去，望著磚地朝我而來。」

伊格曼很幸運，他失去意識一陣子，只有鼻子斷了。不過，他開始著迷於那次時間變慢的經驗。「我十幾歲到二十幾歲之間，閱讀大量有關時間和壓縮的科普書，比如《宇宙和愛因斯坦博士》（*The Universe and Dr. Einstein*）那類的書籍。我發現了一件很有意思的事情，原來時間不是固定不變的。」

伊格曼是史丹佛大學的神經系統學者，他研究的其中一個主題就是時間感；他是前一陣子才接下史丹佛的職位，之前在休士頓的貝勒醫學院（Baylor College of Medicine）工作多年。研究時間的人員各有專門的領域。有些人員著眼於日變時鐘，這個二十四小時的生理節律控制著我們的生活。有些人員研究「時段測定」，也就是大腦針對短至一秒、長至數分鐘的時段，所具備的規劃、估計、決策能力。連同伊格曼在內的一小群科學家，則是研究毫秒（即千分之一秒）時間的神經基礎。毫秒看似一段短暫的時間，實際上卻支配了許多基本的人類活動，例如：讓我們能夠產生言語、了解言語，支撐著我們對因果關係的直覺感。把握住那些瞬間，把握住人腦如何感知及處理那些瞬間，就等於把握住人類經驗的基本單位。雖然日變時鐘的運作方式在過去二十年來已有詳細的描述，但是關於大腦的「時段測定器」的運作方式、時段測定器在大腦內的位置、單一時鐘模式是否適用等，研究人員的論證才只是剛起步而已。以毫秒計時的時鐘——如果真有這樣的東西——是一道更難理解的問題，其中一項原因就在於神經學的工具前一陣子才達到足夠的精準度，才能以那般精密的尺度探究時間測定活動。

伊格曼充滿活力與想法，跨越了標準的學術疆界。我第一次見到他時，他才剛出版小說《死後四十種生活》（*SUM: Forty Tales from the Afterlives*），剛開始進行一連串看似微不足道卻具高度爭議性的實驗，零重力體驗館「空心進網三十公尺自由落體」的實驗即是其中一例，而這些實驗都是為了探討時間變慢的方式與原因。此後，他又撰寫五本書，還以大腦為主題，主持公共電視的系列節目，曾是多本雜誌（如《紐約客》〔*The New Yorker*〕）介紹的人物，還在TED發表一席大受歡迎的演講。他之所以搬到灣區，其中一項原因就是要發展兩個新創的想法：一，聽障者背心，可將聲音的振動轉譯成觸感，穿背心的聽障者聽見聲音的原理，有點像是點字讓視障者得以閱讀的原理；二，智慧型手機與平板專用的應用程式，以一連串的認知遊戲判定使用者有沒有腦震盪。

這類活動及其引發的關注，會招致懷疑和專業人士的嫉妒心，尤以神經生物學者為然，畢竟他們的研究是更直接處理大腦的濕體（wetware），不是總能像認知學者那樣提出清楚的說明，引起大眾的興致。某位頂尖的時間研究員跟我說：「我對大衛的工作很有印象，也覺得很有意思。」不過，伊格曼的同僚也表示，伊格曼的研究在該領域造成實質的影響。有一次，我去貝勒醫學院拜訪伊格曼，當時伊格曼邀請沃倫．梅克（Warren Meck）前來伊格曼的系裡演講。梅克是杜克大學神經生物學者暨時段測定領域權威，外形不怒而威，臉上掛著苦笑。梅克介紹演講主題，劈頭就說：「我是過去的前浪，我是時間老父，大衛是未來的後浪。」

伊格曼在新墨西哥州阿布奎基（Albuquerque）長大，是精神科醫師（父親）與生物教授（母親）的次子（他原本的名字是Egelman，可是一堆人要麼念錯，要麼聽了他本人說的正確念法卻拼錯了，於是他後來改名為Eagleman）。伊格曼說，在家裡，有關大腦的討論成了「背景輻射的一部分」。伊格曼一開始是就讀萊斯大學，文學與空間物理學雙主修。課業表現良好，卻覺得無趣又沮喪，大二之後休學。他在牛津大學讀了一學期，然後住在洛杉磯一年，去製作公司工作，閱讀劇本並規劃奢華的派對，當時的他根本就還不到參加那種派對的合法年齡。他回到萊斯大學，想念完文學學位，可是沒有多久，一有空就泡在圖書館裡，閱讀所有的大腦相關書籍。

大四那年，伊格曼申請加州大學洛杉磯分校的電影學院。他從十年級起就沒修過生物課，卻有位朋友建議他考慮當個神經學者，於是他申請貝勒醫學院的神經學碩士學位學程。他強調自己在大學數學課與物理課所做的課程作業，並以自己在課外閱讀的內容為基礎，交出一篇長篇論文，摘述自己構思出的大腦理論（他說：「現在回想起來，好丟臉」）。他還有個備案，也許可以當空服員，這樣就能「飛到不同的國家，寫寫小說」。

伊格曼符合加州大學洛杉磯分校的申請資格，卻選擇貝勒醫學院。他讀研究所的第一週，都在做著焦慮不安的夢。有一次，他夢到指導老師跟他說，入學信弄錯了，其實是要寄給別人，對方叫作David Eagleman，那是他原本的名字。不過，他在研究所的表現良好，之後來到聖地牙哥的沙克研究院（Salk Institute）進行博士後研究。不久之後，貝勒醫學院延攬他，並提供他資金經營一間小實驗室——知覺與行動實驗室。實驗室所在的建築物，遍布著錯綜複雜的廊道，他的實驗室跟另外幾間位於長廊兩側，內有幾個隔間供研究生使用，有會議桌、小廚房，還有他個人的辦公室。我問起的時候，他說自己跟時間的關係「有好有壞」。他說，經常趕不上截稿期限，站著還寫字，不喜歡小睡一下。他說：「我要是不小心睡了三十五分鐘，醒來就會想：『那三十五分鐘永遠要不回來了。』」

伊格曼的博士後研究內容，是以電腦模擬人腦神經元的互動方式。時間感原本不在他的雷達範圍內，後來他接觸了閃爍延遲效應，才開始投入其中。閃爍延遲效應是一種感知上的錯覺，一般人比較不知道，卻是心理學者與認知學者研究多年的主題。在他辦公室的時候，他讓我看了艾爾．賽科（Al Seckel）的《錯視之書》（*The Great Book of Optical Illusions*），書中描述的錯視數以百計，「運動後效」（motion aftereffect，有時稱為「瀑布效應」）就是其中一種存在已久的錯視，觀看瀑布一分鐘左右，再望向別處，就會覺得視野內的一切都在往上爬。伊格曼說：「就物理學的定義，運動就是位置在一段時間後會改變。可是，大腦裡卻不是如此，你不用改變位置就能運動。」

伊格曼很喜歡錯覺。經歷每一種錯覺，就彷彿在享受感覺劇院時，看見舞台工作人員在移動布景。錯覺是一種溫和的提醒，我們的意識經驗是製造出來的事件，而十足可靠的大腦會順利讓表演夜復一夜流暢進行。閃爍延遲效應屬於相當小範疇的時間錯覺，能以不

圖一

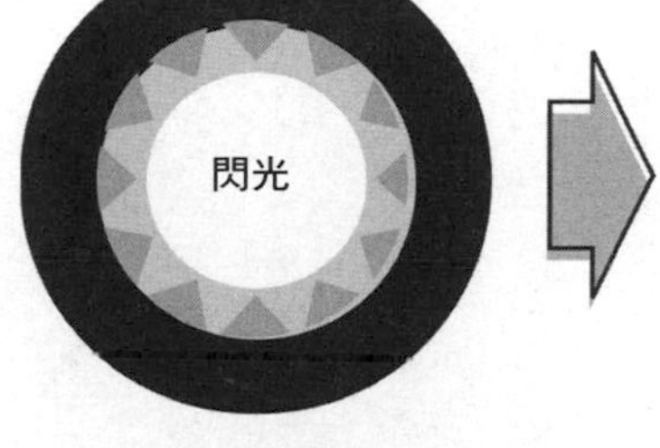

圖二

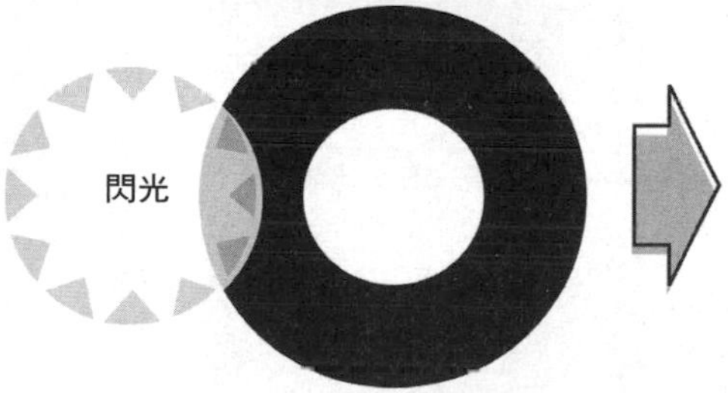

同方式顯示。舉例來說，你觀看電腦螢幕，畫面上有黑色環穿越視野，當它行經路徑的某一點時（隨機與否都沒關係），其內部會閃爍（如圖一）。

只不過上圖並非你看到的畫面，你總是看到閃光和黑色環沒有排好。你看到的黑色環像是剛通過閃光的位置（如圖二）。

閃爍延遲效應，很簡單就能察覺，又很容易重現，你可能會以為電腦顯示器有問題。不過，閃爍延遲效應相當真實，呈現出大腦處理資訊的獨特方式。此外，也令人十分困惑，如果你是在閃爍的那一刻觀察到黑色環，也就是說，如果閃光代表的是「此時此刻」，那麼黑色環又是如何及為何出現在此時此刻**之後**？

一九九〇年代，有人提出常見的說法，主張視覺系統會預測出黑色環即將移動到哪個位置。從演化的角度來看，這種說法多少有其道理。大腦的一大要務就是預測周遭環境在不久的將來會發生的事情，例如：老虎確切會在何時撲向哪裡；你的棒球手套要往哪裡握住，才能攔截到那顆正在飛的棒球（哲學家丹尼爾．丹尼特〔Daniel Dennett〕說大腦是「預測機器」）。同樣道理，視覺系統會記錄那個移動的黑色環的軌跡與速度，閃光出現的那一刻（即「此時此刻」），你似乎捉到自己的大腦在騙人，大腦趕在現在之前（精確而言是提前約八十毫秒）做出預測，把一張黑色環即將到達位置的圖像提供給你。

測試這個概念似乎很簡單，於是伊格曼便進行測試。伊格曼說：「我認為大腦確實會預測，我只是喜歡打破砂鍋問到底。可是，結果不如我的預料。」在標準閃爍延遲的試驗中，黑色環會沿著已知的路徑移動。預測假說似乎可以成立，因為觀察者可根據黑色環在閃光出現前的軌跡，精準預測出黑色環之後的位置。不過，伊格曼又想，假使實際情況跟預測情況相反呢？假使閃光出現後的那一刻，黑色環改變路線，可能是角度偏離，可能是相反方向，可能是完全停止，那結果又是如何？

伊格曼設計出另一版的閃爍延遲實驗，藉以探究前述三種可能性。據推測，在閃光出現的那一刻，觀察者應該仍會稍微看到黑色環通過閃光位置，因為觀察者的大腦會根據黑色環在閃光出現前的移動狀況，預測出黑色環會到達的位置。根據標準說明，重要的是閃光出現前發生的事情；至於黑色環之後到達的位置，應該是沒有關係的。然而，伊格曼對自己和其他受試者進行實驗，卻出現別的結果。即使方向的改變是隨機又突如其來，每個案例的觀察者卻都看到黑色環位於新軌跡（例如往上、往下、反轉）的適當位置，並且稍微偏離閃光。觀察者似乎預測出明顯無從預測的未來，精準度竟達百分之百。怎麼可能？

在其中一版的實驗，黑色環在閃光出現的同時開始移動，由於閃光出現前並未移動，因此大腦絕不可能預測到黑色環即將前往的位置。然而，觀察者還是看見黑色環沿著實際的軌跡移動，只稍微偏離閃光。在另一項實驗中，黑色環從左往右移動，閃光出現，黑色環繼續朝同一方向移動，然後，閃光出現數毫秒**之後**，黑色環朝相反方向移動。如果是在閃光出現後的八十毫秒內朝相反方向移動，那麼觀察者會看見黑色環——以及閃爍延遲效應——沿著新的、相反方向的軌跡移動（如圖三）。

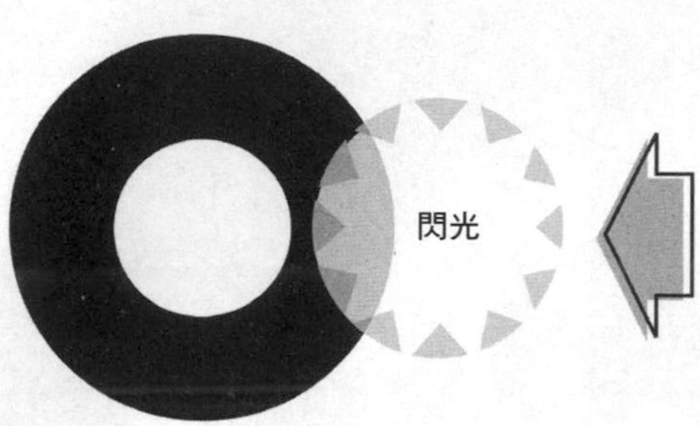

圖三

黑色環（在閃光出現**之後**最多八十毫秒）改變方向，觀察者認為自己在閃光出現時看到的畫面也會隨之改變。黑色環在閃光發生後立刻改變方向，所造成的效應最大；黑色環在閃光發生後很久才改變方向，效應也會變得很小。在事件發生後長達八十毫秒的時間內，大腦似乎會持續收集事件（如閃光）的相關資訊，而這些資料會進入大腦，大腦繼而對事件發生的位置與時間進行回溯分析。伊格曼說：「我把自己給弄糊塗了，後來我才體會到原因很簡單，其實不可能是預測，肯定是後斷（postdiction）才對。」

後斷不同於預測，後斷是在回顧。基本上，閃爍延遲錯覺探問的是觀察者在時間裡的位置。該預測假說有充分理由認為，因為閃光發生在「此時此刻」，所以閃光肯定標記出「現在」，標記出當下此刻。由此可見，觀察者看到稍微飄移的黑色環，肯定是以預測方式瞥見未來，是「趕在現在之前」。實際上，觀察者會忽略閃光，往前凝視。然而，伊格曼提出相反看法，閃光當然看似發生在「此時此刻」，但是現在**之後**還能精準看見黑色環，唯一的方法就是觀察者已經抵達那裡了。

於是，我們很容易就會認為，黑色環真正標記出即刻當下，認為閃光標記出「現在之前」，或甚至能標記出「現在的開端」——來自於剛流逝的過去、逗留不去的幽靈。然而，伊格曼聲稱，實際發生的狀況甚至更為古怪，黑色環和閃光都沒有標記出當下，兩者都是幽靈，來自於剛剛流逝的過去。意識思考（例如，決定何時是「此時此刻」）只會稍微追蹤一下我們的感官體驗。我們所稱的現實，有如電視上播放的現場頒獎節目，實況跟觀眾看到的影像有一小段時間差，免得有人罵髒話。伊格曼說：「大腦是活在那一小段剛流逝的過去裡。大腦會收集大量資訊，等待，然後編織成一篇故事。『現在』其實是發生在一會兒之前。」

我們討論「即時」，卻不太曉得「即時」是什麼。據說現場電視節目都會插入時間差。電信信號穿越長途距離，雖是以光速行進，卻仍有一小段時間差，而電話上的交談可以模糊掉這樣的時間差。全世界最精準的那些時鐘，若要對何時是「現在」達成共識，就只能把那個現在放到下個月約定的日期。

人腦也是落入同樣的困境。無論是哪一毫秒，各類的資訊——看到的景象、聽到的聲音、觸碰到的感覺——都是以不同的速度抵達，還要求大腦依循正確的時間順序進行處理。用一根手指敲一敲桌子，嚴格來說，光的速度跑得比聲音還要快，敲擊的畫面抵達大腦的時間，應該會比敲擊的聲音快個幾毫秒。然而，大腦會把畫面和聲音處理成同步，讓人覺得兩者同時發生。如果你看到房間另一端有人在對你說話，應該會有更深刻的體會。

幸好大腦把畫面和聲音處理成同步，不然我們的日子就有如配音配得不準的電影。然而，如果你看到三十公尺外，有人在拍籃球或砍木頭，你仔細觀察就會發現聲音和動作稍微不同步。在那樣的距離，畫面和聲音的時間差夠人（約八十毫秒），大腦不再把兩者視為同時發生。

前述的現象稱為時間壓縮，在認知科學領域是長久難解的問題。大腦如何追蹤不同資料的抵達時間？大腦如何重新整合這些資料，讓我們獲得統一的經驗？大腦如何得知哪些性質與事件要放在同一段時間裡？笛卡兒主張感官資訊會聚集在松果體，他認為松果體是意識專用的一種舞台或劇院；刺激因子抵達松果體，你就會有所察覺，並下令身體給予回應。雖然現在很少人會再認真看待這種中央舞台的想法，但是這種想法的影子還是徘徊不去，諸如丹尼特之類的哲學家不由得為之惱火。丹尼特寫道：「大腦本身就是總部，就是終極觀察者的所在地。不過，要是以為大腦有更深的總部，有內部密室，而抵達那裡是意識經驗的必要條件或充分條件，那麼這種想法可就錯了。」

伊格曼表示，人腦是由許多的亞區組成，每個亞區有自己的構造，有時還會有自己的歷史，是隨時間演化拼湊成的產品。單一刺激因子的資訊（例如瞥見老虎身上的明暗花紋）會依循大腦裡的不同路徑行進，一路上形成不同的時間差。神經潛伏期——亦即從刺激發生到神經元回應刺激之間的時間長度——會因大腦區域與環境條件而有莫大的差異。資料類型也很重要，視覺皮質——大腦裡負責處理視覺資料的主要部分——上游的神經元對於明亮閃光的回應，會比黯淡閃光還要快速強烈。想像一群騎士從小城裡四散而出，他們要帶口信給其他小城的騎士，有些騎士騎得快，有些騎士騎得慢。一開始是單一刺激因子，但在大腦裡經過一段時間，很快就變得模糊不清。

伊格曼說：「你的大腦試著把外頭剛發生的事情，拼湊整理成一篇故事。問題是我們被綁在這部機器上，而這部機器讓那些資訊在不同的時間抵達。」

我們可能不假思索認為，先抵達視覺皮質的東西，就是我們先感知到的東西。有時，人們會認為神經潛伏期是閃爍延遲效應的其中一項因素，也許大腦對閃光、對移動物體的處理速度是不一樣的，等到閃光從眼睛移到視丘、再移到視覺皮質的時候，黑色環都已經移到新的位置，所以你才會看到閃光和黑色環的位置不一樣。根據這個理論，大腦裡的事

圖四

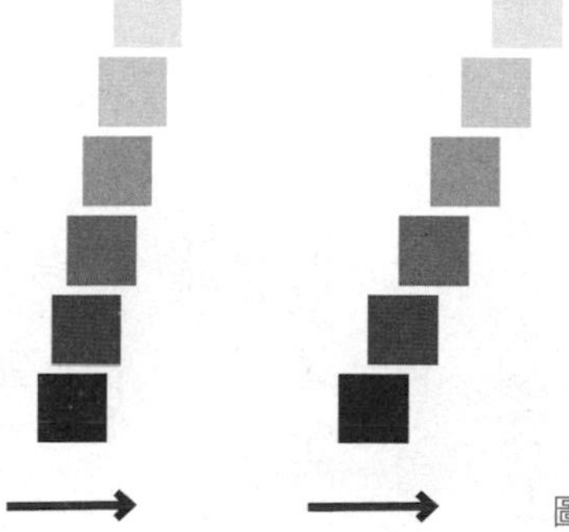

圖五

件發生時間直接反映出現實世界裡的發生時間。然而，伊格曼說，假使這個理論是對的，試想你會看到什麼怪異景象吧。以下疊了一堆箱子，只有亮度不一樣，暗的箱子在底下，亮的箱子在上面（如圖四）。

現在這疊箱子開始在頁面上快速來回移動。如果你的大腦在「線上」，也就是說，大腦看到這疊箱子的順序是依照大腦處理每個箱子的順序，那麼亮的箱子會比暗的箱子略快進入你的覺知裡（因為明亮的刺激因子會比黯淡的刺激因子更快抵達視覺皮質），因此明亮的箱子在實體空間裡看起來會略快一些。結果，你會看到這疊箱子歪了，黯淡的箱子好像落在後頭（如圖五）。

然而，實際上你會看到一疊垂直的箱子在移動。

（伊格曼曾經公開發表實驗，證明此現象。）就此而論，如果你的大腦在線上，那麼每次看到新景象或新畫面時，每次開燈時，每次眨眼時，就應該會看到類似的移動錯覺。然而，實際情況並非如此，這就表示我們在現實世界裡感知到的事件發生時間，並不是直接反映出那些事件通過神經元的時間順序。大腦是離線處理，不是在線上處理。

時間壓縮問題的研究多半著眼於方法。大腦是如何把那些事件壓縮在一段時間裡？事件是不是一進入大腦就被貼上標籤？在大腦的走廊裡，是不是有個時間表或毫秒級的時鐘在滴答作響，有如影片剪接師倚靠的時鐘，可讓多起事件正確同步？伊格曼一開始提的是比較簡單直接的問題：「這個工作是在**何時**完成？」他很清楚同步現象不可能嚴守信號抵達的順序，瞬間就完成。肯定會有時間差，在這段緩衝期內，大腦會收集那一刻所有可用的資訊（那些資訊在大腦裡經過一段時間後會變得模糊不清），再把資訊送到意識。在大腦裡頭，就像在那個由時鐘與標準時間構成的外在世界，要花費時間才能找出時間。

在視覺系統裡，資訊變得模糊不清的時間長度約為八十毫秒，或略少於十分之一秒。如果明亮的光線與黯淡的燈泡是同時間閃爍，那麼黯淡燈泡的信號抵達視覺皮質的時間會比亮光慢八十毫秒。大腦似乎已把時間差納入考量。大腦評估一起事件（例如：兩個同時發生的閃光，或者移動的環狀物內的閃光）發生在何時何處，會等八十毫秒再下判斷，好讓最慢的資訊抵達。後斷的過程有點像是大腦以回顧手法針對一起事件而拉長的框架或網子，藉此收集那個特定瞬間所有應是同時發生的感官資料。其實，大腦會拖延。我們所稱的意識——亦即我們的意識針對**此時此刻**正在發生的事情所提出的解讀（這個對意識的解釋跟其他的解釋差不多一樣好）——就是拖延的大腦在至少八十毫秒後才跟我們訴說的故事。

我花了好久的時間才充分理解後斷現象。一次又一次，我以為已經對自己解釋清楚了，卻又為了那些說不清的理由，停下腳步，心生困惑。此時，我會打電話給伊格曼，他會慢條斯理、開開心心地再度從頭開始逐一向我解釋。最後，我終於能明確指出問題出在哪裡。如果大腦會等待最慢的資訊抵達，如果大腦會藉由後斷的方式排對事件順序，那麼在閃爍延遲效應，為什麼大腦還是弄錯順序？如果大腦會先等一會兒，然後再判定「此時此刻」發生的事情，那麼在閃光事件裡，為什麼我沒有看到閃光完全位於黑色環內？為什麼會有錯覺？

伊格曼說，那裡確實是事情變得奇怪的地方。在閃爍延遲實驗，觀察者的大腦面臨了日常生活中很少提出的問題。這個移動的物體**此時此刻**在哪裡？閃光發生的那一刻，黑色環在哪裡？原來，大腦判斷靜止物體的位置時，追蹤移動中的物體時，運用的是不同的系統。在機場的人群之中穿梭時，在觀看雨滴墜落時，大腦是以移動向量——基本上就是數學上的移動箭號——進行計算，大腦也永遠不會停下來問某個人或某顆雨滴在某一刻的位置。外野手追逐內野高飛球，蝙蝠捉昆蟲，狗接飛盤，同樣都是使用移動向量系統。要是有青蛙不得不一直問：「那隻蒼蠅**現在**在哪裡？**現在**呢？**現在**呢？」那麼，這種青蛙肯定要餓肚子，不久就會滅絕。許多動物（包括爬蟲類在內）甚至連定位系統也沒有，只看得見動作。如果你停下動作，牠們就看不到你了。

伊格曼說：「你一直都是活在過去。還有更深一層的問題，你看到的絕大多數東西，你的意識感知，都是大腦認為非知不可才去計算的。你不是每一樣東西都看得到，那些對你最有利的東西，你才看得到。就好像在路上開車，大腦不會一直問：『現在紅色車子在哪裡？現在藍色車子在哪裡？』大腦反而會問：『我可不可以變換車道？我能在別的車子穿越前，先通過路口嗎？』移動中的物體的瞬間位置，你很少會在乎。在你提問之前，你並不知道物體的位置。等到你真的問了，也總是會搞錯位置。」

閃爍延遲效應暴露出大腦採取的雙重做法有其落差。在閃光發生之前，你追蹤黑色環的移動向量，無論如何也不會問黑色環**此時此刻**是在哪裡。閃光卻引發了提問。閃光的發生使得移動向量重新設定，大腦現在以為黑色環的移動是始於零時，始於閃光。在回答閃光引發的問題——在**此時此刻**，在零時，黑色環是在哪裡？——之前，大腦會等待八十毫秒，收集那一瞬間所有的視覺資料。與此同時，黑色環會繼續移動，而有了這樣一絲額外的資訊，大腦對移動起點的解讀因而蒙上一層陰影。結果，「此時此刻黑色環在哪裡？」這個問題的答案就稍微偏向於／改變成黑色環移動的方向。

為了證明這點，伊格曼設計了一場實驗（圖六）。在標準的閃爍延遲場景裡，觀察者看見單一的、移動中的環狀物或小圓點通過靜止不動的閃光。在伊格曼設計的變化版實驗中，閃光發生後，一個小圓點會變成兩個小圓點，並以四十五度角離開閃光處。如果神經潛伏期會造成閃爍延遲錯覺，那麼小圓點的信號抵達你的視覺皮質時，你感知到的小圓點位置就會是小圓點實際所在位置，會沿著其中一條軌跡或兩條軌跡行進。然而，你感知到

圖六

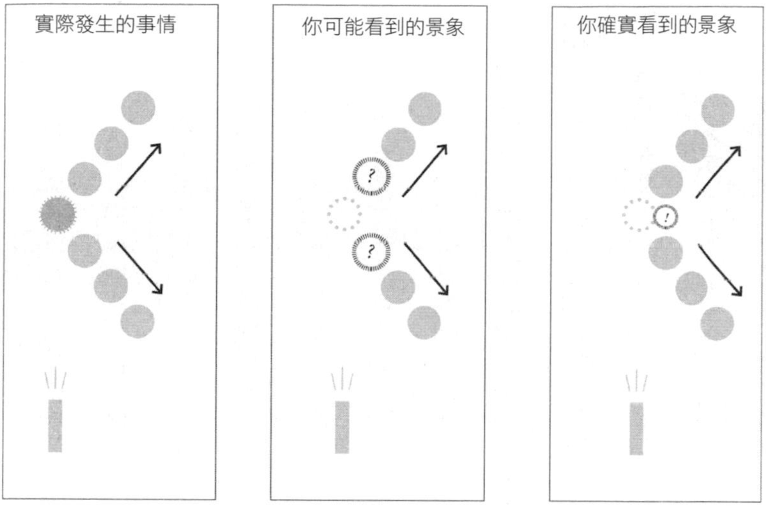

的卻不是這樣。伊格曼的受試者總是看到小圓點位於兩者的中間，位於小圓點實際上永遠不會在的位置上。那就像是兩個移動向量加總又平均，伊格曼認為基本上那就是發生的事情。

這種現象稱為移動偏置（motion biasing），是後斷的關鍵所在。意識是在回顧過去時有所感知，這是一件不爭的事實，「此時此刻」已經發生了。在那瞬間之後的一小段期間，大腦會繼續處理資料（例如小圓點在閃光發生後的移動），藉此判斷那瞬間發生的事情。**閃光發生的那一刻，小圓點在哪裡？**額外的移動資訊會導致最終的分析產生偏差，從而造成錯覺——在閃光發生的那一刻，我們看見那個移動中的小圓點，位於小圓點永遠不可能佔據的位置。說也奇怪，伊格曼提出的模式呈現出的結果，幾乎跟預測假說提出的模式一樣。在這兩種模式中，我們錯覺裡出現的小圓點，代表的是大腦針對小圓點**可能即將**出現的位置，做出最準確的預測。只不過這個其實是回顧過去時所下的判斷，並不是事先的判斷，這不是預測，而是後斷。

再度思考當下吧。請你自問：「**此時此刻**正在發生什麼事？」你對於當下此刻的定義越是嚴密，你的答案肯定越是偏向：（一）事實發生後；（二）錯誤的。還有一點同樣重要，那就是在你探究的那一刻之前，答案不可知又不存在。大腦在後斷時會以回顧手法對該起事件延伸八十毫秒的時段，藉此收集那瞬間發生的所有資訊。然而，這個時段不會像底片相機的快門那樣永久開啟。心智裡的時間並不是一連串連續不斷的八十毫秒畫面等著回顧。八十毫秒的時段是被問題觸發出來的，而那個問題我們在日常活動中很少提出。伊格曼說：「你原本沒有畫面，等到需要畫面時，才會有畫面。然後，你會去取得那個畫面。」

數千年來，哲學家對於時間的本質一直爭論不休。時間是一條川流不息的河流？還是珍珠般的片刻串成的項鍊？當下是一幅開放的畫面，以靜止之姿在流水之上滑動？還是說，在一連串不停歇的現在，當下只是當中的一個現在；在一卷將盡的現在之上，當下只是單一的畫面？連續片刻假說，不連續片刻假說，到底哪一種說法才正確？伊格曼的答案是兩者皆否。一起事件或一個剎那，並不會以先驗的形式顯現在大腦前，也不是在那裡等著大腦留意。事件或剎那唯有發生後才會存在，等大腦暫時停下來處理彙編才會存在。「現在」只存在於之後，只因你停下來陳述，才得以存在。

有一天早上，我去了伊格曼的實驗室，試了他還在改進的一項實驗，他稱之為「九宮格」（Nine Square）。他開了研究生沒在使用的一台電腦，請我坐在電腦前。螢幕上出現九個大方塊，排成三乘三的格狀，像是井字遊戲的板子。有一個方塊的顏色跟其他方塊不一樣，我依照伊格曼的指示，把滑鼠游標移到那個方塊上，按一下，那個方塊的顏色立刻移到另一個方塊。我的游標隨即跟了上去，在那個方塊上按一下，顏色又移動了。我又做了一遍，顏色又移到另一個方塊。我在螢幕上四處追逐那個顏色，持續數分鐘之久。伊格曼說，這只是暖身階段而已，只是任何一種實驗的開頭部分，為的是幫助受試者熟悉實驗設置的運作方式。他又說，可是，一會兒之後，只要一下子，我就會明顯感覺到時間剛才往後走了。

我們談到的「時間感」，往往是指我們對一段時間的感知。這個紅燈有多久？今天的紅燈好像比平常還要久？我是多久以前把義大利麵放進那鍋滾水裡？我是要把晚餐給毀了嗎？不過，時間還有其他面向。同步（或稱共時性）即是其一，是指察覺到兩起事件是同時發生。還有一個面向同樣重要也經常受到忽視，那就是時間順序，實際上就是同步的對立面。以閃光和嗶聲這兩起事件為例，如果兩者不是同時發生，肯定是接連發生，那麼你要如何才能感知到何者先發生？這就是時間順序。在日常生活中，我們對時間順序所下的判斷無以計數，多半都是數毫秒就下判斷，不會用到意識思考。我們對因果關係的理解與否，端賴於我們有無能力判定事件的正確發生順序。你按下電梯按鈕，一會兒之後，電梯門開啟。還是說，電梯門其實先開啟？在塑造我們對因果關係的感知上，天擇或許扮演著舉足輕重的角色。想像一下，你走在森林裡，聽見小樹枝斷裂的聲音，如果你知道那聲音有沒有跟自己的腳步聲一致，那麼你就握有生存的優勢。樹枝斷裂聲和腳步聲一致，就可能是自己踩斷樹枝；樹枝斷裂聲出現在腳步聲之前或之後，就可能是老虎踩斷的。

這類的判定再基本也不過了，於是「判定」二字顯得過於重大。大腦當然知道何者在先，何者在後，怎麼可能是別種情況？不過，根據伊格曼的小圓點與閃光實驗，如果對於實際上同時發生的事件，大腦會誤判的話，那麼或許也會誤判事件的發生順序。伊格曼說：「這東西受影響的程度驚人，我們正在探究時間感有多容易受到左右。」有一項實驗是要求受試者坐在電腦顯示器前聆聽嗶聲，嗶聲出現前或出現後，螢幕上立刻出現小閃光，研究人員會請受試者回答閃光和嗶聲何者為先，並估算兩者相隔的時間有多長。即使時間差僅有二十毫秒（即五十分之一秒），也很容易就能判斷出正確的順序或估算出時間差。現在，假設你再做一回練習，這次沒有嗶聲，而是你要按下鍵盤上的一個按鍵，也就是說，你不是被動，而是主動。你按下按鍵之前或之後，螢幕隨即出現閃光。如果閃光先發生，你很容易就能估算出閃光跟按下按鍵的動作之間有多長的時間差。不過，如果閃光是後來才發生的，你估算的結果就會糟透了。其實，如果閃光是發生在你按下按鍵的一百毫秒（即十分之一秒）後，那麼在你的眼裡，兩者似乎根本沒有時間差，你會覺得按下按鍵和閃光出現是同時發生的。

伊格曼跟之前的學生、如今是加州理工學院神經學者的崔斯·史戴森（Chess Stetson）共同設計該項實驗，兩人發現受試者做出動作（即按下按鍵）後約一百毫秒的時間內，察覺不到事件是連續發生的，受試者會覺得一切都是同時發生。關鍵因素在於參與程度。大腦會把事情歸功於自身，理所當然認為自己的行動會帶來影響。你有所行動，只是按下按鈕罷了，大腦就會理所當然認為你引發了後續立即發生的事件。伊格曼說：「那就像是行動之後，你的大腦有個回收的牽引光束喊著：『那是我的功勞。』」在刺眼的牽引光束之下，事件的真正發生順序——時間順序——變得模糊不清，而十分之一秒經重新調校，等於是沒有時間。

大腦扭曲時間，藉此提供一種怪異卻令人滿意的服務，從而加強我們的自主感，使得我們比實際上的自己還要更有力量一點。二〇〇二年，神經學者哈格德（Patrick Haggard）及同僚做出類似的結論，他們的實驗是要求受試者觀看時鐘上面快速移動的指針，受試者在方便時按下鍵盤上的按鍵，然後根據時鐘上的時間，把按按鍵的時間記錄下來。不過，受試者有時不是按下按鍵、記錄時間，而是聽見嗶聲、記錄時間，是被動（聆聽），不是主動（按下）。有時會把情況組合起來，使其具有因果關係，比如說：受試者按下按鈕，兩百五十毫秒後會有嗶聲，受試者要記錄自己按下按鍵的時間，或者記錄自己聽見嗶聲的時間（要兼顧兩者是不可能的）。哈格德發現了一點，如果受試者實際上引發了嗶聲，那麼按下按鍵以及發出嗶聲的時間差，會比實際情況還要短。按下按鍵似乎是晚一點發生的（平均約晚十五毫秒），嗶聲似乎是早一點發生的（約早四十毫秒）。引發一起事件似乎會把因與果在時間上拉得更近，哈格德把這種現象叫作「有意的壓縮」（intentional binding）。

大腦到底是如何玩出這種把戲？伊格曼認為，對於按下按鍵的時間以及嗶聲傳出的時間，大腦極可能分別懷有不同的預期，大腦會保有不同的時間表，並根據時間表彼此的關係，對時間表重新校準。在大腦的日常活動中，校準（Calibration）是持續存在的重要事項。一開始是感覺刺激接連不斷襲來，不同的神經路徑有不同的處理速度，大腦必須把事件與行動、因與果，組合成協調連貫的情景。從信號進行回溯處理，必須判斷哪項刺激因子先發生，哪些刺激因子同時發生，哪些刺激因子有關係，哪些刺激因子沒關係。當你接住一顆網球，網球落到你手上的畫面會比你掌心的觸覺更快抵達大腦，可是不知怎的，你體驗到這兩種資料流是同時發生的。或者，改從另一端來看，你的大腦收到兩種資料封包，一個是觸覺，一個是視覺，兩者只有幾毫秒的時間差，那麼，大腦怎麼知道兩者屬於同一起事件？

此外，感覺信號的速度快慢視情況而定，因此大腦對於源頭事件發生的時間，必須要能夠改變其原先的設想。比如說，你在戶外丟一顆網球，然後走進室內，進入昏暗的房間裡。你的神經元處理昏暗光線的速度會比明亮光線還要慢，在室內的時候，你的活動引發的視覺刺激，在速度上會比戶外還要慢。你的運動神經動作必須考量到時間測定上的變動，否則的話，你拋球接球的模樣就有如動作笨拙的青少年。幸好，大腦會重新校準，把新測定的時間視為「正常」，並據此轉變其他的感覺期望。大腦一整天不斷重新校準，在你切換活動、轉換環境、提高及降低速度時，努力針對現實提出流暢的解讀。

伊格曼認為，如果動作（即按下按鈕）及其影響（即閃光）看似在時間上更接近了些，或者兩者的時間差完全消失，那麼你體驗到的就是重新校準。一般來說，大腦會預期運動神經動作立刻造成預料中的影響，毫無時間差。因此，大腦辨識出的事件，若是肇因於你做的某件事，說得更扼要些，你做出某動作的十分之一秒內發生事件，那麼大腦就會重新校準，讓事件的時間戳記跟你的動作都是發生在零時。大腦會讓因與果變成同時發生。十分之一秒是很短的一段時間，卻不可忽略，此外在其他情況下，肯定足以讓人察覺到。顯然，有些時候大腦會認為意識到該現象，對於意識、對於我們都沒有好處。

這樣的錯覺會預測出更怪異的錯覺。如果大腦經重新校準後，可讓因與果看似同時發生，那麼或許也能騙過大腦，進一步改變時間順序，讓果看似發生在因之前。為了測試這個概念，伊格曼在史戴森與另外兩位同僚的幫助下，構思出一項實驗。受試者再度按下按鈕，產生閃光，但這次伊格曼讓按下按鍵與閃光之間的時間差達兩百毫秒，亦即五分之一秒。只要時間差不超過兩百五十毫秒，受試者幾乎立刻就適應了，根本沒有注意到時間差的存在。在觀察者的眼裡，按下按鍵與閃光是同時發生的。在日常生活中，大腦一直耍著因果的戲法。比如說，你在電腦鍵盤上鍵入某個字母，約三十五毫秒後，你會看見螢幕上出現那個字母，而你並未留意到時間差（伊格曼在設計這項反向因果的實驗時，實際測量出這段時間差，藉以排除這項因素）。

等到受試者適應時間差，時間差就沒了，閃光發生在按下按鍵那一刻。在這種情況下，怪事發生了。受試者回報說，閃光發生在按下按鈕**之前**。受試者的大腦重新校準，把晚一點發生的閃光跟按下按鍵的動作並列於零時。經重新定義後，當時的閃光比（預期）晚一點發生的閃光還要早發生，受試者就會理解為發生在零時之前，因而看似發生在按下按鍵之前。因與果——時間，或起碼是時間順序——似乎顛倒了。

此後，伊格曼把實驗改良成更快速的版本，也是我正在試驗的九宮格實驗。我在有色的方塊上又按了一下，看見那顏色移到另一個方塊，接著又在那個方塊上按了一下。我事先就知道滑鼠的點按和游標的移動有一百毫秒的時間差，但我沒有留意到該現象；我的點按——我的大腦藉此聲明自己是後續發生的事件的始作俑者——使得後續的時間差變得一目了然。因此，在十二次的點按移動後時間差消失了，但我並未留意到。不過，我確實注意到結果，就在我按一下滑鼠之前，有色的方塊移到旁邊的位置，那正是我打算要前往的方塊，我深感詫異。

這種現象令人不安，這麼說一點也不誇張。電腦似乎猜出我的下一步，先我一步到達那個方塊。這項實驗我又做了幾次，好確定我心中所想的事情是不是真的發生了，而每次的結果都一樣，我正準備移動游標時，那塊顏色就自行移到我打算前往的方塊那裡。我知道這種現象會發生，也確實發生了，而且是一而再、再而三發生。這種經驗十分獨特，有色方塊的位置調換以及我即將點按滑鼠的動作，竟然明顯脫節了，我一留意到動作，就發現自己試著不讓手指去按按鈕，這在因果關係上當然是不可能的事情，方塊已經往前移動了，也就是說我已經移動了，也就是說我試著防止我已經做的事情發生。因為我忍不住要做，因為我已經做了，所以我按下了按鈕。在那之前，我很喜歡伊格曼的研究，就像人會喜歡嘉年華會裡一輛又一輛的花車那樣，可是在這個實驗，我彷彿突然間掉入裂縫中，進入另一個次元。

有一次，伊格曼在大學發表演講，談論這種現象，演講後有兩位聽眾分別走近伊格曼，描述他們經歷的怪事。他們跟他說，當時校園剛裝設了新的電話系統，那電話系統很怪，你打電話給對方，按最後一個號碼之前，對方的電話就先開始響了。怎麼可能？伊格曼猜想，之所以會產生這種錯覺，是因為受試者從電腦鍵盤切換成電話鍵盤，電腦鍵盤的時間差是三十五毫秒，從按下電話鍵盤上的按鍵到產生效果，這之間的時間差短於三十五毫秒。大腦經過校準，已經適應電腦的時間差，然後大腦把這樣的共時感應用在電話上，卻被電話的立即動作給嚇到了。

因果錯覺的翻轉令人困惑不安，在我們的知覺經驗當中，卻是完全正常又適應力高的層面所帶來的結果。感官資料會以不同的速度沿著不同的神經路徑洶湧而入，要把時間順序弄對，又要正確分辨因果，唯一之道就是不斷重新校準。要針對傳入信號的時間點進行校準，最快的方法就是跟世界互動。你引發事件的時候，就等於是讓事件的結果變得可以預知，也就是說，結果應該立刻跟在動作後頭出現。你把共時性的定義強加在自己的感官經驗上，以該基準或零時為基礎，評估其他相關資料的時間順序。伊格曼說：「每次你踢某樣東西、敲某樣東西，大腦就會理所當然認為接下來發生的事情是同時發生。你把共時性強加在世界上。」有所行動就是有所預期，有所預期就會測定時間。

這個觀點促使伊格曼構思出較不尋常的理論。還記得吧，大腦承擔著各種時差和延遲，比如說：明亮的閃光進入神經元的速度，會比同一來源的黯淡閃光還要快；紅燈的速度比綠燈快，而紅燈綠燈的速度又比藍燈快。如果你瞥向的影像或景色當中含有紅色、綠色、藍色的波段，例如草地上鋪了美國國旗，那麼你大腦裡的影像後來會變得稍微模糊，模糊的程度則要看你是站在陰影中還是大太陽下。然而，不知怎的，你的大腦就是會把多個資料流看成是有著單一又同步的源頭。下游神經元如何得知哪項刺激因子先到？如何得知三種顏色是一體的？紅色總是比綠色先抵達，綠色比藍色先抵達，「先紅再綠再藍」的信號抵達，就表示多種刺激是同時源自於單一事件，系統是如何知道這些的？否則的話，你就會看見國旗是一個接一個冒出顏色，先是紅色的條紋，再來是布滿星星的藍色矩形，接著是國旗後方的草地，你的視覺經驗變成一幅巨大的幻覺漩渦。

要統合這個經驗，大腦要有方法間歇地重新校準視覺流，間歇地把時間調成零時。伊格曼認為，要達到這個目標，或可藉由眨眼的方法。眨眼最明顯的好處就是保持眼睛濕潤。不過，眨眼也能造成大腦的燈光打開又關上的效果。燈光第一次恢復的時候，你或許會感覺到模糊的紅綠藍。不過，重複多次後（每天成千上萬次），大腦就會知道模糊又橫跨約數十毫秒的紅綠藍就等於是同時發生。我們認為眨眼是被動的動作，但眨眼也可以是主動的，就像按下按鈕那樣是有意為之，也可用來把人的意圖施加於視覺世界。眨眼是感覺專用的訓練機制，是強制的重開機。共時性之所以發生，不是因為你接收到多起同時發生的事件，而是因為你用眼睛讓這些事件同時發生。眨眼說：「我把這個叫作『現在』。」而你的動作以及緊跟在後的感知，會基於以下宣言而自我編排：「**這就是現在，這就是現在，這就是現在**。」

有一回，我應邀前往義大利發表演講，我的演講是座談會的一部分。我被選定為最後一場，整個下午都在聽同席的座談者發表，他們全都是義大利人，說的是義大利話，可我完全聽不懂。他們說的話語在我周圍打轉，偶爾，有人好像說了好笑的話或深刻的見解，我點頭表示讚賞，一副聽得懂的樣子。我覺得自己有如冥王星，位處太陽系的黑暗邊緣，觀看著遙遠太陽的火光，思考著自己要是能在內行星之間活著，日子或許會更愉快些。

在第四位或第五位講者之後，我注意到前方的桌子擺著一組耳機，還突然發現口譯員就在會場後方角落。多虧了玻璃廂裡的口譯員，演講活動從義大利語同步翻成英語，也從英語同步翻成義大利語。口譯是有幫助，卻也只有一點點。我戴上耳機，得知目前的講者是理論派的哲學家，正在把生物界的達爾文連結到牛頓物理學。也許是講者說得雜亂無章，也許是我的腦袋理解不了，也或許兩者皆是吧，總之口譯員翻出的話減少了，有好幾回長時間的停頓，我幾乎都能感受到那位年輕的女性口譯員費盡心力想要理解。我望向口譯廂，看見裡頭有兩個人。不久，耳機裡的女性嗓音換成年輕男性的嗓音，他從義大利語翻成英語的速度更快，也表達得更清楚。

最後終於輪到我了，席中有兩三位觀眾戴上耳機，我因而有了不祥的預感。我先對自己不會說義大利話一事表示歉意，然後就開始演講，不過我說得很慢，隱約覺得這樣對口譯員會有幫助。不久，我就知道自己錯了，我講話的速度是正常速度的一半，相當於原本四十分鐘的演講內容要用二十分鐘的時間講完。我連忙刪改演講內容，比如說，跳過了範例，放棄了轉換話題用的橋段，砍掉了見解當中旁枝末節的部分。結果，越講越是讓人難以理解，連我聽自己講的內容，也頗有此感。戴耳機的聽眾跟沒戴耳機的聽眾一樣，都是一臉茫然。

一九六三年，法國心理學者保羅·弗雷斯（Paul Fraisse）出版了《時間心理學》（*The*

Psychology of Time），該書回顧了上一世紀左右的時間研究，更是總體上講述該領域的第一本著作。書中探究時間感的各個面向，例如時間順序、主觀的當下的表面長度，弗雷斯在考量無數研究後，認為後者就是「含有二十至二十五個音節的一句話要念出來所需的時間」，或許最多五秒吧。我自己的當下不可能比那更短了，也沒辦法更長了。弗雷斯還認為，我們對於時間的感覺與感知，有許多是「源自於時間導致自己心生沮喪，時間要麼讓我們當下的渴望要晚一點才會獲得滿足，要麼迫使我們預見自己當下的快樂有其盡頭。我們之所以會感覺到某一段時間，是出自於現在情況與未來情況的對照」。尤其無聊更是「兩段非並存的時間所引發的感覺」，這兩段時間分別是你實際陷入的一段時間，以及你寧可沉浸的一段時間。這是奧古斯丁提出的「意識張力」的另一種版本，而我在演講時，對那些心生無聊的聽眾帶來的緊繃氣氛，則是過於在意。我應該要覺得自己有如太陽，把知識照射在聽眾身上。然而，我依舊是冥王星，內行星的望遠鏡瞄準著我，想著該怎麼理解這個遙遠、陌生又冰凍的物體。

當晚，在專為座談者舉辦的晚宴中，我碰到口譯員阿豐斯（Alphonse）。阿豐斯是語言學研究生，法語、葡萄牙語、英語都很流利。他身材高瘦，深色頭髮，戴著圓框眼鏡，長得像是義大利版的哈利．波特。

我們都認為「同步口譯」四字顯然就是矛盾修辭法。由於語法與詞序的規則視語言而定，因此無法完全逐字翻譯成另一種語言。口譯員總是保留一點資訊沒讓聽眾知道，口譯員先是聽見關鍵的用字或詞彙，記在心裡，接著，講者說出的句子裡的後面內容會讓關鍵的用字或詞彙有了意義，於是口譯員就能開始出聲口譯，即使講者繼續講出新的用字與見解也無礙。然而，如果口譯員等待太久，很可能會忘記原本的詞彙，或者難以理解目前持續進行的語流。「同步」就代表活動是完全發生在當下，可是實際上，同步是以清晰易懂的方式，把記憶裡的內容持續表達出來。

阿豐斯說，如果翻譯的兩種語言是屬於不同的語系，挑戰就更艱巨了，舉例來說，德語翻成法語，會比義大利語翻成法語、德語翻成拉丁語還要難翻。德語和拉丁語的動詞位置通常靠近句尾，口譯員往往要等聽到句子的結尾，才能理解開頭的意思，再進行口譯。如果是翻成法語，法語聽眾會預期動詞出現在句首，口譯員可再等待一小段時間，或者預測句子的走向。

我對阿豐斯說，我完全使用英語處理時，也經常會碰到類似的問題。有很長一段時間，我都是使用錄音機錄製訪談內容，這樣就沒有一個字會缺漏。可是，我獲得了精準度，卻失去了時間，一小時的訪談可能要花四小時謄寫，而且只獲得區區幾個有用的見解或引用的句子。親手寫筆記也稱不上實用，我的筆跡嚇人，匆忙下更是潦草。有時跟受試者講電話，我可以在受試者說話時用電腦打字，這樣處理起碼比較整潔。不過，我打字的速度遠不及於多數人講話的速度。我回頭看自己的記錄，經常看到毫無意義的破碎句子，例如：

「如果事情突然對它，會更快。」

就此例而言，我很幸運，理解了那個句子，隨即修正記錄，我記得講者實際上是這麼說的：「如果事情突然發生，你會更快對它做出反應。」我回頭看那個破碎的句子，弄懂了出錯的地方。我一開始踩得很穩，正確抓住「如果事情突然」這幾個字。可是，對象講話的速度太快，我沒抓住其思路，就決定努力記住他當時話語的關鍵層面（動詞「發生」），想趁著他停頓時匆忙寫下來。我就像是耍特技的，把他的話語丟到不久的將來（也就是說，丟到短期記憶裡），等一下再抓住。與此同時，我把自己聽到的後續幾個字給寫了下來（「對它」），此時他繼續講話，唉呀，沒有停頓，我把自己還記得的、他剛才說的幾個字（「會更快」）給打了出來。在說出一個短句所需的時間裡，在毫無意識思考下做出這樣的行為，在為期一小時的交談中重複無數次。妙的是，我竟然還能記住一些資訊（如果我按照阿豐斯的做法，寫下關鍵字，不要努力記住關鍵字，那麼結果或許會好一點）。

阿豐斯表示，口譯員就像是奧古斯丁可能會認得的人，繃緊在過去與未來、記憶與預期之間。根據阿豐斯的估計，一般口譯員從聽到講者的話語到進行「同步」口譯，可承受十五秒至一分鐘的時間差。口譯員越厲害，可承受的時間差越長，也就是說，在說出翻譯前，腦中記住的資訊越多。口譯員會事先花三四天準備，熟悉專門術語。阿豐斯說，一切順利的話，即時口譯有點像是衝浪。

阿豐斯說：「你必須盡量花最少的時間思考詞語。你要努力順著語流而行，你聆聽的是節奏。你不會想要停下來，否則就會落後，不但會失去時間，更會無法理解。」

假設有一句話的開頭是**這裡**，接下來是幾個字，然後轉到一兩個子句，結尾是**這裡**。我要花幾秒的時間撰寫出該句，或許需要幾年的時間才能騰出空閒寫成論文。可是，你讀這句話也許只需要兩秒，快得你幾乎沒留意到剛才讀了句子，快得你覺得不用花時間閱讀。依照某些度量法，那就是當下。

然而，嚴格來說，那當然不算是當下。許多的認知活動會在那段時間顯露出來，不過大腦——或心智，我們並不總是清楚是哪一個——會費盡心力加以掩飾，免得讓意識自我察覺到。你閱讀的時候，在你沒十分留意時，視線會在頁面上四處飄移，預先查看即將出現的詞語，或重新回顧過去的詞語。根據研究指出，閱讀時間有多達百分之三十是在回顧那些已經讀過的詞語。如果你相信某些速讀課程的主張，那麼使用索引卡蓋住前幾行文字之類的方式，藉此擺脫這類的「回顧」，閱讀速度應能大幅提升。

德國心理學者兼神經學者恩斯特．沛普爾（Ernst Pöppel）在其著作《心智運作：時間與意識經驗》（*Mindworks: Time and Conscious Experience*）中，描述了他進行的一場實驗，藉此揭露閱讀其實是多麼不連貫的經驗。沛普爾從佛洛伊德撰寫的潛意識文章中挑選了一小段文字（上圖）：

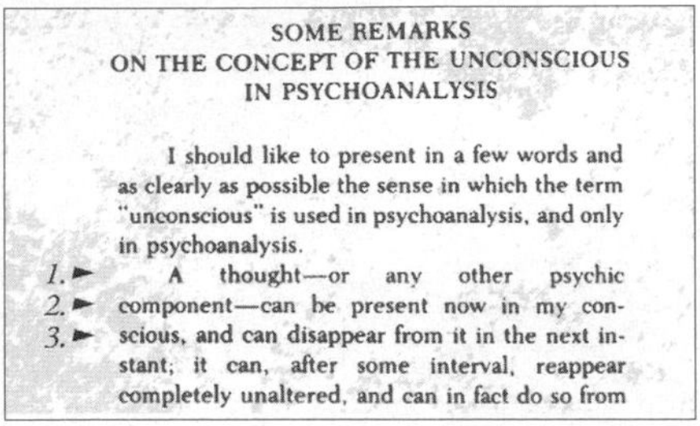
SOME REMARKS
ON THE CONCEPT OF THE UNCONSCIOUS
IN PSYCHOANALYSIS

I should like to present in a few words and as clearly as possible the sense in which the term "unconscious" is used in psychoanalysis, and only in psychoanalysis.

1.► 2.► 3.► A thought—or any other psychic component—can be present now in my conscious, and can disappear from it in the next instant; it can, after some interval, reappear completely unaltered, and can in fact do so from

心理分析領域潛意識概念之評論

我想盡可能清楚扼要說明「潛意識」一詞在心理分析領域的概

念，而且唯有在心理分析領域才是如此：

1. ▼一個念頭，或任何其他精神
2. ▼元素現在能存在於我的意識，
3. ▼下一瞬間也能從意識中消失；還能在一段時間後重新出現，毫無改變，實際上也能辦到

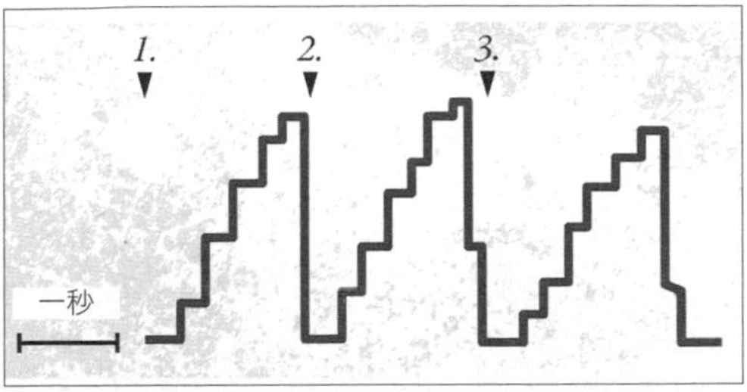

圖七

沛普爾閱讀時，會有裝置追蹤他的視線在頁面上的移動情況，記錄他看向哪個位置，看了多久時間。然後，沛普爾據此繪製出大略的動作曲線圖（圖七）。他從左到右讀過第一行英文字時，曲線往上移動；他讀到第一行英文字的末尾，開始讀第二行英文字時，曲線就會回頭往下移動。雖然他的閱讀經驗很流暢，但是他的視線動作顯然不是如此。他的視線路徑像是一連串的步伐，視線停留了十分之二秒或十分之三秒，以便理解意思，然後往前跳到下一個理

圖八

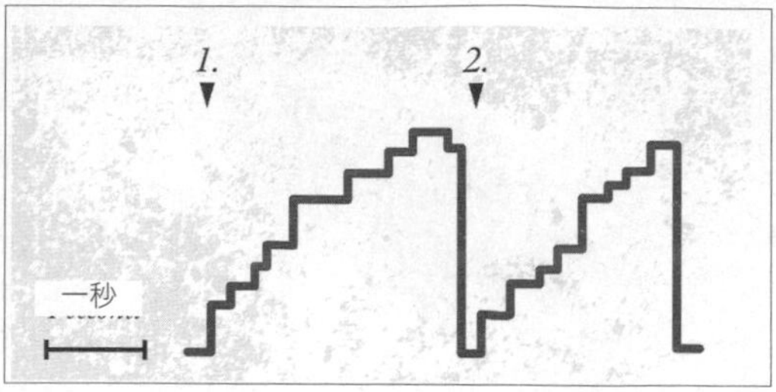

圖九

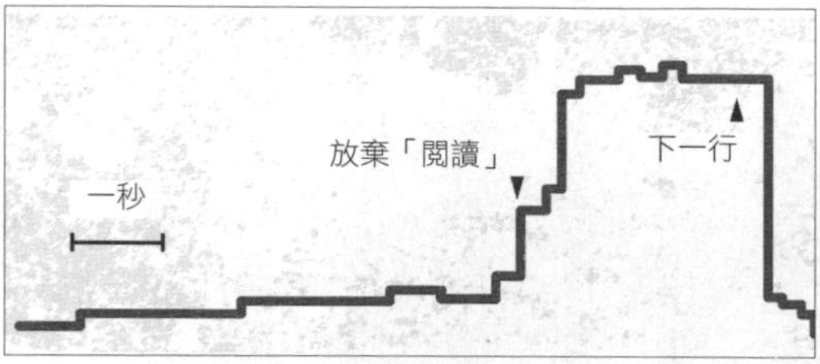

解點。接著，沛普爾閱讀的內容又稍微難了一些，是一段長度差不多的文字，摘自康德的《純粹理性批判》（*Critique of Pure Reason*）。從時間碼就能明顯看出這段文字比較困難。相較於佛洛伊德的文章，沛普爾閱讀康德的文章時，每一行花費兩倍的時間，為了理解資訊，視線停留的時間是兩倍（圖八）。

最後，沛普爾把自己努力閱讀中文的情況繪製成曲線圖，他對此表示，「可惜作者不懂」這語言。我們可以看見他花了好幾秒的時間，努力閱讀一兩個中文字，但第一行讀到三分之二的時候，他就放棄了，跳到結尾（圖九）。

沛普爾強調，有時我們經歷的「現在」其實

是充滿著認知活動，例如音節、眼睛掃視、理解含義等，而要切身體驗這些活動，無法全憑內省。沛普爾還表示，每一刻的忙碌都是經過精心的安排協調。說出連續的音節，視線在文字間移動，兩者都經過同步處理，「有如依照時刻表的火車車廂」。不過，這是怎麼辦到的？

一九五一年，哈佛心理學者卡爾・雷須利（Karl Lashley）發表〈行為表現序列順序之問題〉（The Problem of Serial Order in Behavior），這篇論文如今已成經典，處理的是時間和語言之間的關係。雷須利表示，要讓詞語傳達意義，必須以特定順序呈現詞語。「小一隻瑪莉有羊」這句話沒有意義，但重新安排順序，「瑪莉有一隻小羊」，這句話就變得能讓人理解了。正如義大利語口譯員所言，語法規則視語言而定。英語的形容詞通常放在其修飾的名詞前面，例如 yellow jersey（黃色的運動衫），法語的形容詞是放在名詞後面，例如 maillot jaune（運動衫黃色的）。這些規則有彈性，從社會習得，而且會隨時間變化。儘管如此，無論是哪一種語言，詞序都很重要，有傳達意思的效用。

在大多數的情況下，我們對於語法是不用意識思考的，語法似乎是以覺知底下的時間尺度自我展現（你的大腦急於找出順序，因此首次掃視「小一隻瑪莉有羊」時，可能直接就能看懂該句打算要表現的意義，並沒有留意到句子是拼湊起來的）。此外，我們有時會搞錯順序。雷須利表示，他打字時，字母的位置有時會放錯，把「these」打成「thses」，把「rapid writing」打成「wrapid riting」（其實，我打前一句的時候，不小心把「typed」打成「dypet」，發現打錯才更正的）。有一點值得注意，這些錯誤通常是因預期而犯錯，之後才出現的某個字母或某個單字，卻提早於現在出現，彷彿心智之眼（找不到更好的用詞而）提前溜達出來，讓手指無法專注於目前的任務。我們如何不假思索就產生正確的時間順序？雷須利認為這個問題「在大腦心理學是最重要的問題，也是最易忽視的問題」。

根據沛普爾的說法，雖然雷須利並沒有明確使用時鐘二字，但是雷須利構思的組織化的機械裝置確實是時鐘。沛普爾寫道：「在心理計畫的引導下，藉由時鐘把多個詞語建構到或串接到各自的正確位置上。大腦裡的時鐘會確保大腦把一連串詞語組合起來時所使用的全部管理機能、全部區域都同步運作，如此一來，按整體計畫來看，就能在正確的時間履行指定的任務。」這種大腦時鐘是「藉由正確詞序表達想法的先決條件」。沒有大腦時鐘，我們就無法讓別人知道我們的想法。

加州大學洛杉磯分校神經學者布諾曼諾（Dean Buonomano）跟我首次會面後不久就對我說：「所有複雜的行為都跟時間有關，大腦不用理解時間元素就懂得因應這世界，而我們無法完全了解大腦是怎麼辦到的。」

布諾曼諾是早期以毫秒為範圍研究生理時間的研究員，他跟同領域的多位科學家（包括伊格曼在內）共同發表多篇論文，他持續不懈研究日常生活中經歷的時間跟神經元的活動有何關係，時間如何從神經元的活動中產生。布諾曼諾說，神經學是新興的領域，善於回答某些種類的難題，例如人腦是以何種方式解譯空間資訊。比方說，一九六〇年代的研究發現，大腦皮質裡的個別神經元可分別對不同的方向做出回應，因此我們才有能力區分垂直線和近乎垂直的線是不一樣的。空間中的點對應到那些排列在視網膜上的神經元，就有如音符對應到鋼琴上的琴鍵。然而，若去問神經學者，我們怎麼分辨螢幕上的一條線比另一條線長，卻很有可能會把他們給難住。

布諾曼諾說：「我認為時間之所以一直受到忽視，是因為科學技術還不夠成熟，無法用精密的方法處理時間議題。」光是提及**時間**一詞，就會引發大家提出一連串的定義與條件。布諾曼諾說：「那就是這個領域有趣的地方，沒有人可以完全描繪出我們在談論什麼。」

布諾曼諾跟我在某家咖啡館的大廳碰面，然後我們穿過校園，沿著棕櫚樹的林蔭道，走向他的辦公室。他八歲就沉迷於時間議題，他爺爺是物理學者，給了他一個碼表當作他八歲的生日禮物。他會編派自己進行各種活動，例如解出一題謎題或走過一個街區，並且用碼表計時，彷彿著了迷一樣。他研究時間在大腦裡的運作方式，並在《神經元》（*Neuron*）期刊發表論文，詳述研究內容，期刊的封面相片正是他的碼表。

布諾曼諾表示，站在毫秒的尺度去思考時間，務必要懂得區分時間順序與時間長度。時間順序是指多起事件在一段時間內發生的先後次序，時間長度是指一起事件持續多長的時間。這兩種現象雖是不同，卻以隱而不顯的方式共同運作。最簡單易懂的例子就是摩斯密碼。摩斯密碼是在一八三〇年代與四〇年代制定，搭配電報使用。這種語言完全由敲打——點與畫——以及敲打之間的停頓所組成。現代國際摩斯密碼有以下五種語言元素：基本的點，或稱「滴」；畫，或稱「答」，長度相當於三個滴；長度為一滴的停頓，位於點與畫之間，一個字母內；長度為三滴的停頓，位於字母之間；長度為七滴的停頓，位於詞語之間。

若要正確傳達及解譯摩斯密碼，時間順序與時間長度都必須正確無誤才行。在下圖中，符號前後顛倒的話：

••••— （數字 4） **變成** —•••• （數字 6）

中間元素的時間長度弄錯的話：

—•• （字母 D） **變成** ——• （字母 G）

優秀的編碼員每分鐘可產生及解譯四十個英文單字，根據記錄，有人每分鐘達兩百多個單字。在這種速度下，一滴可持續三十毫秒（即百分之三秒）到六毫秒（即千分之六秒）之間。《華爾街日報》曾經訪問查克．亞當斯（Chuck Adams），這位退休的天文物理學者兼編碼員在空閒時間把小說編成摩斯密碼。亞當斯發表了每分鐘三百字版本的威爾斯的《世界大戰》（*The War of the Worlds*），後來還收到電子郵件，寄件人抱怨說，亞當斯的英文單字間隔有點太長了，長度竟然是八滴，不是標準的七滴。寄件人之所以不悅，是因為在亞當斯的編碼速度下，時間長度僅有千分之十二秒長。

要精準辨別出如此短暫的時間長度（不是只有一次而是每秒成千上百次），就要對時間長度有敏感的覺知。沛普爾說的沒錯，語言必須要有時鐘才行。可是，這個時鐘存在於何處？又是如何運作？布諾曼諾認為，思考毫秒級時鐘，不應侷限於文義，為了描述心智而往往會制定的那些模式，通常無法捕捉神經元實際運作的複雜狀況。為了解釋時間長度的估算方法而提出的標準說明，讓人想到了時間的節律器—累加器模式，該模式假設大腦某處有著像是時鐘的東西，或許是一組神經元，以穩定的速度擺盪著，從而產生的脈衝或滴答聲會以某種方式收集存放起來。舉例來說，某數量的滴答聲加總起來是九十秒，等累積到遠超過九十秒，你就會察覺到自己在等的那個紅燈似乎太久了。

然而，神經元的領域沒那麼清楚有條理。布諾曼諾說：「現實生活中的暗喻很難應用在大腦生活上。」此外，布諾曼諾認為，毫秒級時鐘並不像一群大腦細胞那樣清晰可辨。毫秒的時間測定更像是分布在神經元網絡裡的一種過程，並不是位於特定的一個地方。布諾曼諾說：「時間的測定是非常基本的處理層面，不會專門為了測定時間而去指定主要時鐘。你不需要主要時鐘，主要時鐘的設計並不穩固耐用。」

刺激因子抵達大腦時（例如，摩斯密碼的一滴觸發聽覺神經時，或閃光進入眼睛時），就會引發神經元傳遞電子刺激。在神經化學物質的幫助下，神經元的信號越過小間隙（或稱突觸），傳遞到另一個神經元，從而促使第二個細胞把自己的電子信號發射傳送出去。這種情況有如科學家把門的鑰匙丟到走廊對面的同事那裡。不過，第二個神經元發射信號而後恢復，需要一點時間，或許要十毫秒至二十毫秒。如果有另一個信號在那段時間內出現，那麼該信號碰到神經元時所處的刺激狀態會跟前一個信號不一樣。卡爾．雷須利寫道，

「想像大腦是湖泊的表面」，最是能呈現出那種情況。刺激因子發生，從而產生信號，信號進入神經元網絡，製造出刺激的漣漪，有如一顆石頭掉進水裡。另一個信號隨後跟上，把自己的漣漪紋路加在已經起了漣漪的湖面上，以此類推。大腦裡的情況一直都像是這樣。神經元並不是呆坐著沒事做，並不是空等著摩斯密碼的一滴刺激它們採取動作。神經元一直都很忙碌，要傳遞資訊、短暫休息、再度傳遞資訊。雷須利寫道：「信號永遠不會進入靜止的或靜態的系統，一律是進入已經十分活躍又有組織的系統。」

布諾曼諾說，這些漣漪很短暫，頂多持續幾百毫秒。儘管如此，那就表示在一小段時間內，神經元網絡會保留剛才發生的事情的相關資訊。神經元網絡會同時處於以下兩種狀態：最新近的刺激因子帶來的活動模式；前一項刺激因子留下的略有差異的、壽命短暫的殘餘物，布諾曼諾稱之為「隱藏的狀態」。那是一種短暫的記憶，更是毫秒級時鐘的本質。從這兩種狀態並列的情況（亦即一小組神經元刺激尖峰的接連出現、消失或數量），就能看出這兩種狀態相隔多長的時間。對照池塘漣漪的後續印象，並將其空間資訊轉換成時間資訊，就會覺得時鐘與其說是計數器，不如說是模式偵測器。狀態A與狀態G疊加，就表示一百毫秒已經流逝；狀態D與狀態Q在一起，就表示五百毫秒已經流逝，以此類推。布諾曼諾使用電腦，對含有隱藏狀態的神經元網絡進行模擬，結果發現自己提出的模式確實有用，神經元網絡能夠辨別長短不一的時段。

布諾曼諾說，該模式還引領我們發現重要的預測。如果兩項刺激因子（例如兩個一模一樣的音頻）相隔一百毫秒，比神經元網絡重設的時間還要短，那麼神經元網絡還處於第一項刺激因子的餘波下，第二項刺激因子就進入了神經元網絡；此外，第一項刺激因子留下的隱藏狀態會改變新狀態發生的方式。布諾曼諾說：「神經元目前的輸出狀況，取決於剛流逝的過去所發生的事情。」換句話說，如果一模一樣的兩項刺激因子是接連出現，你會覺得兩者的時間長度不同。布諾曼諾設計出一連串精巧的實驗來證明這種現象。在其中一版的實驗，受試者聆聽兩個緊接出現的短暫音頻，研究員請受試者估算這兩個音頻之間的時間差的長度。時間差各有不同，辨別時間差的長短也很容易。然後，布諾曼諾在兩個音頻的前面，先播放了時間長度與頻率皆相同的干擾音頻，結果就不一樣了。如果干擾音播放後不到一百毫秒，就播放兩聲音頻，那麼受試者估算兩個音頻的時間差的長度，在精確度方面會大幅下降。

布諾曼諾說，實際情況就是干擾音改變了受試者感知到的第一個音頻的時間長度，致使兩個音頻的時間差估算產生偏差。在另一版的實驗，受試者聆聽一長一短緊接出現的兩個音頻，研究員請受試者判斷何者為先、何者為後。如果干擾音頻播放一百毫秒後，就播放兩聲音頻，那麼估算結果的精確度就會大幅下降，受試者難以判定哪個音頻比較長，從而難以判定正確的先後次序。從毫秒的尺度來看，時間長度與時間順序糾纏在一起，難以理清。其他研究員確實發現，兩個音位緊接出現時，讀寫障礙患者難以指出兩者的正確順序，這種現象很有可能是肇因於患者難以正確估算毫秒級的時間長度與間隔。不管怎樣，從布諾曼諾的模式就可看出，雖然大腦裡或許有個毫秒級時鐘，但是這個時鐘不會滴答響，也不會計算滴答聲。

一八九二年，五十歲又「不喜歡實驗室工作」的威廉．詹姆斯，把哈佛心理學實驗室的管理職位交棒給雨果．閔斯特伯格（Hugo Münsterberg）。閔斯特伯格是德國實驗心理學者，在一八八九年巴黎舉辦的第一屆國際心理學者會議，跟詹姆斯成了朋友。閔斯特伯格曾經待在德國萊比錫，在馮特——詹姆斯的恩師——的指導下進行研究，許多歷史學者都認為閔斯特伯格是把心理學應用到工業與廣告的第一人。閔斯特伯格研發出多種心理測驗，協助賓州鐵路公司與波士頓高架鐵路公司雇用最安全的工程師與電車司機。此外，他在研究後發現，要提高勞工的生產力，其中一種方法就是重新布置辦公室，讓員工在工作時比較難聊天。閔斯特伯格的著作不計其數，有《商業心理學》（*Business Psychology*）、

《心理學與工業效率》（*Psychology and Industrial Efficiency*），還撰寫大眾文章，例如一九一〇年《麥克盧爾雜誌》（*McClure's Magazine*）刊載的〈尋找一生的工作〉（Finding a Life Work），文中主張心理實驗有助於揭露「一個人的天職」，反對「美國勞工輕率選擇職業」。

閔斯特伯格也是第一位電影評論家。他著迷於早期的電影，在他撰寫的幾篇文章（例如〈為什麼我們會去看電影〉〔Why We Go to the Movies〕）以及一九一六年出版的《電影劇：心理研究》（*The Photoplay: A Psychological Study*）一書中，他主張電影應視為一種藝術形式，部分原因在於電影帶來的印象如實反映出人類的心智運作。閔斯特伯格把電影媒體納入自己的工作中，制定一系列的心理測驗，可在電影正片開始前提供給電影觀眾，大家得以「了解哪些特性可讓人有能力從事特殊類別的工作，因此人人都能找到適合自己的環

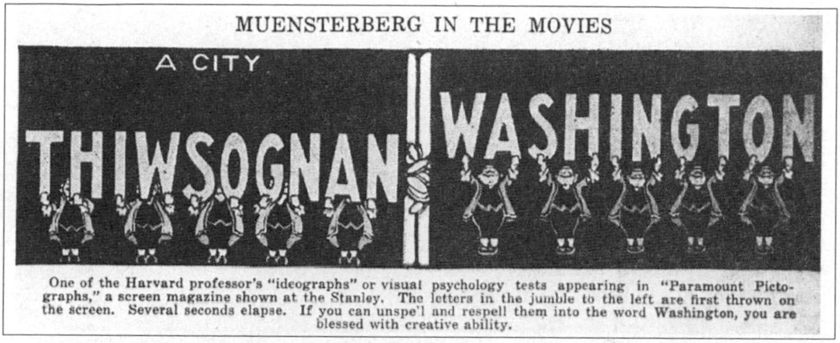
MUENSTERBERG IN THE MOVIES
A CITY
THIWSOGNAN
WASHINGTON
One of the Harvard professor's "ideographs" or visual psychology tests appearing in "Paramount Pictographs," a screen magazine shown at the Stanley. The letters in the jumble to the left are first thrown on the screen. Several seconds elapse. If you can unspe'l and respell them into the word Washington, you are blessed with creative ability.

圖十。原圖圖說：某本電影雜誌表示，哈佛教授設計的其中一種「表意文字」測驗或視覺心理學測驗是以「派拉蒙圖形文字」呈現。第一個出現在螢幕上的是左側弄亂的字母，幾秒過去後，如果你可以重新拼成 Washington 一字，表示你富有創造力。

境」（引文出自於他在一九一六年第一屆全國電影博覽會發表的演講）。有一項測驗專門用於測試「上管型的腦袋，主管型必須能一碰到處境就能領會當中的含義」。該項測驗會讓受試者觀看一連串弄亂的字母，字母順序跟原本的不同，而受試者要從中辨識出名詞來。（圖十）

歷史學者史蒂芬．柯恩（Stephen Kern）寫道，電影的出現使得敘述手法的可能性變得更為自由。若說攝影捕捉了時間，電影就是解放了時間，故事能以各種速度往前跳躍、往後跳躍、橫向跳躍。電影放映機倒轉，時間也可倒轉，人能頭上腳下從水裡安全跳回岸上，炒蛋可恢復成蛋黃。柯恩在《一八八〇年至一九一八年的時間與空間文化》（*The Culture of Time and Space, 1880–1918*）一書中，引用了英國作家吳爾芙（Virginia Woolf）的話：「寫實派的敘事手法令人為之驚愕，從午餐一直進行到晚餐，虛假又不真實，完全墨守成規。」在閔斯特伯格的眼裡，電影能在時間裡往前跳、往後跳，以近乎完美的手法，模擬人類記憶的運作狀況，特寫鏡頭模仿了專注的觀者私密的視角。閔斯特伯格寫道：「攝影機能呈現出我們內心關注之處。」閔斯特伯格還在別處如此表示：「攝影機展現的內心必須在攝影機本身的動作上，藉此克服空間與時間，而關注力、回憶、想像力、情感，都會刻印在有形的世界上。」

此後的數十年，電影和影片化為主要的暗喻，以大眾的語彙解釋大腦如何感知時間。眼睛猶如是我們的攝影機、我們的鏡頭；當下猶如是對著某種短暫甚至或許是可量測的時間長度，所拍下的快照；時間的流逝猶如是這類影像川流不息。錄製這些畫面時，你的回憶會把畫面逐一加上標籤，以後就能依正確的順序，像電影那樣，對事件與刺激因子再一次彙編及回想。這種時間觀深植於神經學的本質當中，伊格曼的研究多半是為了消除這種時間觀，他希望大家都要知道，大腦裡的時間並不像是電影裡的時間。

某天下午，我去了伊格曼的辦公室，他熱切向我訴說他最近在寫的論文，主題是馬車輪子效應（wagon-wheel effect）的錯覺。我們通常會在舊時的西部片看到這種錯覺，正在行駛的驛馬車的車輪輪輻看似反方向旋轉。馬車輪子效應起因於車輪的旋轉速度以及拍攝車輪的攝影機的影格速率並不一致。如果在電影的兩個定格畫面之間，車輪輪輻的轉動大於半圈卻少於一整圈，那麼輪輻就會看似向後轉動。

在適當的照明條件下，現實生活中也會出現這種錯覺。或許，你曾經在會議室裡開著冗長的會議，抬頭望著天花板上的吊扇，看著看著就覺得吊扇好像朝相反方向轉動。直接的原因就是日光燈的光線；日光燈閃爍的速率恰好是意識察覺不到的，日光燈營造出隱而不顯的頻閃效應，把吊扇的持續動作打碎成一連串不連續的影像，那些影像在你的視網膜上快速閃現，有如電影放映機讓靜態影像快速閃現在螢幕上。吊扇的旋轉速率與燈具的閃爍速率不一致，從而產生錯覺。

在持續不斷的日光下，也能看見這樣的錯覺，只是這種情況十分罕見。一九九六年，杜克大學神經學者戴爾．普維斯（Dale Purves）在實驗室成功重現這種現象。普維斯在小鼓的邊緣畫上一些圓點，然後快速旋轉小鼓，請受試者從側面觀看。小鼓向左旋轉，圓點也跟著向左移動。一會兒之後，圓點似乎轉往相反方向，開始向右移動。不是所有的受試者都看得到這種現象，而且有些人是在幾秒後看到，有些人是在幾分鐘後看到。此外，圓點會在多快的旋轉速率下轉向，我們也無從預知，圓點就是突然間反方向轉動了。儘管如此，還是看到了、發生了。

為什麼？普維斯及同僚認為，他們在實驗室裡創造的錯覺有如馬車輪子錯覺，恰是證明人類視覺系統的記錄方式跟電影攝影機一樣，錯覺是肇因於我們感知的影格速率與小鼓的旋轉速率並不一致。錯覺竟然發生在持續不斷的照明下，「這就表示我們平常看見的動作，都是處理一連串的視覺片段而成，就像電影那樣。」另有幾位科學家舉了該項研究當成證據，證明我們把世界當成一連串不連續的感知片刻進行處理。

伊格曼對此抱持懷疑的態度，如果我們真的在不連續的片刻中有所感知，類似電影影格那樣，那麼結果應該更可預知、更為規律才是。比如說，以某種速率旋轉車輪時，應該要確實發生錯覺的翻轉。伊格曼進行「我的十五元實驗」，想當成反證。伊格曼去舊貨店買了鏡子和舊的唱機。為了重現原始的實驗，他在小鼓上面畫了一連串的圓點，再把小鼓放在轉盤上，然後把這個裝置放在鏡子的前面。現在，他的受試者可以同時觀看真實的小鼓向左旋轉，鏡子裡的小鼓向右旋轉。如果大腦像電影攝影機那樣，是以不連續的快照來感知，那麼真實的小鼓和鏡子裡的小鼓都應該同時間反向旋轉。

然而，前述情況並未發生，真實的小鼓和鏡子裡的小鼓確實反向旋轉，卻不是同步進行。伊格曼認為，這種錯覺跟感知的影格速率沒有關係，也跟感知時間的方式沒有關係，反而是跟瀑布錯覺（亦稱運動後效）有關係，還牽涉到一種名為競爭（rivalry）的現象。觀看那個畫上圓點的小鼓由右向左旋轉，一大群偵測到往左動作的神經元就會受到刺激。然而，由於動作偵測的運作方式突然轉變，偵測到往右動作的一小群神經元也會受到刺激。結果產生出某種像是選舉的東西，大部分的時候，多數贏了，而你感知到的小鼓動作正確無誤。可是，在統計數據上，少數的感知仍有很小的機會佔優勢，這種情況雖罕見卻確實存在，因而產生反向動作的錯覺。伊格曼說：「神經元會相互競爭，偶爾，小傢伙會獲勝。」

電影攝影機的暗喻以更隱而不顯的偽裝，持續存在於神經學領域。試想，一連串相同的圖像（例如鞋子圖像）在你前方的螢幕上面快速閃現。根據對照研究，雖然所有圖像的時間長度都相同，但是我們永遠覺得第一張圖像的時間長度比後續圖像還要長，長了百分之五十之多。這種現象稱為客串（cameo）效應，亦稱初次登場（debut）效應。音頻（如嗶聲）以及觸覺上的振動，也會產生這種效應，只是沒那麼明顯。同樣的，如果一張與眾不同的圖像打斷了一連串相同的圖像，如果一艘船圖像出現在一連串鞋子圖像當中，那麼即使那張不同的圖像在時間長度上跟其他圖像一樣，我們還是會覺得那張圖像顯示的時間比較久。科學家稱此為特異效應（oddball effect）。

標準的解釋就要援引時間的節律器─累加器模式，大腦某處有個像是時鐘的東西是以很小的時間尺度在運作，不斷產生的脈衝或滴答聲會收集存放起來。現在來了一張特異的圖像，這張圖像與眾不同，吸引你的注意力，導致你對特異圖像資料的處理速度加快，如此一來，你觀察該張圖像時，內在時鐘滴答響的速度變得快了一些。大腦在觀察特異圖像時收集了相對較多的「滴答聲」，感知到特異圖像的時間長度也因此變得比較長。就好像你正在看電影，特異圖像的出現導致影格速率暫時變慢，把那一刻給拉長了。某位科學家把特異經驗描述成「主觀擴展時間」（subjective expansion of time）。

這種說法在伊格曼的耳裡聽來就是不對。想像一下，你正在觀看電影裡的追逐場景，警車從斜坡上飛了起來。如果把連續鏡頭的速度放慢，聲音和畫面都會受到影響，這樣就可以聽到警笛的音高比較低。然而，在現實生活中，時間長度的失真似乎是一次涉及的感覺型態不會超過一種。伊格曼對我說，時間不是一個東西而已，大腦裡的時間也不是統一的現象。那麼，特異效應到底是什麼原因造成的？伊格曼認為，可能不是注意力。首先，注意力很慢。當你突然「注意到」某樣東西，你的注意力資源至少需要一百二十毫秒（也就是超過十分一秒）的時間，才能把注意力集中在目標上。可是，即使圖像閃現在你面前的速率快多了，你還是體驗到特異效應。此外，如果注意力導致時間膨脹，那麼那些更能抓住注意力的圖像應該會讓特異效應變得更為顯著。然而，伊格曼進行「恐怖特異」實驗，插入蜘蛛、鯊魚、蛇的圖像，以及國際圖像資料庫裡能引發顯著情緒的其他圖像，可是這些恐怖特異的圖像讓時間減速的程度，並沒有超過一般的特異圖像。

伊格曼認為，也許是標準的解釋把事情給想顛倒了，並不是初次登場的特異圖像好像比常態略久一些，它們的時間長度確實是常態。反而是大腦現在熟悉了後續的圖像，覺得後續圖像的時間長度比常態略短一些，因此相較之下，才會覺得初次登場的特異圖像出現得比較久。特異的圖像並沒有導致時間膨脹，是熟悉的圖像導致時間收縮。大腦生理學的研究顯示，有類似的東西在運作。科學家使用腦電波儀、正子掃描及類似方式，監測神經元的活動，結果發現受試者看到（或聽到、或感覺到）一連串重複的或類似的刺激因子，相關神經元的發射速率會隨著一連串刺激因子不斷進行而逐漸降低，但受試者察覺不到一絲變化。那就像是隨著每次接連觀看相同圖像，神經元的處理效率就會變得更高。這種現象稱為重複抑制（repetition suppression），大腦可以藉由此法節省能量，觀者亦可對重複發生的事件或類似事件做出更快速的反應。基本上，神經元會放鬆下來，意識心多半不會察覺到神經元正在節省能量。

這或許可用來解釋初次登場的特異效應。就標準的解釋而言，特異圖像會引起更多的注意力，需要額外的能量，這樣似乎會導致特異圖像的時間長度膨脹。然而，如果重複抑制是原因所在，那麼就會發生相反的情況，接連出現的圖像在時間長度上會收縮，相較之下，特異圖像的時間長度顯得膨脹了，以致引起注意力。注意力並沒有讓時間失真，時間之所以失真，是為了吸引你的注意力。自我再度遭受一次打擊，我們以為注意力是在表達我們的意識自我——「我現在會看這個」。然而，卻又是一個在提示下做出的反應，就像是那種據稱在攝影棚觀眾面前演出的現場情境喜劇裡的觀眾笑聲。

大家通常理所當然認為，時間錯覺之所以出現，是因為大腦在某種程度上會密切注意實際的時間長度。看起來大腦某處有個時鐘會追蹤「真實」時間的速度，並且在我們的經驗偏離該速度時通報我們。然而，許多科學家想知道實際情況是否真是如此。某位卓越的心理學者對我說：「大腦不會對實際時間編碼，只會對主觀時間編碼。」這種看法至少可回溯到威廉．詹姆斯。詹姆斯認為我們沒有能力陳述實際的時間長度，只能陳述我們感知到的時間長度。特異效應的解釋經修訂後，似乎支持此論點。特異圖像的時間長度似乎沒有比常態還要久，只是比後續的圖像還要久。你對時間長度的估算結果並不是單獨計算而成，而是跟另一項刺激因子的時間長度進行比較。

伊格曼說：「或許沒有一種感官能力可讓我們得以了解時間長度的純粹狀態。」用來計算時間長度的內在時鐘，就跟其他時鐘一樣，唯有跟另一個時鐘產生關係時，才有意義可言。「你連時間的膨脹與時間的收縮都分辨不了，只能提出一個相關的問題：『覺得哪一個比較久？』我們連哪一個是『常態』都不曉得。」

為了探究前述概念，伊格曼進行功能性磁振造影（fMRI）實驗，我自願參與。功能性磁振造影技術可監測含氧血流經受試者大腦的情況。受試者要躺著不動接受心理任務，功能性磁振造影機會約略顯示出大腦裡的哪些區域正在運作。在這項實驗中，受試者要接受基本版的特異測驗。研究人員會給我看一連串由五個單字、五個字母或五個符號組成的題目，例如：「1……2……3……4……一月」。然後，研究人員會問我當中是否有特異，此時功能性磁振造影機會偵測我的神經元在特異發生期間是變得比較活躍，還是變得比較不活躍。伊格曼說，我在功能性磁振造影機裡頭，可能會經歷時間長度失真的情況，可是他們不會問我這件事。真正的重點在於我的神經做出的回應，不是我的意識做出的回應。

功能性磁振造影實驗室位於走廊另一端。有一位助理正在使用電腦控制台監看，控制台後方是一扇長長的窗戶，可看到造影機所在的房間。研究人員請我把口袋裡的金屬物品都拿出來，我交出了一枝筆、一些零錢、岳父給我的手表。實驗約需四十五分鐘，實驗期間我要躺在狹小的空間不能動。我突然想到，除了實驗所需的心理能量外，我還必須盡量努力記住等一下發生的事情，畢竟我又不能書寫記錄下來。我對助理說，我從來沒有進過造影機。

「你有沒有幽閉恐懼症？」她問。

「我不曉得。」我說：「等一下我們就知道了。」

造影機有個圓形開口，開口裡伸出了長形的金屬床。我躺在金屬床上，助理把耳機遞給我，把遙控器放在我的右手，還把狀似捕手面具的半圓形罩子擺放在我的臉孔上方。她替我蓋上被單保暖，然後走出造影室，按下按鈕，我以頭先腳後的方式滑進管狀空間裡。

這個把我包圍住的空間，只比我的身體略大一些。我感覺到那個推動造影機的磁力傳來規律的脈衝，在我的四周，穿透了我。有個念頭頓時浮現在我的心頭，徘徊不去，那就是我覺得自己彷彿身處於某種子宮裡。在捕手面具的內部，離我的眼睛將近八公分的地方，是一小面鏡子。由於鏡子的角度使然，我不用移動就能像使用潛望鏡那樣窺視，從我的頭頂上方到管狀空間的末端都一覽無遺，我看見了電腦螢幕上的黑白畫面，還有管狀空間末端的燈。我失去了方向感，怪異的念頭掠過心頭。我彷彿站在自己的腦袋上方，地面離我很遠。我透過舷窗向外窺看。我是住在某個人大腦內的人造人，透過虹膜向外窺看。唯一的聲音是電子顫動的聲音，彷彿從老舊的電影放映機傳出來。有一會兒，我不由得猜想，我是不是正在看著默片或家庭影片播放出自己的過去。

然後，出問題了。實驗專用的軟體程式當機了，我現在看到的不是白色畫面，而是藍色的電腦桌面，畫面上一堆程式碼。耳機裡傳來研究生平靜的嗓音，她要我放心，只要一下子就好。游標在畫面上跳來跳去，鍵入的字母與符號是我無法理解的語言。突然之間，我有了一種十分真實的感覺，那感覺極富感染力又令人毛骨悚然，我覺得自己窺看到的是自身心智使用程式編程的基質。我是《二〇〇一：太空漫遊》（*2001: A Space Odyssey*）裡的HAL，看著人類努力要把我修好。或許，我根本就沒問題，那裡也沒有研究生；我只不過是在思考自己所處的情況，而某個偶然發生的小故障掀起了思考機器上的布幕。

螢幕畫面再度變成白色，實驗終於開始了。單字或圖像逐一出現，先是：「床……沙發……桌子……椅子……週一。」接著是「二月……三月……四月……五月……六月。」諸如此類。每顯示完一系列的單字或圖像，螢幕上就會出現題目：「有沒有特異的項目？」我的任務就是按下遙控器上的按鈕，「是」就往左按，「否」就往右按，用以表明我有沒有看見哪個項目的類別跟其他項目不一樣。這個過程一而再、再而三反覆進行。五個單字或圖像會緊接出現，而問題顯示之前會先停頓好一會兒，期間螢幕畫面會變成白色。助理指示我不要按下是與否的按鈕，等到問題出現再按。我等待的時候，發現自己的腦袋陷入一片空白。那片空白撲向我的回憶，鬆開我對過去的掌握，等到問題出現時，我費力回想剛才看到的單字或圖像。**特異**……到底**特異**是什麼意思？

我迷糊了。五個單字或圖像消失，白色的停頓來到，我就隨即把手指按在正確的按鈕上，免得我在該選擇是或否的時候，把該做的事給忘了。每張圖像出現時，都是如此逼近又巨大，好像永遠存在似的，隨即又從眼前消失。我可以說是迷失在現在中了，不過念頭的細流從模糊的未來流了過來，或者朝模糊的未來流了過去。我有點餓，耳機開始弄得我頭痛，我的腳也麻了，到底還有多少道題目？我睡著了，我醒來了。有來世嗎？我可能生出了什麼，也可能有什麼生出了我，或許是一道想法，或許是一組代碼，或許是一個詞語。

終於，我從金屬管裡退了出來，我又是自己了，衣服穿得好好的，在休士頓的一間實驗室裡。實驗室助理移開被單，把我臉孔上方的罩子給打開。我走了出去，她遞給我一片CD，那是對著我腦袋的內部所拍出的一百張怪異的黑白圖像，那就是大腦隨著時間的推移而表現出的狀態。伊格曼會在幾個月的時間內，借助功能性磁振造影機，對數十位受試者進行測驗，再分析資料，研究結果肯定是意義重大。至於現在，我只是一組資料點當中的一個資料點。

「恭喜你。」助理以開朗的語調說：「你是現在大家庭裡的一分子！」

假使時間只不過是另一種顏色呢？

伊格曼改變了想法，他認為時間感是跟編碼效率有關，至少在毫秒的尺度上是如此。你對刺激因子的時間長度所做的估算結果，直接取決於神經元耗費多少能量處理。大腦描繪某樣東西所耗費的能量越多，就越覺得事件持續的時間越長。

特異效應即是一種證據。觀看一連串相同的圖像，神經元的反應幅度會降低；神經元反覆重現相同圖像，所需耗費的能量就會降低。那些圖像呈現出的時間長度變短了，可是你渾然不知，等到特異圖像出現，情況有所轉變，相比之下，特異圖像的時間長度就顯得比較長。為了找出更多的證據，伊格曼蒐集了所有跟這個主題相關的期刊文章，約有七十項研究的內容涉及一秒左右的時間長度。這些研究似乎全都支持伊格曼的假說。假設有一個圓點短暫出現在電腦螢幕上，而你要判斷圓點的時間長度，那麼圓點的亮度越亮，你就越覺得圓點的時間長度越長。同樣的，在時間長度上，你會覺得大圓點比小圓點還要久，移動的圓點比固定不動的圓點還要久，快速移動的圓點比緩慢移動的圓點還要久，快速閃爍的圓點比緩慢閃爍的圓點還要久。一般來說，刺激越強烈，感知到的時間長度越長。同樣的，數量多的時候，感知到的時間長度會超過數量小的；如果「8」或「9」的數字顯示在你面前約半秒鐘，你會感覺其時間長度超過「2」或「3」這類較小的數字。即使顯示的數字看起來大小相同，時間長度也相同，結果依舊不變。大腦造影研究也得出類似的結果，大型物體觸發觀者的神經反應程度超過小型物體；比較明亮的物體觸發的神經反應程度也比較大；物體移動較快，或閃爍較快，或較為逼近，所觸發的神經反應也比較大。大腦似乎是用時間（即時間長度）來表達其在某項任務上耗費了多少能量。

伊格曼說，就這個層面而言，時間長度應該跟顏色很像。顏色實際上並不存在於世界，其實是我們的視覺系統偵測到某些波長的電磁輻射（而且頻譜很窄），然後解譯成紅色、橘色、黃色等。「紅色」並不限於紅色的蘋果，之所以會看見紅色，是因為大腦把物體放射的能量解譯成紅色。或許，時間長度也是同樣由大腦描繪而成。伊格曼表示：「說時間是『真實的東西』而大腦只是被動記錄時間，這種說法很沒道理。在實驗室裡，我們可以讓你覺得某樣東西的時間長度比較長或比較短。」伊格曼承認，說時間也許不過就像是顏色，這種觀點「聽起來是徹頭徹尾瘋了」。「假如有人聽到這種說法，肯定會說：『那麼我的自我感的軌跡呢？我的人生故事呢？』」

某天下午，伊格曼過來載我，我跳進車裡，我們要前往達拉斯的零重力體驗館，車程約四小時。不久，我們就把休士頓郊區給拋在後頭，進入德州的平原，那裡乾燥不毛，一片褐色，空無一物，只有貨車休息站和速食餐廳。我們曾一度駛過某個大型的木製招牌，上面寫著「迷路：地圖是我的書籍」，還是寫著「書籍是我的地圖」呢？我們以一百二十八公里的時速，飛馳過那個招牌。

此後，自由落體實驗就像是伊格曼的商標。構想十分簡單易懂，讓受試者所處的情境——在此例中是受控制的自由落體——是驚嚇得足以讓人覺得時間變慢了，伊格曼會努力量測出「時間變慢」實際上是什麼意思。這項實驗再現了伊格曼童年時期發生的意外，也是在釐清電影使用的暗喻，也就是說，時間變慢時，時間感會變得多廣闊？到了此時，人們對於時間靜止不動所做的描述，我讀過的，聽過的，數也數不清。類似的經歷就連母親也對我說過，有一天她開在高速公路上，有一台冰箱從卡車上面掉下來，直接掉在她的正前方，她立刻把車子轉向，像慢動作畫面那樣繞過冰箱。不過，類似的情況並沒有發生在我的身上。要擁有這種據稱意義深遠的幻覺經驗，只要支付將近一千元台幣加上稅金，就能體驗零重力自由落體，這種方式似乎安全又簡單，於是我決定一試。

實驗的關鍵是一個狀似腕表的裝置，那是伊格曼設計的，他稱之為「感知懷表」。感知懷表顯示出大尺寸的讀數，不過那不是時間，而是數字的正片與負片圖像，並且是快速接連顯示，如圖十一。

若數字交替出現的速率比較慢，受試者可分辨數字；然而，速率加快到超過某個門檻值，就會覺得圖像彼此重疊，相互抵銷，受試者只看得到空白的螢幕畫面。門檻值的高低視受試者而定，在自由落體之前，伊格曼會決定每位受試者的門檻值，然後把交替出現的速率設得比門檻值快個幾毫秒。我戴上裝置，一邊往下墜落，一邊看著裝置。如果時間確實變慢了，我在每單位時間感知到的數字應該會更多，也能正確回報螢幕顯示的數字。

圖十一

零重力體驗館位於達拉斯城外數公里，一路上會經過多間加油站，泥土路兩側的小樹正在冒葉子。車子開近時，我看見細長金屬結構的上半部出現在樹梢上方，有點像是艾菲爾鐵塔，只不過矮多了，還漆成藍色。伊格曼發現我在寫筆記，就用旁白敘事的語氣說：「他們拆掉狹小的泥土路，遠處的鐵塔……」

我以為體驗館很大，人又多，就像六旗樂園那樣的規模。可是，只有一棟白色的小建物，門票可以在這裡購買，建築物後方就是五種驚險刺激的遊樂設施，最大的設施就是我在遠處看到的藍色鐵塔——空心進網三十公尺自由落體。我們是星期五下午到的，當時只有另外兩個人在場，是兩位年輕男子，很明顯是雙胞胎，臉上掛著開朗的微笑，頭髮剪得很短。其中一人隔天就要結婚了。

伊格曼及同僚剛開始思考實驗該怎麼設計時，先是去了太空星際樂園，坐了所有的雲霄飛車，可是沒一個夠嚇人，無法引起時間長度的失真現象。乍看之下，我覺得這個設施看起來也沒有很嚇人，但其他設施確實嚇人。「德州火箭升空」猶如一支巨大的彈弓，在兩根十五公尺高的支柱之間，用有如橡皮筋的粗繩綁著金屬球體，球體可容納兩位乘客坐著，先用絞車把球體拉到地面，然後發射到空中，任由球體彈跳旋轉。「摩天大樓」有如五十公尺高的雙葉片風車，各葉片的末端是專供一位乘客搭乘的膠囊，風車會以令人不快的速度旋轉。相比之下，「空心進網」看起來令人安心，頂端有方形的小平台，六十公尺高，還有兩張網子，一張在上，一張在下，離地面十五公尺，網子在鐵塔的四個支架之間攤開。

伊格曼說：「我有件事要說，這很安全。」不知怎的，在這之前，我從來沒有認真想過安全的問題。「這些東西的所有數據，我都看過了，從來沒有發生過意外。」

我們坐在野餐桌旁，看著那對雙胞胎走了過去。他們穿戴好安全裝備，站在平台上，一旁陪著的是設施的操作員，是很壯的男人，穿著 T 恤。平台中間有個方形開口，操作員把繩子綁在其中一位雙胞胎的前面，仔細調整他的位置，他背對地面，先是位於開口的上方，然後再穿過開口，此時他懸掛在平台的正下方。然後，他掉下來了，像是一小顆石頭垂直墜落到網子裡，網子在衝擊之下起了波濤。幾分鐘之後，另一位也往下墜落。伊格曼要我猜他們的墜落時間有多久，他寫下數字：二點八秒，二點四秒。雙胞胎兄弟體驗完之後，朝我們這裡慢慢走來，兩人都是雙眼睜大。其中一人說：「往下掉的過程比你以為的還要久。」

輪到我了。網子已經降到地面，好讓雙胞胎離開。然後，平台往下降，像電梯一樣，我踏上平台。操作員協助我穿戴安全裝備，裝備重得驚人。操作員說，裝備重量經過仔細計算，確保我掉落時不會翻滾，並以背部朝下的半躺姿勢降落在網子上。他把我的安全裝備扣在欄杆上，免得我在網子還沒就定位就意外掉落。然後，平台抖動，開始上升。正當我們接近頂端，拉高平台的纜線開始嘎吱作響，令人不安起來，而我們的身體在微風中略略搖晃。我突然想起來，我其實很怕高，我環顧四周，又望向上方，就是不往下看平台中央的那個洞。我看得見八百公尺外的採石場，有一些推土機和其他運土的機器正在掀起一團團的灰色塵土。另一個方向，道路的對面，卡丁車的車道正在施工中，後方是高速公路。

平台停了下來。操作員解開欄杆上的扣環，再把上頭的一條纜線扣到我身上的安全裝備的前面。他的動作快速精準，有如劊子手。他建議我放開欄杆，此時我才發現自己的雙手緊握著欄杆不放，我花了好一會兒才把手給放開。他指示我站著，背部朝向開口，然後往後躺，好讓我的身體重量把纜線拉緊。我也許可以像是個坐在輪胎上盪鞦韆的小孩，可惜我身處六十公尺的高空，在微風中全身顫抖。

他仔細調整，讓我在開口上方的位置就定位，再慢慢把我降到開口下方。他做出最後幾處調整。我懸掛在半空中，往上望著我的金屬臍帶，望著我的雙手抓著金屬臍帶，望著天空。也許是我再也看不見地面的緣故，我的恐懼稍微減弱了。重力的引力很強大，幾乎帶著磁力，怪的是，竟然讓人安心。

操作員說，我必須放開纜線。我克服了每一種本能，終於辦到了。我左手握拳，再用右手緊握住左手，這樣一來，我往下墜落的時候，左前臂綁著的伊格曼的裝置正好在視線範圍內。我的視線固定在裝置的小視窗上（那裡會有一些數字在我面前飛逝而過，正片、負片、正片、負片，速度快得我看不清楚），並且等待著回到地面。

然後，我掉下去。

我記得安全裝置的扣環從纜線上解開時傳出的金屬卡嗒聲，不過那聲音是之後才跟上的。我第一個感覺是自己立刻被用力往下一拉，彷彿我被綁在船錨或重物上，被丟到船外。接著，我發現那重量其實是我，我就是往下沉的船錨。

唯有等到此時，認清了現實，安全裝置扣環的卡嗒聲才傳進我的耳裡。扣住我的繩子被解開了。我向下加速，胃部跟著發緊。我的症狀加劇，暈眩起來，我怕症狀不會停止，反而會在體內擴大，把我給壓垮。奧古斯丁寫道：「我明白時間是一種拉力或張力。若說時間本身不是意識張力，我反倒會十分訝異。」我一點想法也沒有，全身都感受到張力，純粹的重量。

我對當下的定義很不講科學，我認為當下就是一段剛好足夠的時間，可讓你體會到自己正在思考當下，而且就在此時你已前往下一刻。我的感覺隨著我的墜落而逐漸提升，我聽到安全裝備解開的卡嗒聲，我感覺到身體的沉重。我察覺到自己的意識把這些感覺全都拼湊起來，聚在一個能描述情況的單字或術語周圍。念頭正在冒出，即將存在，那是……**這會持續多久？**最後塗上接合劑作為結尾，終於結束了。我重重落在網子上，往下沉得很深，然後降至地面。

開車回休士頓的路上，我覺得不舒服，脖子痛，都是落在網子上害的，網子並沒有我以為的那樣軟，頭也好痛，又好渴。老實說，我有一種洩氣感。多年前，我去跳過一次傘。當時的全然恐懼仍舊歷歷在目，我們坐在很小的飛機裡，緩緩飛到四千兩百多公尺的高空，像是空中的汽艇。在信念下，打開艙門，跳入空中，隨後是墜落帶來的閒適感，到了終端速度，感覺像是根本沒有墜落一樣。不知怎的，我以為達拉斯的經驗也會很類似，應該會有一點短暫的機會可以看看周遭景象，可以看著天空往後退。現在，結束了，記得的也少之又少。

伊格曼指示我在墜落時盯著懷表看，努力認出上面的數字。現在他問了數字的事。

「對了，你看到數字了嗎？」

我沒看到。也許是刺眼的陽光害我看不清楚讀數，也許我抬起的手臂角度不對。伊格曼已經對二十三位受試者進行實驗，他也爽快承認，樣本數很少。受試者會回報他們自己的墜落時間，平均比他們觀看的墜落時間還要長百分之三十六。可是，沒有一位受試者能認出手腕裝置上面的數字。

伊格曼說：「人看不見慢動作，唯有視知覺如同攝影機才能辦到。如果你把時間放慢百分之三十五，如果你把電影攝影機放慢百分之三十五，那麼在我們設定的數字顯示速率下，你應該很容易就能認出螢幕上的數字，你應該可以讓時間長度失真，可是變慢的並不是『時間』。」

那麼，為什麼我覺得自己的墜落比我觀看的墜落還要久呢？我覺得腎上腺素應該是其中一項因素，不過腎上腺素的運作相當緩慢。伊格曼表示，首先內分泌系統會收到通知，釋放荷爾蒙，從而觸發腎上腺釋放荷爾蒙。比較可能的因素是杏仁核，是大腦裡大小如核桃的一個區域，可以把回憶記錄下來，尤以情感上的回憶為然。眼睛和耳朵的神經元直接通到杏仁核，杏仁核隨後會把訊息大聲傳達給大腦和身體的其他部位。杏仁核有如擴音器，會把傳入的信號擴大並轉達出去，立即吸引注意力。杏仁核可在十分之一秒內做出反應，速度比大腦高等區域（如視覺皮質）還要快。如果你看見蛇或外觀似蛇的東西，杏仁核會發出警報，你還沒意識到自己看見了什麼，就會先跳了起來。杏仁核連結至大腦的所有部位，因此亦可當成次要記憶系統，以特別豐富的形式存放記憶。

伊格曼表示，處於自由落體狀態的身體，等同於「處於完全恐慌的模式，違反你擁有的每一種演化本能，你的杏仁核在尖叫」。你對事件的感覺雖轉瞬即逝，卻經過了杏仁核。在杏仁核，那些感覺會被壓縮到記憶裡，而其質感會同時增加。這過程有點像是用高畫質錄製影片，不是用標準畫質錄製。你站在地面回想剛才的墜落，記憶變得更為豐富，因此才會覺得自己墜落的時間長度比實際上還要長。時間長度的失真到底有沒有用？你實際上能不能回應得更快速或更聰明？這些都很難說。伊格曼說：「有一堆事情是這項實驗無法納入或排除的。不過，這項實驗最起碼可以排除『整個世界像電影攝影機那樣變慢』的說法。此時此刻，我們沒有證據可證明這種現象有可能發生。」

最初

亞當十個月大，是個結實的嬰兒，有著褐色的大眼睛。在心理學實驗室一間幾近隔音的昏暗小房間裡，亞當坐在舒適的兒童餐椅上，來回注視著前方桌子上並列擺放的兩台電腦顯示器。這兩台電腦螢幕上播放著影片，那是一張女人的臉，女人直視亞當，話說得很慢。兩部影片都是同一個女人，同樣的微笑，同樣晶亮的眼睛，只是沒有聲音，只有她的嘴唇在動。

偶爾，為了安心，亞當望向母親，她靜靜坐在附近。在兩台電腦顯示器的中間，有一部小型攝影機對準亞當拍攝，攝影機會把亞當臉孔的即時影片傳送到房間外的桌上型顯示器，兩位實驗室助理和我就在那裡看著亞當的眼睛來回移動，亞當的表情先是專注，然後小心翼翼，接著是無聊，最後又好奇起來，而且是在區區幾秒的時間內完成這些表情變化。我們這裡的顯示器後方是單向透視窗，可直接看見亞當坐在椅子上。這裡的擺設帶著遊樂園哈哈屋的性質，亞當看著兩台顯示器上的兩張臉孔，我們透過窗戶看著亞當，同時又看著我們這邊螢幕上的亞當的大臉孔。亞當不時會直接望向攝影機，我有一種短暫又怪異的感覺，也許他正在看我們，也許他知道我們在看他。他的視線隨即回到他面前的兩張臉孔那裡；他凝視，他用手指著，他抬起眉毛。在昏暗的光線下，繫著五點式安全帶的亞當看起來有點像是飛行員或太空人在凝視著前方的太空。

這裡是東北大學發展心理學者大衛・盧可威茲（David Lewkowicz）的實驗室。過去三十年來，盧可威茲設法了解萌芽的心智如何下命令，也設法理解誕生的那一刻起、甚至是更早時期就洶湧而入的感官資訊。大腦如何追蹤不同資料的抵達時間？大腦如何整合這些資料，讓我們獲得統一的經驗？大腦如何得知哪些性質與事件要放在同一段時間裡？這種能力的力量與奧妙，就顯現在亞當面前的兩部影片上。若是成年的觀眾，就算沒有聲音，還是能立刻明確看出兩部影片上的女人說的話不一樣，兩個螢幕上的嘴唇動作並不相同。

一會兒之後，突然有聲音了，聽得到女人的聲音了。她以平板的語調說：「起來，趕快起來。今天我們早餐要吃燕麥片！然後我們就有時間在家裡閒晃……」這段獨白符合左邊在講話的臉孔，我憑直覺替聲音和影片配對，聲音和嘴唇的動作同步了，我的注意力立刻被她那喋喋不休的話給吸引住了，另一張臉孔不存在也無妨。有時會出現不一樣的獨白：「你今天要幫我整理家裡嗎？」我立刻把這段話連結到右側的螢幕。有些測試會改採另一位笑臉盈盈的女性，而且她說的是西班牙話。成人偵測同步的能力很強，即使是不理解的語言，我還是知道她說的話屬於哪一個正在動的嘴。

嬰兒也具備同樣的能力嗎？似乎不太可能。新生兒的聽力不好，視覺無法聚焦在三十公分外的物體上，對這世界的經驗也很有限。一八九〇年，威廉．詹姆斯表示：「眼睛、耳朵、鼻子、皮膚、內臟的感覺同時朝嬰兒湧來，有如大型的混亂場面，四處都有東西冒出、嗡嗡作響。」也許吧。不過，盧可威茲經研究發現，嬰兒很早就懂得從紛亂的情況當中理出秩序來。盧可威茲對數以百計的嬰兒和學步幼兒，進行說話臉孔實驗，讓他們觀看兩張並列的臉孔一分鐘，嘴唇會動卻沒有聲音。然後，聲音出現了，研究人員會觀看螢幕，確認嬰兒的視線停留在某張說話臉孔的時間，是不是比另一張臉孔還要久。儘管是從未見過的臉孔、無法理解的語言，甚至是不熟悉的抑揚頓挫語調，小至四個月大的嬰兒還是能表現出實際上是哪一張臉孔符合嗓音，而且他們的表現一致得驚人。

然而，盧可威茲認為，嬰兒是用最簡單的方法正確配對，也就是把聲音的開頭與結尾、畫面的開頭與結尾進行比對。嬰兒理解同步的概念，認出事情是何時一起發生。**很快**就是很快就會到，**最後**就是之後才會到。不過，首先，人很小的時候就懂得區分現在以及不是現在，這樣的區別有助於推動感官的充分發展。盧可威茲說：「你在法律上等同於盲人，你的聽力幾乎沒有用。要麼是四處都有東西冒出、嗡嗡作響的混亂場面，要麼是某種基本、十分原始的機制讓你正常運作，而那種機制就是同步。」

一九二八年，歐洲頂尖的物理學者、哲學家、自然學者在瑞士阿爾卑斯山的達沃斯

（Davos）齊聚一堂，開會交流想法。在那之前，阿爾卑斯山這個度假勝地向來是眾所皆知的靜養地，空氣清新的庇護所，能讓疲憊的身心恢復元氣。一九二四年，湯瑪斯．曼（Thomas Mann）出版《魔山》（*The Magic Mountain*），小說主角漢斯．卡斯托普前往達沃斯，去探望患了肺結核的表哥。漢斯沉浸於山間懶散的步調，瞥看自己的懷表，思考著時間主體性，他的看法是湯瑪斯．曼從海德格、愛因斯坦及其他當代思想家那裡汲取得來。漢斯想要知道，困在洞穴裡的礦工，十天後回到地表，為什麼會以為只過了三天？「興致和新奇感會驅散或縮短時間的含量，乏味和空虛卻會阻礙時間的流逝」，為什麼？明明是「一年前」的事卻習慣以「昨天」稱之，該如何理解？此外，漢斯還問：「架子上密封的果醬是在時間之外嗎？」

到了一九二八年，肺結核和療養院的生意雙雙衰退，達沃斯開始轉型成知識勝地。愛因斯坦獲邀主持第一屆達沃斯會議，甘地和佛洛伊德都發表了演講，瑞士心理學者皮亞傑（Jean Piaget）也是其中一位講者，當時三十一歲的他對於兒童理解世界的方式所進行的研究已經相當聞名。皮亞傑小時候就對大自然有著濃厚的興趣，他第一次的科學觀察是在十一歲的時候，觀察一隻白化麻雀，或者，正如他所採用的謹慎說法，是「一隻展現白化症所有可見跡象的麻雀」。皮亞傑剛開始的職業是動物學者，專門研究軟體動物，但不久就轉而鑽研以下問題：「兒童的思維模式如何隨時間的推移而發展？」皮亞傑認為我們誕生在世上時，五感互不相連，唯有藉由體驗（例如觸碰、啃咬、玩耍、與物互動的其他方式），五感才會開始重疊互通。我們逐漸學會哪個信號是搭配哪個信號而來，對於特定物體「是」什麼，也是理解漸深，湯匙有著這樣那樣的外觀，碰觸起來有著這樣的感覺，敲在桌子上會發出某種聲音。皮亞傑舉的例子多半是源於他對自己孩子所做的研究。皮亞傑對孩子進行簡單的實驗，做了詳細的筆記，差不多每天都能知道哪些感官能力上線了。如今，皮亞傑的重要見解成了習以為常的觀念，也就是說，兒童感知世界的方式跟成人不一樣，此外，兒童要經歷為期數年的感官成熟整合過程，感知能力才會統合起來。

皮亞傑發表完演講，愛因斯坦向皮亞傑提出一連串的問題。物理學者愛因斯坦想知道兒童是如何逐漸理解時間長度與速度。速度是距離除以時間，例如每秒鐘的公尺數、每小時的公里數。兒童一開始是這樣認為的嗎？還是說，兒童對速度的概念更原始、更直覺？

兒童是同時理解速度與時間的概念嗎？還是有先後之分？兒童把時間看成「是一種關係，還是一種簡單又直接的直覺」？皮亞傑投入調查，並以研究成果為基礎，在一九六九年出版《兒童的時間概念》（*A Child's Conception of Time*）。他的某項實驗以四至六歲兒童為對象，在受試者面前擺放兩根管子，其中一根管子顯然比另一根長多了。皮亞傑通常會用金屬桿，把娃娃推進管子裡，讓兩個娃娃都分別同時抵達兩根管子的另一端。皮亞傑表示，我們會對小孩提出以下的問題：「有一個管子是不是比較長？」

「對，那一個。」

「兩個娃娃通過管子的速度一樣嗎？還是說，有一個速度比較快？」

「速度一樣。」

「為什麼？」

「因為它們同時間抵達。」

皮亞傑反覆進行這項實驗多次，他用過發條蝸牛和玩具火車，甚至跟小孩一起在房間裡跑來跑去。皮亞傑和小孩同時開始跑，也同時停下來。不過，皮亞傑跑得快一點，讓小孩落後一些。「我們是同時開始跑嗎？**對**。我們是同時停下來嗎？**喔，不是**。誰先停下來？**我**。誰比較早停下來？**我**。你停下來的時候，我還在跑嗎？**沒有**。我停下來的時候，你還在跑嗎？**沒有**。那麼我們是同時停下來嗎？**不是**。我們跑的時間一樣久嗎？**不一樣**。誰跑得比較久？**你**。」皮亞傑發現這樣的交流很典型。幼兒也許能理解共時性，亦即理解兩個人是同時開始跑，同時停下來。然而，如果皮亞傑及受試者跑的距離不一樣，幼兒就會把實體長度與時間長度合併起來。時間與空間，速度與距離，全都是一樣的。

從皮亞傑的研究成果就可確知，成人有時稱之的「時間感」其實具有許多面向，不是一次就能全部顯現出來。皮亞傑因此斷定：「時間就像空間，是一點一滴建構而成，還牽涉到複雜周密的關係系統。」此後的數十年，發展心理學者把時間分成好幾個部分，涵蓋了人們對以下現象的理解：時間長度、節奏、順序、時態、時間的單向性。歐柏林學院（Oberlin College）心理學者威廉．傅萊曼（William Friedman）出版的兒童時間感著作幾乎不亞於皮亞傑，他所做的某項實驗，是讓八個月大的嬰兒觀看餅乾掉在地上碎掉的影片。傅萊曼倒帶播放影片的時候，嬰兒會覺得影片更有吸引力，這就表示嬰兒多少能感受到時間之箭，看到奇怪的畫面，也會認得那是奇怪的畫面。

小孩到了三歲或四歲，就會開始懂得辨別事件的先後次序。紐約市立大學心理學者凱瑟琳・尼爾森（Katherine Nelson）發現，這些年紀小小的受試者可以用驚人的精準度回答模糊的問題，例如：「……的時候發生了什麼事？」大多數的人都知道，做餅乾必須先把麵團放到烤箱裡，然後拿出來，最後吃掉成品。讓幼兒看蘋果的圖片，再看刀子的圖片，幼兒在挑選下一張圖片時，就會正確挑出蘋果切片的圖片。

到了四歲左右，對於常見事件持續多久時間，會有一定的理解程度。比如說，看卡通的時間長度超過喝一杯牛奶的時間，晚上睡覺的時間長度又更長了。四歲兒童聽見一個長達十五秒的聲音，可精準重現該段時間長度。然而，過去與未來比較容易混淆不清。兒童到了三歲通常能以正確的時態講話，但可能無法理解「之前」與「之後」的差別，要等到四歲才有能力區別。去問四歲小孩，七週前是什麼時間開始上課，多半會說「早上」，但他們想不起正確的季節。一月的時候去問五歲男孩，聖誕節和他七月的生日，哪一個先到，他可能會說聖誕節。傅萊曼發現，孩子五歲時，過去的事件有如時間之島嶼存在於心中，確實是在那裡，可是彼此之間還沒有關係，或者是屬於群島的一部分。未來事件的景色甚至更是初成形，卻不是無從預知。傅萊曼發現，兒童到了五歲就能理解動物會長大、不會縮小，也能理解一陣風會把一堆整齊的塑膠湯匙給吹散到空中，而風也不會再次把湯匙給疊起來。

心理學者表示，這程度的時間知識多半是學習得來，隨著我們長大進入社會生活而理解漸深。如果給六歲小孩看一組卡片，卡片上面描繪著上學日通常會發生的各種事件，那麼小孩可以按正確的先後次序排列卡片，甚至還懂得顛倒排列。至於一年裡的季節或假日，小孩到了七歲就能正確執行類似的任務，但只能從前面排到後面。如果要顛倒排列時間，例如：「如果現在是八月，而你的時間倒退走，那麼你會先碰到情人節還是復活節？」這起碼要等到十幾歲，才會比較容易排列。傅萊曼認為，這種差異正可呈現出兒童累積的經驗。小孩到了五歲的時候，起床、早餐、午餐、點心、晚餐、講故事、睡覺這類每天要做的事情，已經重複了成百上千次，而碰到月份與假日（亦即彼此截然不同而各有名稱的日子）的次數還是相當少。理解時間，是需要時間的。

我們理解時間的方式左右了我們的時間技能。傅萊曼發現，幼兒之所以很難用顛倒的次序去思考月份與星期幾，其中一個原因在於初期的學習往往採用清單式學習法。我們學習星期幾與月份是一整組學習的，好比說「星期一、星期二、星期三、星期四」，很像是學習字母那樣。「二月和八月哪一個先到？」回答這類問題，只要在心裡把清單依序想一遍就行了（根據研究顯示，幼兒處理這類問題時，往往會動用嘴唇）。我們學習這類清單，是由前而後依序學習；要花上好幾年的時間，等到十幾歲時，才能徹底讓清單項目從模式當中鬆脫開來，用顛倒的次序，學習清單項目之間的關係。文化和語言也具備關鍵作用。有學者研究美國與中國的二年級與四年級學生，對於「十一月的前三個月是哪個月？」這類的問題，中國兒童回答起來比較容易，因為中文的星期和月份都是以數字命名，中文的十一月，在英文是 November。碰到時間順序的問題，美國兒童必須利用他們背誦的清單上的單字，可是對中國學生而言，那算是數學問題，很快就能解決。

盧可威茲是在高三讀到皮亞傑的文章。一九六四年，盧可威茲十三歲，全家從波蘭移民到義大利，再從義大利移民到美國。一家子最後落腳於巴爾的摩，當時盧可威茲不會說英語，他只記得，在美國住的頭幾年有社交困難的情況，不過比起家鄉鄰居那種討厭猶太人的敵對狀況，美國還是好多了。他高三時去當救生員，工作很無聊，但他喜歡站在一段距離外觀看眼前景象的那種感覺。他閱讀皮亞傑的文章，心理學與兒童行為的研究讓他眼界大開。他說，自己得以了解「這一切源自於何方」。

盧可威茲身形高瘦結實，頭髮開始轉成銀白色，講話偶爾會流露出東歐口音。我去他的實驗室拜訪，他不只一次以誠摯口吻大聲說道：「我好愛我的工作！」當時我們加入兩位研究生的行列，他們正在回顧當天稍早實驗時拍攝的影片。顯示器上是八個月大的嬰兒的臉部特寫，他的眼睛睜得大大的。盧可威茲熱切地說：「我們的資料就在那裡，眼睛就是我們的靈魂之窗，我們要做的就是判斷他們在看哪裡。」嬰兒不會說話，卻能憑目光傳達出可量化的度量標準。盧可威茲的實驗依循常見的規範，他會讓嬰兒反覆觀看電腦螢幕上的東西，直到嬰兒失去興致、移開目光為止。研究員會在遠端觀看嬰兒的眼睛，只要嬰兒一望向螢幕，研究員就會按住滑鼠按鈕，等嬰兒移開視線，研究員就會放開滑鼠按鈕。按住按鈕的時間長度，可用來衡量專注力的長短。兒童的專注時間會在三次試驗後調到某個門檻值以下，此時電腦會自動在螢幕上向兒童顯示新的刺激因子。

盧可威茲說：「負責掌控的其實是嬰兒，嬰兒讓我們知道他想看什麼，還給了提示，讓我們知道他的大腦裡發生什麼事。嬰兒傾向於尋找新奇的事物，經常尋覓著新的資訊，搜索著新奇的經驗。我們的任務就是讓嬰兒無聊得要命。我們讓嬰兒反覆觀看同一起事件，然後改變該事件的某個方面，看看嬰兒會不會察覺到變化。如果答案是肯定的，就表示嬰兒習得了原始的事件。我們一直把手指放在按鈕上，藉此衡量嬰兒看了多久時間。做起來很簡單，作用也很大。」

在研究時間感的人員當中，嬰兒是尚未開拓的新領域，傅萊曼說幼兒時期是「有待學生發展認知的荒原」。然而，電腦與眼動追蹤設備面世，讓我們更容易探查得到人生頭幾週與頭幾個月的情況，開始了解人類在進入這個明亮世界時，對時間有什麼樣的認識。比如說，有研究顯示一個月大的嬰兒就能區分音位，以 pat 與 bat 為例，兩者的時間長度僅有兩百分之一秒的差別。另一項研究發現，兩個月大的嬰兒對於句子裡的詞語順序很敏感，反覆對嬰兒播放一個句子，例如「貓會跳長椅」，之後句子突然變成「貓跳會長椅」，此時嬰兒會突然專注起來。盧可威茲逐步向我解說實驗內容，三角形、圓形、方形會逐一從電腦螢幕最上方掉落到最下方，各形狀掉落到最下方時，都會發出獨特的聲音，可能是碰的一聲、嗶的一聲，或是叮的一聲。盧可威茲會讓這三種形狀依特定次序掉落，四至八個月大的受試者會逐漸習慣，失去興致。接著，盧可威茲改用新的次序，形狀聲音相同，只是順序不同，看嬰兒會不會察覺。嬰兒幾乎是次次都察覺到了，盧可威茲認為，這就表示嬰兒善於覺察時間順序。

盧可威茲說：「這方面的文獻其實不多，各種主題的早期認知發展研究都蓬勃發展，但時間還不是其中之一。可是，時間又是這個世界如此基本的特徵。我認為嬰兒所處的時間世界跟大人很不一樣，好想進去嬰兒腦袋裡鑽研一番再出來。」

大學時期，盧可威茲參與研究團隊，研究章魚的性行為，並協助打造世界第一個實驗室水族館，讓水族動物在室內環境存活。研究所時期，他在新生兒加護病房工作，研究病房的二十四小時照明與常態噪音是否會影響新生兒的發展狀況。他想要知道育兒室裡的嬰兒為何有百分之九十都是頭朝右躺（這問題仍舊未決，部分研究人員認為，該現象可能跟人類普遍都是右撇子有關，甚至是促成右撇子的因素）。盧可威茲效法皮亞傑，開始探究人類心智——甚至是心智發展的初期——是如何開始整合那些湧入心智系統的感官資訊。

人類出生後的頭兩個月至三個月之間，算是皮質下的動物。大腦皮質——幾個豐富的神經元外層，協助大腦整理多種感知並為抽象思考與語言奠定基礎——尚未上線，或者尚未開始影響或抑制神經系統的許多基本功能。等到大腦皮質開始運作，嬰兒就會微笑，彷彿終於醒來面對這個世界。盧可威茲說，在那之前，「你會覺得他們好像沒插插頭一樣」。根據盧可威茲早期的一項實驗顯示，新生兒頭幾週對感官世界採取的組織編排方式，不是依照湧入的資訊類型，而是完全依照資訊量。成年人具備這種能力，如果讓成人先觀看各種亮度不一的小型光塊，再聆聽各種音量不一的聲音，那麼成人可根據亮度和音量進行配對，很亮的光配上很大的聲音。盧可威茲發現三週大的嬰兒也能進行類似的連結。

盧可威茲說：「嬰兒出生時就能依照強度與能量高低，憑著十分初步的水準，把聽覺資訊與視覺資訊連結起來，這代表嬰兒有基礎可打造自己的世界，而這種說法也未嘗不可。嬰兒會運用幾種簡單的機制，著手釐清哪個該搭配哪個。」

在研究期間，盧可威茲一度開始思考臉孔的問題。約三十公分外的地方，嬰兒是看不清的，但有個外來物是嬰兒經常看到的，那就是照顧者的臉孔。這張臉孔是複雜的刺激因子，有翕動的嘴唇和不斷轉變的表情，還會製造出不時變化、喋喋不休的聲音。盧可威茲重新探討皮亞傑提出的多重感官統合問題，例如：嬰兒能否感知說話的臉孔是一個完整連貫的物體？那樣的感知是何時及如何開始浮現？是由哪些因素促成？不久，盧可威茲就明白了，說話的臉孔傳達給嬰兒——亦即無法理解詞彙或語言內容的生物——的東西，多半跟時間和時間測定有關。那張臉張開嘴巴，會發出聲音一段時間；那張臉講話講得很快或很慢；那張臉講話或唱歌有節奏，這對嬰兒而言是個強大的工具，能把資訊整理成意義。嬰兒還沒了解「一閃」是什麼用語、什麼意思的時候，早就已經學會了「一閃一閃亮晶晶」的節奏（我那兩個兒子在念托兒所時，很想知道LMNOP這幾個字母要怎麼寫）。最後，嬰兒終於理解了，嘴唇的動作跟聲音是同時發生的。一個講出來的句子含有時間的許多層面，而準備好要學習這些層面的新生兒，已經有了現成的導師凝視著新生兒的臉孔。

有天早上，盧可威茲在辦公室裡抱怨當地的有線電視業者。前一天晚上，他要看紀錄片，可是聲音和畫面不同步，他氣餒不已，只好關掉電視。他氣得說：「等到電視上的人開始說話，聲音都結束了。」盧可威茲那裡的有線電視業者提供的每一個頻道，他碰到的每一位訂戶，偶爾會發生這種事，而這個問題也簡明扼要地呈現他的研究興趣。

時間感有許多面向，最重要的面向也許就是同步，也就是說，我們能夠理解不同的感官資訊流（例如聽到有聲音、看見某人的嘴唇在翕動）是否同時發生，是否屬於同一起事件。我們極其適應同步現象，根據研究顯示，若你在看某人對著你講話的影片，聲音與畫面不同步的狀況只要有區區八十毫秒的差別，也就是不到十分之一秒的差別，你就會留意到不同步的現象。如果音軌比畫面慢四百毫秒（亦即不到半秒），就很難理解畫面上的人在說什麼。

感官的統合發揮絕佳的作用，而心智會努力運作達到目標，這過程往往要犧牲掉嚴格的精準度。根據一九七〇年代的研究，如果你在房間裡的某處看到視覺刺激因子（例如木偶的嘴在動），同時又聽到別處傳出聲音，那麼聲音聽起來會比實際上還要更靠近視覺信號的發生位置。這種現象稱為腹語效應，是不可靠的多重感官統合力量正在運作使然。甚至不需要人發出聲音，只需要幾個平板的音調和襪子娃娃，兩者相隔一段距離，就能引發感官統合。

有個相關的錯覺叫作麥格克效應（McGurk effect），也就是說，如果我們在聽覺上和視覺上同時感知到音節，通常會把兩者混在一起。舉例來說，如果你看到影片上的人說ga，音軌是配上ba的音節，那麼基本上兩個音都聽不到，而是聽到da音。觸碰亦可引發麥格克效應。在加拿大的某項研究，受試者聆聽某人說出以下四個音：送氣音pa和ta，由一股聽不見的氣體產生；不送氣音ba和da。科學家同時把一股氣體吹送到受試者的手部或頸部，受試者會聽到pa，聽不到ba，聽到ta，聽不到da，這情況就好像受試者聽到了送氣的聲音，不是感覺到的。麥格克效應相當一致，研究人員現在想要知道助聽器能否配備氣流感測器，可行的話，聽力障礙者也許能用肌膚來聽聲音。

大腦努力將傳入的資料縫合起來，以連貫的方式呈現這個世界。成人之所以能認出電視上的嗓音和唇形不同步，是因為對嗓音和唇形有大量的經驗，知道兩者往往會協調一致運作，也理解兩者傳達出的詞語與概念。盧可威茲表示，嬰兒不具備那些經驗，也不懂得設想。我們觀看嬰兒凝視著說話者的臉孔，有如看到了人對當下所擁有的各種體會。盧可威茲對此制定研究規範，稱之為說話臉孔實驗（talking face experiment）。

盧可威茲使用辦公室的電腦螢幕，播放女人臉孔的短片給我看。在短片的開頭，那女人的嘴巴緊閉，然後她緩慢又清楚說出ba音，再閉上嘴巴。盧可威茲在四個月至十個月大的嬰兒面前，播放了這部短片。每個嬰兒反覆觀看該部短片，看到注意力渙散，此時影片換了，同一位女人說著同一個音，只是這次聲音和畫面不同步，先是出現ba音，三百六十六毫秒（即三分之一秒）後，她的嘴唇才開始動。對成人而言，不同步的現象十分明顯；可是，嬰兒不會留意到。就算聲音和畫面有半秒之差的不同步狀況，嬰兒也不會發現當中出了差錯。

盧可威茲說：「嬰兒無法理解，只能理解這個。」他再度播放短片給我看，但這次聲音不同步達到三分之二秒（即六百六十六毫秒）的差別。「嘴巴甚至還沒打開，聲音就結束了！」

這段時間即為多重感官時近性空隙（intersensory temporal contiguity window）時段，在這一小段時間內，不同的感官資料會標示成屬於單一事件。在許多方面，這算是不錯的「現在」定義，只不過這個時段的長短，仍視刺激因子與觀察對象而定。就嬰兒而言，觀看說話的臉孔時，「現在」有三分之二秒的長度。不過，盧可威茲發現，如果嬰兒觀看的事件偏向點狀，例如一顆球在螢幕上彈跳，那麼唯有聲音不同步的情況達到三分之一秒的差距，嬰兒才會留意到；嬰兒的「現在」比較小，但在時間長度上顯然比成人還要久，最起碼要統合的感官資料流超過一種時是如此。

盧可威茲說：「我認為嬰兒的世界是比較緩慢的地方。」箇中原因他並不清楚，也許是初期大腦神經元傳遞信號的速度比較慢。初期的神經系統缺乏髓磷脂，髓磷脂是一種充滿脂肪的物質，有包覆及隔絕神經元的作用，還可加快傳導速度。童年時期，髓磷脂會逐漸沉積，整個過程耗時二十年。盧可威茲說：「嬰兒的大腦是比較緩慢的器官，這點自是無庸置疑。可是，站在感知的角度來看，卻很難想出個道理來。說嬰兒的世界比較緩慢，到底是什麼意思？從嬰兒的角度來看，那就是世界罷了。問題在於，嬰兒對自己所處世界的感知，到底會造成什麼樣的結果？」

嬰兒竟能感知同步，這種現象令人詫異。成年人之所以能認出嘴巴和嗓音不同步，是因為成年人對於詞語、唇形、相關的聲音，有一定程度的了解。嬰兒什麼也不懂，沒錯，嬰兒看著說話的臉孔時，很少會看向嘴巴，起碼出生後的頭六個月是如此。盧可威茲發現嬰兒的注意力幾乎都放在眼睛上，唯有到了八個月大左右，才會開始追蹤嘴唇的動作。

那麼，嬰兒是怎麼知道兩種感覺有沒有同步？盧可威茲回想自己的博士研究，其顯示新生兒能夠根據強度，把感覺型態不同的兩項刺激因子——畫面與聲音——有效進行配對。盧可威茲猜想，嬰兒或許是藉由類似的方法留意到同步現象。盧可威茲設計出變化版的說話臉孔實驗，以四個月大的嬰兒為對象，跟義大利帕多瓦大學（University of Padova）的同僚共同進行實驗。嬰兒會看見兩部靜音的影片並列，一部影片顯示猴子的臉孔默默用嘴巴做出O形，彷彿在低聲說著什麼；另一部影片是同一隻猴子，牠伸出下巴，無聲地哼了一聲。若把其中一部影片的猴子聲音大聲放出來，嬰兒會一直對符合聲音的影片更為留意，也就是說，嬰兒會留意猴子嘴唇動作跟音軌同時開始及結束的影片。然後，研究人員進行更基本版的實驗，這回嬰兒不是聽到猴子的叫聲，而是聽到簡單的音頻，該音頻也符合其中一隻猴子的嘴唇動作的時間長度。嬰兒——有些未滿一天大——再次把注意力放在聲音長度相符的影片上。

對盧可威茲而言，前述情況清楚呈現出新生兒對同步的感知，而那感知跟同步的內容其實毫無關係。嬰兒看似具備超級智慧，看似有能力進行猴子臉部與嗓音的配對，實際上只不過有如機械電路。嬰兒會把嗓音的開始與結束、影片的開始與結束進行比對，嬰兒的神經系統純粹是留意兩股能量的開始與停止，就像是注意到光線與噪音同時開啟、同時關閉。如果這兩種活動同時發生，就表示是同一起事件，有點像是拼拼圖時只拼邊緣的幾塊。嬰兒利用同步的性質來確立事件的邊界，並且忽視內部的部分。所謂內部的部分就是可能引起成人有意得知的高等資訊，例如詞語和音位，或對嘴唇動作的基本理解。嬰兒的神經系統與感官系統太不成熟，無法處理這類高等資訊。

盧可威茲說：「就好像嬰兒毫不在乎刺激因子裡頭有什麼，只要提供那些會同時開啟、同時關閉的東西，嬰兒就可以把它們連貫起來。」

回到隔音室，十個月大的亞當有了類似的理解。他看著前面兩台顯示器，影片上各有嘴唇無聲講著不同的獨白。研究員播放其中一部影片的音軌，亞當會望向那個跟音軌同步的嘴唇，而且說也奇怪，次次都是如此。即使噪音和嘴巴無聲的獨白是西班牙話，是亞當家裡不講的語言，亞當也還是做出準確的選擇。有了基本的同步演算法，亦即知道那些同時開始、同時結束的東西是屬於彼此的，那麼就有能力進行噪音與臉孔的配對，不用懂得那噪音在說什麼。

在同步過程中，盧可威茲認為自己已找出嬰兒是運用哪種核心機制開始編排其感官世界。嬰兒出生時，神經系統尚未成熟，也毫無經驗，因而無法汲取高等資訊。可是，嬰兒能夠察覺到不同的感覺型態是何時開啟、何時關閉。我們誕生在這世上，對於猴子毫無所知，卻很清楚此時此刻什麼事正在發生，什麼事停止發生。盧可威茲說：「除非有反證，否則事情都是一起發生。如果一開始就理解這種現象，就表示人生一開始就具備十分強大的工具。這種絕佳的手段有助於進入這個連貫的、多感官的世界。」盧可威茲笑了出來，又說：「嬰兒這方面的表現很差，但還是好過於詹姆斯所說的那種『四處都有東西冒出、嗡嗡作響的混亂場面』。」

也許會有人認為，嬰兒會隨著成長而變得更適應同步，但實際情況並不是全然如此。盧可威茲發現，在實驗室裡，八至十個月人的嬰兒再也無法區分低聲與發出哼聲的猴子臉孔有何差異，嬰兒努力比對猴子的嗓音與臉孔，配對的結果卻沒有好過於亂猜。然而，嬰兒還是能精準配對出人類的嗓音與對應的人類唇形。感官系統繼續發展，猶如從漏斗轉型成篩子，在選擇要處理的內容時，變得更挑剔了，這種現象稱為知覺窄化（perceptual narrowing）。

盧可威茲說：「嬰兒在發展初期對這世界的適應範圍廣泛多了。嬰兒有個簡單的儀器會說：『如果事情是一起發生的，就要把它們放在一起。』嬰兒會開始把聽覺資訊、觸覺資訊、視覺資訊給連結起來，但因為是只以能量作為依據，肯定會犯錯。嬰兒會把猴子臉孔與猴子聲音連結在一起。因為嬰兒能察覺到一會兒大、一會兒小的嘴巴，能察覺到聲音的開始與結束，所以會把嘴巴和聲音連結在一起，不會在意物種正不正確。」不久，嬰兒就會獲得特定臉孔與嗓音的應用知識，更重要的是，嬰兒會懂得哪些臉孔要留意，哪些臉孔可忽視。經驗扮演的角色更為重要。由於嬰兒很少會每天看到猴臉，因此神經元成長並適應那些實際上很重要的資訊後，對於有細微差異的臉孔，其理解能力會停止發展。

基於類似的理由，嬰兒對於外國語言的敏感度，也會隨著成長而減弱。盧可威茲讓英語和西班牙語的雙語家庭嬰兒觀看兩台相鄰的顯示器：一台是女人的嘴唇緩慢無聲發出ba音，一台是女人無聲發出 va音。接著，兩張臉孔由旋轉的球取而代之，前述兩個音的其中一個音會緩慢又大聲播放幾次。聲音停止時，兩張臉再度出現，此時研究人員會判定嬰兒注意的是哪一張臉。六個月大的嬰兒無論母語是哪種語言，他們一律會注意那個正確符合音節的唇形。不過，西班牙語家庭的嬰兒到了十一個月大，就會失去精準度，表現的結果沒有好過於亂猜，原因在於西班牙語的 va音和 ba音是相同的，vaca（意思是「牛」）這個字的發音是 baca。西班牙語家庭的嬰兒變得無法區分兩個音的差別，雙語家庭的嬰兒還是能區分兩者的不同。

我們在母語環境變得越是流利，對外語就越是不敏感。根據研究顯示，在辨識臉孔方面，年幼的白人嬰兒對白人臉孔和亞洲人臉孔都有同等的辨識率。然而，到了一歲大，對於個別的非白人臉孔，辨識率就下降了。保加利亞的音樂節拍比西方音樂還要複雜，保加利亞的嬰兒長大成人，能夠辨別節奏的細微差異；可是，如果是一歲後才首次聽到那種複雜的節拍，就一輩子都聽不出差異。

複雜的軟體程式通常是建構於簡單的軟體程式上，這類簡單的程式稱為核心程式，處理了大部分的基本演算法。視聽同步的理解能力有如核心程式，可讓新生兒的神經網絡開始對紛亂的感官資料進行編排，無需顧及資料內容。嬰兒不需要先具備知識或經驗，只要有能力量測相關刺激量即可。以此作為基礎，就能開始處理當中的含義，也就是說，嬰兒能夠應付那些相互矛盾的資訊，還能辨別哪些感官資訊是第一優先。

盧可威茲不願把這種能力說成是天生。發展心理學有個主流派別主張人類天生就能理解因果、重力、空間關係等核心概念，而前述能力是人類經天擇後獲得，可能是奠基於人類基因的某處。然而，盧可威茲及多位同僚都認為，這個主張含糊不清又過度簡化。還有很多更有趣的研究問題或許正等著我們提出，要是援引遺傳學，就等同於終結對話交流。盧可威茲說：「那有如魔術盒，有如生機論捲土重來。」

盧可威茲認為，人類是永遠處於發展狀態的一種生物。我們是時間裡的存在。嬰兒天生就具備許多基本行為，吸吮的能力即是其一，但不久過後，這些基本能力就會讓位給其他更先進的行為。這些基本行為是個體發育時的適應行為，用於滿足最初的目的，然後就會逐漸淡去。嬰兒的同步雷達就屬於此類，同步雷達推動新生兒的感官系統開始運作，但過不了多久，現實世界經驗衍生出的層級更高的處理程序就會取而代之。

基於同樣的度量標準，誕生並沒有什麼生理上的奇妙可言。新生兒只不過就是幾天前、幾週前才存在的生物的最新肉體，發育不完全，之前還待在黑暗的子宮裡。根據研究顯示，誕生才幾小時的新生兒顯然喜歡母親的嗓音甚於陌生人。我們可以斷定，這樣的偏好是刻印在基因裡，是天生的，然後我們可以為此想出一個演化上的因素（例如，天擇機制或許就是喜歡那種能立刻認出母親的嬰兒）。不過，這種語言上的連結其實是在子宮裡打造而成，是藉由經驗獲得。有好幾位研究人員已證明胎兒的聽覺在妊娠晚期即具備功能，胎兒從過濾進來的聲音當中，學到了外頭世界的許多事情。有一項典型的研究發現，胎兒聽到母親讀詩的錄音帶，心跳率會加快；聽到陌生女性讀同一首詩，心跳率會減慢。法國新生兒能明確區分法語、荷語或德語講的同一個故事，即使不理解任何詞語也沒妨礙。另一項研究發現，法國嬰兒與德國嬰兒才兩天大，哭聲所透露出的獨特旋律就反映出母親的母語，這些嬰兒正在模仿自己在子宮裡聽到的聲音。

就這點而言，人類並非獨一無二。綿羊、大鼠、某些鳥類，還有其他動物，在子宮裡或蛋裡的時候就有了聽力。澳洲細尾鷯鶯在鳥蛋孵化前幾天，就會開始對著自己下的蛋鳴叫。雌親鳥正在把獨特的乞食叫聲唱給未出生的小鳥聽，每個鳥巢都有各自的乞食叫聲。小鳥孵化後若能模仿叫聲，就比較有可能獲得親鳥餵食。那叫聲猶如口令，雌親鳥得以辨別自己的小鳥與入侵鳥巢的杜鵑。

在盧可威茲的眼裡，看似與生俱來之物，只不過是另一個有待解決的謎團。「你看到的是某種認知或感知技能出現了，可是對我而言，問題並不是這類技能存不存在，而是『這類技能是怎麼成功展現出來的？是什麼時候出現的？』如果你問我嬰兒能不能感知時間，我的答案是肯定的，但終究還是要看你對時間的定義是什麼。嬰兒對於有組織的時間型資訊很敏感嗎？沒錯，但重點在於什麼時候才真正開始？」

如果以說話臉孔為主題擬定研究路線看似古怪的話，請再三思，新生兒出生後的幾個月期間，其感知世界幾乎全由說話的臉孔建構而成。在妊娠晚期，胎兒的感官世界僅限於觸碰與聲音。出生後，就有了光線與動作這兩個有待統合的新面向。在這個新世界裡，新生兒面對的多半是家長說的話。對新生兒而言，詞語本身不具意義，但大聲說出來，就有了線索，可弄清楚景象和聲音是怎麼搭配在一起。新生兒聽到語言的時候，掌握同步化，學習超越的方法。根據無數的研究顯示，如果視覺刺激因子伴隨聽覺刺激因子，嬰兒會對視覺刺激因子回以更強烈的反應，反之亦然。多餘的訊息形成顯著的現象，顯著的現象促成理解。

盧可威茲說，想像一下，你人在吵鬧的雞尾酒派對上，有人對你說話，你沒聽清楚，但只要觀察對方的唇形，就比較可能了解對方說了什麼。對嬰兒而言，說話的臉孔就是多餘的訊息。我們緩慢說話，切分句子裡的訊息，以輕快的語氣強調重點。例如：「這是……

你的……酒……」唇形符合嗓音，就連喉結也適時上下移動。盧可威茲表示：「我們利用節奏、韻律、所有的線索，讓嬰兒學到這些事情全都是一起發生的，同時也對這世界多了一層了解。看吧！你有了設計完美的系統，可以教嬰兒怎麼講話。」

此外，還有個系統可讓嬰兒學習時間的基本面向。時間感涵蓋許多東西，比如說，對於順序、時態、時間長度、新奇、同步等現象的感知。然而，總體上，時間是一件東西，是時鐘之間的交流對話。不管是腕表、細胞、蛋白質，還是人，無一例外。那麼，除了看到信號發送出來以外，嬰兒還有別的方法能了解同步現象嗎？最起碼對新人類而言，時間是始於一個詞語。

時間飛逝

IV

要麼是井深得要命，要麼是她掉得很慢，因為她往下掉的時候，還有充裕的時間環顧四周，猜想著接下來會發生什麼事。

——路易斯．卡洛爾（Lewis Carroll）
《愛麗絲夢遊仙境》（Alice in Wonderland）

今年就跟往年一樣，飛逝而過。現在還是七月，也許是四月吧，也許甚至不到二月，心思卻已經衝到前頭，思量著九月的事，到時要再度認真開始教課或工作，這麼一想，好似中間那幾週夏季已經發生；也許是六月，那時會覺得春天一眨眼就過了。從那裡開始，心理上猶如搭乘短程飛機，飛到隔年一月。一月的時候，總是會反省著飛逝的一年，快速算一下，就能算出有這種想法的一月總共有多少個，五個、十個，好多個，細節都忘得一乾二淨，如今都歸在某個泛泛的類別，比如說：「我二十幾歲的時候」、「我們住在紐約的那幾年」、「我們小孩還沒出生的時候」。接著，青春好像也飛走了。或者說，如果青春尚未飛走，還是很容易就能想像到自己在未來某個時間點會覺得青春早就飛走了。

時間何以飛逝？我們全都對此發表看法，多少世紀以來皆是如此。古羅馬詩人維吉爾（Virgil）寫道：「Fugit irreparabile tempus」，意思是「時間逃逸無蹤，再也不回頭」。十四世紀晚期，喬叟（Chaucer）在《坎特伯雷故事集》（*The Canterbury Tales*）寫道：「時間飛逝，誰也不等。」十八世紀與十九世紀，美國的一些評論家也說出了這樣的話：「時間焦急振翅，迅速飛離。」「時間快速拍翅，往前飛去。」「可惜時間有鷹翅，振翅疾飛。」「時間飛逝，永恆在召喚。」早在英語還沒誕生前，時間與潮汐向來就不等人。蘇珊與我婚後不久，岳父老是會彈個手指，以苦樂參半的語氣這麼說：「第一個二十年，這樣就沒了！」十二年後，岳父話裡的意思，我想自己是明白了。有一天，約書亞嘆了好大一口氣，大聲說：「還記得當年多好啊。」約書亞還不到五歲呢（在約書亞的眼裡，當年的好日子就是他幾個月前吃過的巧克力杯子蛋糕）。最近我常想到飛逝的時間，頻繁得連自己都感到訝異。「時間過得好快」這句話，不久之前，我是很少說的。可是，當我回想過去的生活，再跟現在的生活做比較，卻赫然明白實際上已經過了多少年，然後「時間過得好快」這句話又從我的口中冒了出來。時間到底去了哪裡？

當然，飛逝而去的，不只是年而已，天、小時、分鐘、秒鐘也會飛逝而去，只是不一定乘著相同的翅膀。短以分鐘計、長以小時計的時段，短則數秒、長則一兩分鐘的時段，大腦對兩者的處理方式並不相同。當你回想過去，估算著去一趟超市要多長時間，當你自問剛才看一小時電視節目，那段時間過得比平常快還是慢，前述這兩種情況運用的心理過程，不同於以下兩種情況：你覺得紅燈太久，研究員請你看電腦螢幕上的圖像並估算圖像停留在畫面上多少秒。至於年，又是另一回事了，容我稍後再提。

英格蘭的斯塔福郡基爾大學（Keele University）心理學者約翰．韋爾登（John Wearden）對我說，時間飛逝的確切原因「要看你所指的是哪一種時間」。過去三十年來，韋爾登一直致力界定及解釋人類與時間的關係。二〇一六年，韋爾登出版《時間感心理學》（*The Psychology of Time Perception*），以簡單易懂的用語講述該領域的概觀與歷史。有天晚上，我打電話給他，他正好在家，準備要看足球冠軍賽。我先是道歉，打擾了他。他回答：「沒問題，老實說，我的時間也沒那麼寶貴。我想要假裝自己忙死了，但我只是在等足球賽開始而已。」

韋爾登的話提醒了我，我們會直接感知光線或聲音，卻無法直接感知時間。我們感知光線是經由視網膜裡的特殊細胞，特殊細胞受到光子刺激，觸發神經信號，信號隨即立刻抵達大腦。耳內的纖毛會偵測到音波，將振動轉譯成電子信號，大腦再把電子信號理解成聲音。然而，我們沒有專門的受體可接收時間。韋爾登說：「在心理學領域，時間專用器官的問題可說是多年未解的難題。」

時間是通常間接藉由時間包含的東西來到我們眼前。一九七三年，心理學者吉伯森（J. J. Gibson）寫道：「我們可感知事件，無法感知時間。」這句話成了許多時間研究員的根基。吉伯森的意思大致是指時間不是一件東西，而是穿越東西而過；時間不是名詞，是動詞。我能夠描述去迪士尼樂園遊玩的旅行，有米奇，有太空山，我搭乘的飛機舷窗外底下遠處有雲朵。就算是在旅行期間，我還是能夠意識到該趟旅行。然而，「旅行」要是少了景點、活動、想法，我就無法經驗到旅行，也無法跟那趟旅行產生共鳴。「閱讀」要是少了文字，少了你讀文字的進度，那閱讀就不是閱讀了。我們只是用時間來描述自身經歷的事件與感覺。

吉伯森的構想跟奧古斯丁相去不遠。奧古斯丁寫道：「有人會嚷著說時間是客觀的存在，別用這種說法打擾我。我估量的是逝去的現象在心中留存的印象，現象都已經逝去卻還徘徊不去。我估量的時候，是將其視之為當下的現實，不是視之為逝去了還留下印象的現象。印象本身就是我量測時段長短時所量測到的東西。」我們不會經歷「時間」，只會經歷到時間正在逝去。

承認時間的流逝並標示出來，就等同於承認變化，承認周遭環境的變化，承認情勢的變化，甚至正如威廉．詹姆斯所言，思緒的內在風景的變化。**如今事情已不若以往**。進入**現在**感，就會稍微覺察到**往日**。若要比較今與昔，就必須有回憶。如果你想起了時間之前的速度，那麼時間只能是用飛的，或用爬的，或用跳的。比如說：「那部電影的長度比我看過的其他電影還要長多了。」「晚餐派對一下子就過了，我記得自己是兩小時前看時間的，之後就沒在注意時間了。」若說時間是一樣東西，那麼時間就是你對其他事物的回憶所留下的蹤跡。

韋爾登說：「大家都有過這種經驗吧，全神貫注看書，然後抬頭看牆上的時鐘，驚訝地說：『已經十點了？』我過去以為人在時段之內可估量時間感，可是顯是不行了，畢竟你沒有那樣的感覺，那種說法也純粹是推斷。因此，每件事才變得複雜起來。我們談及時間流逝的感覺，但這些時間上的判斷往往奠基於推斷，不是奠基於直接的經驗。」

沒錯，當我們說出「時間怎麼過得這麼快」，言下之意其實往往是指「我不記得時間去了哪裡」或「我忘了時間」。這樣的經驗最常出現在我在熟悉的路上開了好長一段距離，尤其是開夜車的時候。我沉浸在思緒當中，或許會跟著收音機一起唱歌，卻也會小心駕駛。我觀察道路情況，注意到里程標示牌逐一出現在車頭燈下，然後在後照鏡裡接連後退消失。可是，等我到了交流道出口，卻很訝異自己竟然已經開完了這段路程，想不起來自己究竟是轉了哪些彎才到達這裡。這麼一想，就不安起來。難道我一直沒在留意嗎？顯然我一定是留意了，要不然我現在就活不成了。那麼，我到底是怎麼到這裡的？時間到底去了哪裡？

關於這一點，當我們說「我忘了時間」，話裡的意思通常是指我們一開始就沒把時間記在心上。韋爾登進行的一項研究證實了這個現象，他對兩百名大學生進行問卷調查，請大學生描述哪些情況會覺得時間過得比平常還要快或還要慢。韋爾登也請他們詳細描述當時他們在做什麼，回想他們在時間變快或變慢的那一刻留意到什麼，還請他們寫下當時服用的藥物（若有的話）。那些大學生的回答如下：

我跟朋友出門喝酒或喝可樂，時間就過得很快。跳舞，聊天，然後就凌晨三點了。

飲用酒精飲料似乎會導致時間變快，原因可能在於人們同時在社交，於是覺得好玩。

整體來說，韋爾登發現大學生體驗到時間變快的次數多過於時間變慢。無論是哪一種的時間失真，只要受到酒精或毒品的影響，受試者發生時間失真的可能性就會達到三分之二。酒精和古柯鹼似乎有助於時間飛逝的現象，大麻和搖頭丸導致時間加速、時間減速的現象，則是各有一半機率。若受試者很忙碌、開心、專注、社交（常會喝酒），時間就會變快；若受試者在工作，或覺得無聊、疲累、悲傷，時間就會變慢。有個現象很顯著，許多受試者都說，要等到某種外在標誌（例如日出、看一下時鐘、酒吧打烊前的最後一輪點單）顯現出實際時間，他們才會感受到時間飛逝。在標誌出現之前，他們通常根本察覺不到時間。正如某位受試者所言：「只有我待的酒吧開始關門，或附近有人讓我意識到當時是幾點，我才會察覺到時間。」

時間飛逝（最起碼在分鐘至小時的尺度上，時間是飛逝的），背後的原因簡單易懂，幾乎稱得上是循環論證。時間之所以飛逝，是因為你不會經常看時鐘。後來，你才會發現，上次想到時間，已經是兩小時前的事了；你意識到兩小時是相當長的一段時間，可是這兩小時的每一分鐘，你既沒有製成表格也沒記在心裡，於是就從大量的伴隨事件來推斷時間已快速流逝。正如韋爾登的其中一位受試者所言：「晚上出門玩，凌晨三點左右結束，然後跟兩個朋友服用古柯鹼，坐在朋友屋裡，突然間就早上七點了，所以時間比我以為的還要快。」

前述的經驗無異於我們早上醒來或做白日夢的經驗。保羅・弗雷斯在《時間心理學》寫道：「某個偶然的想法充滿我們整個意識，唯有等到時鐘在遠處響著的時候，我們才驚覺到現在已經三更半夜或日上三竿。我們一直沒有意識到那段時間。」弗雷斯又說，基於這種原因，很多人會覺得單調枯燥的工作其實很快就過了。你覺得無聊，就會一直想著時間，甚至看表，可是做白日夢的話，就不會想著時間了。一九五二年，賓州大學工業心理學者莫里斯．魏特爾（Morris Viteles）進行的研究顯示，在那些從事看似單調作業的工人當中，只有百分之二十五會實際經歷這種現象（魏特爾的成就斐然，他制定「魏特爾駕駛員選拔測驗」，協助密爾瓦基電氣化鐵路公司雇用最優良的電車司機。還撰寫《工作的科學》〔*The Science of Work*〕和《產業動機與士氣》〔*Motivation and Morale in Industry*〕，也曾經發表名為「機器與單調」〔Machines and Monotony〕的演講）。

韋爾登還發現，一段時間是否飛逝，端賴於你是**何時**想到時間飛逝一事。是事後回想？還是正在經歷的時候？時間匍匐而行，有時是過去式，有時是現在式。若是正在塞車的車陣裡，或是在晚餐派對上，就會覺得塞車或派對漫長得永無終止，之後可能就會以這樣的感覺記住該次的經驗。韋爾登說，可是在那個當下，人們很少感覺到時間飛逝。實際上，就定義來看，時間之所以飛逝，是因為你目前沒把時間記在心上。從頭到尾看完一整部電影，心想：「哇，這部電影真的過得很快！」你上次有這種經驗是看了什麼電影？實際上，要麼你無聊得一直看手表，要麼沉浸在電影中，沒意識到時間。韋爾登召開會議及研討會時，喜歡問心理學同僚，他們有沒有過時間變快的經驗，或者他們認識的人有沒有過這樣的經驗。答案一律是否定的。

韋爾登說：「幾杯啤酒下肚以後，在場的心理學者一致認為，時間變快的經驗十分罕見，可以說是不存在。還處於時間裡頭，就無法快轉時間。」你覺得開心的時候，時間並不會飛逝；唯有開心的時間結束了，才會發現時間飛逝。

「爸爸，計時器要設定！」

約書亞閒晃到廚房，當時我正在廚房煮早上的咖啡。約書亞和李奧都是兩歲，懂得使用語言的力量，老是相互告狀，比如說：「他有那個東西，為什麼我沒有？不公平。」兩個都想要維護新生的自我所具備的權利，只有完美的均等，天下才能太平。蘇珊和我已經制定了輪流的原則，不久我們教授了時間感的基本課程，沒拿東西的人老是會覺得拿著東西的人拿得比較久。在旁觀者——而非持有者——的眼裡，時間好久。

於是，我訴諸於時鐘，使用那種扭轉就能設定的雞蛋計時器，每一秒鐘都會發出滴答聲，時間到了，小鈴就會響。兩個孩子都很喜歡計時器，既不是武斷霸道的裁判，也不是鬍子刮到一半的急躁大人，更不可能會專心讀著新聞報導。客觀的計時器好神奇，他們經常叫我去用計時器，好平息他們的紛爭。不過，時間一久，連這一招也漸漸對他們沒用了。約書亞開始會抓住計時器扭轉，讓計時器響起來，一而再、再而三，彷彿這樣就會讓李奧輪到的時間結束，讓李奧不得不交出那個東西。假如時間會讓步，那麼時間肯定會在他的意志下讓步。

我通常會把計時器設成兩分鐘，可是有一天，蘇珊設成四分鐘，好讓我們有時間跟人講電話。說也奇怪，快到兩分鐘的時候，約書亞進來，一臉煩惱，說：「為什麼計時器還沒響？」顯而易見，他養成了輪流兩分鐘的習慣，記住了這段時間，我成功讓他理解時間了。蘇珊說：「他們學習時間的方式，就好像學習語言一樣。」蘇珊說的沒錯，而身為家長的我們還沒能充分體會。不過，學習時間的過程也更為複雜。兒童顯然已經具備某種計時器，是新生版的時鐘，會讓人在等紅燈的時候，在火車月台上的時候，變得不耐煩，會讓人確信現在應該要輪到自己了。我能夠讓自己的小孩理解時間，前提在於他們已經具備某種方法可理解時間。

一九三二年，哈德森．霍蘭德（Hudson Hoagland）去了藥局。霍蘭德是波士頓地區頗受敬重的生理學者，專門研究荷爾蒙對大腦的影響。他曾經任教於塔夫斯醫學院（Tufts Medical School）、波士頓大學、哈佛，並奠定避孕藥的研發基礎。一九二〇年代，霍蘭德曾經一度調查上流社會的靈媒瑪潔麗（Margery），瑪潔麗最後是脫逃大師胡迪尼（H. Houdini）揭穿。回到正題，此時霍蘭德正在買阿司匹靈，他妻子得了流感，體溫高達四十度，在家休息，就請他去一趟藥房。

這一趟花了他二十分鐘，可是等他回家，妻子堅稱他去的時間比二十分鐘還要久多了。霍蘭德好奇起來。他請她數六十秒，他用碼表計時。她是音樂家，受過訓練，很清楚一秒鐘應該有多久。不過，她只用三十八秒就數完六十秒。接下來的幾天，他反覆實驗約二十四次，結果發現她身體康復，體溫恢復正常後，秒數的計算也跟著變慢，回到正軌了。幾年後，霍蘭德在期刊文章表示：「她體溫高的時候，會不自覺數得比較快。」他以發燒的受試者為實驗對象，或者以人工方式提高受試者的體溫，反覆進行實驗，都得到類似的結果。受試者彷彿有個內在時鐘，時鐘溫度升高，滴答響的速度也會跟著變快。受試者沒有感覺到時間飛逝，可是實驗一結束，看了牆上時鐘，才發現流逝的時間比他們以為的還要少，他們對此都深感訝異。霍蘭德寫道：「如果一切照常，那麼發燒的時候，我們可能會提早赴約。」

霍蘭德的研究結果，促使其他研究員著手進行韋爾登在某篇回顧型論文所說的「嚴肅的心理學若干最怪誕的實驗操弄」。研究員安排受試者待在有暖氣的房間，提供運動服給受試者穿上，或者提供特殊頭盔，讓受試者頭部的溫度變暖，然後請受試者在三十秒的時段到了的時候敲打示意，或者調整節拍器的速度（例如每秒四拍），或者在四分鐘、九分鐘或十三分鐘到了的時候回報。在某項實驗，受試者要在一缸水裡踩健身車，同時接受時間測定的測試。霍蘭德在一九六六年的期刊文章檢討了自己原本的研究發現，以及後續的一些學術研究，據此提出了生理上的解釋。霍蘭德寫道：「基本上，人類的時間感端賴於部分大腦細胞的氧化代謝速度。」

霍蘭德提出的解釋還站不住腳（至於他是否確切知道自己在說什麼，我們並不清楚），但此後一般主體受到的關注日益增加。時間具備許多面向，目前研究最多的主題是人對時間長度的理解程度，也就是說，人有多少能力去估算某個時段是多長，通常是指短至幾秒、長至數分鐘的短暫時段。這就是一個片刻接著一個片刻的經驗範疇，在這樣的經驗中，我們計畫、估算、決策，我們做著白日夢，變得不耐煩或覺得無聊。如果你等個紅燈就焦躁不安，如果你確定弟弟拿著那東西的時間久到不公平，就氣了起來，那就表示你正在經歷這段時間。我們的社交互動多半呈現在這些微小的時段，還依賴敏銳的時段測定感。真誠的微笑往往會比勉強的微笑更快開始及結束，時間測定的差異雖十分細微，卻足以引人留意，觀者通常能分辨真實的事物與虛假的事物。

一百多年來，研究員意識到人們會在經歷時間時塑造時間的樣貌。時間會變快還是變慢，要看你是快樂、悲傷、生氣，還是不安，是充滿恐懼還是充滿期待，是正在演奏音樂還是聆聽音樂。根據一九二五年的研究結果，話語的速度在說話者的耳裡會比聽者聽到的還要快。研究員在討論「時間感」的時候，所指的時間只不過是幾秒鐘或幾分鐘的時間。

說來碰巧，如果幼兒有能力知道兩分鐘已經到了，就表示能跟動物王國裡大多數的動物匹敵。一九三〇年代，俄國生理學者伊凡．巴甫洛夫（Ivan Pavlov）的研究顯示，狗是短時段的專家。巴甫洛夫之所以出名，主要是因為證明了以下現象：如果狗吃東西時聽到鈴聲，就能訓練成光聽到鈴響就分泌唾液，此反應稱為制約反應（conditioned response）。巴甫洛夫證明了狗經過制約後，就能像習慣鈴聲那樣，習慣固定的時段。如果每三十分鐘就餵狗吃東西，訓練到最後，每當三十分鐘的時段即將結束，狗就會開始分泌唾液，即使沒有獲得食物，也會分泌唾液。狗已經把那段時間給內在化了，不知怎的就會數著時間，期待時間一結束就會獲得獎賞。狗擁有類人的期望，這些期望可以量化及擷取。

實驗室大鼠也展現出類似的能力。假設訓練大鼠的方式如下：開燈來標示時段的開始，大鼠等待十分鐘再按下控制桿，就能獲得食物獎賞。重複這個過程數次。接下來，開燈，無論大鼠有多常按下控制桿，就是不給食物。大鼠的反應會維持一致，也就是在十分鐘快到的時候開始按下控制桿，滿十分鐘的時候按得最為頻繁，接著不久之後就放棄了。大鼠就跟狗一樣，把期望建構在時段上，而時段結束，期望落空，也懂得不要再做出反應。大鼠會依不同的時段展現出預期行為。一般來說，無論制約時間是五分鐘、十分鐘，還是三十分鐘，大鼠開始按下及停止按下控制桿的時機，整體上估該時段的百分之十。時段若為三十秒，大鼠會在時段開始的三秒前按下控制桿，在時段結束的三秒後停止按下控制桿；時段若為六十秒，就會提早六秒開始按下控制桿。一九七七年，哥倫比亞大學數學物理學者約翰·吉本（John Gibbon）在一篇極具影響力的論文中，將這種制約關係整理成系統化的論述，並解釋何謂「純量期望理論」（Scalar Expectancy Theory，亦稱「純量計時理論」）。該理論有時稱為S.E.T.（念成set），基本上就是一組公式，可證明動物期望值——即反應率——會在制約時間即將結束時增加，而且會視時段的總長度而定。如今，凡是試圖解釋動物如何受時段的制約，就必須說明這種尺度的恆常性。

大鼠還能展現出其他不可思議的時間測定技藝。把大鼠放在迷宮裡，裡頭有兩條路徑通往一塊起司，大鼠很快就學會了最短路徑和最快路徑。如果兩條路線是等距離，都有暫停區，大鼠到暫停區，分別要等待六分鐘和等待一分鐘，那麼大鼠很快就學會選擇那條最少時間能吃到食物的路徑。大鼠能夠區分時段，憑直覺知道多久就算是浪費時間。

鴨子、鴿子、兔子、魚也具備類似的能力（吉本研究的對象是椋鳥）。二〇〇六年，愛丁堡大學的生物學者證明了野外的蜂鳥具備時間測定的能力。研究人員擺放了八個花朵形的餵鳥器，裡頭盛滿糖水，其中四個每十分鐘就要重新裝滿，其餘四個每二十分鐘就要重新裝滿。蜂鳥——在花形餵鳥器周圍劃定領域的三隻雄鳥——很快就學會了兩種重新裝滿的速率，心中有所預期。蜂鳥造訪十分鐘餵食器的時間點會比二十分鐘餵食器還要早多了，二十分鐘還沒到以前，蜂鳥會主動避開二十分鐘餵食器，然後在各個餵食器即將重裝前，造訪全部的餵食器。蜂鳥還具備另一種不可思議的能力，蜂鳥記得之前花朵是在哪裡，最常去哪些花朵，很少會把時機浪費在空了的花朵上。要在真正的野花叢間採集花蜜，蜂鳥必須記住各種花卉的所在地，學習花蜜重新分泌的速率（視一天的不同時刻而定），計算出穿越花叢的理想路徑，努力在競爭對手抵達花朵前先到一步，但又不至於到得太早。即使是在豐饒的原野，時間也至關重要，而蜂鳥會努力充分利用時間。

當然，充分利用時間是人類一直在做的事情，橫跨秒鐘與分鐘，有時是有意識，有時是無意識。如果我跑起來，搭不搭得上那輛即將離開月台的火車？這排的結帳隊伍會不會要等太久？我應該在哪個時間點移到另一排的隊伍？做出這類的決定，必須要有某種方法可量測這些短時段，並且相互比較。看似複雜的行為，在動物王國裡卻顯然十分基本，大腦不比豌豆大的生物也能辦到，這種情況在在強烈顯示著大腦裡有某種測定時間的裝置——既基本又原始的裝置。

二十世紀的大半時候，時間測定與時間感的研究約略分成兩個派別，如果不是對方派別的存在，這兩個派別多半沒有意識到對方派別的作用。其中一派集中在歐洲地區，主要牽涉到時間的存在經驗，並且將哲學解譯成心理學。十九世紀，專注於心理物理學的德國實驗人員把時間當成真實之物；馬赫（Ernst Mach）想知道人類有沒有獨特的受體——或許是在耳朵裡——能辨別時間。一八九一年，法國哲學家居約（Jean-Marie Guyau）發表一篇極具影響力的文章，題目是〈論時間概念起源〉（On the Origin of the Idea of Time），他駁斥時間客觀論，提出很現代也很奧古斯丁的一種概念——時間只存在於心智裡。居約寫道：「時間不是一種境況，時間是意識產生的簡單產品。時間不是我們在事件上施加的先驗形式。就我所見，時間不過就是一種系統化的趨勢，由心理表徵建構而成；記憶不過就是一種技巧，用以召喚及編排這些心理表徵。」簡而言之，時間是辨別記憶所用的系統。

後續研究人員對於 Zeitsein（即「時間感」）不再感興趣，轉而開始探討及記錄諸多誤導時間感的方式。戊巴比妥、笑氣等藥物會導致受試者低估時段的長度，咖啡因和安非他命會導致受試者高估時段的長度。在時間長度相同的情況下，我們會覺得高音比低音還要久。「充實的」時間在感覺上會比「空虛的」時間還要短，解決重組字問題或顛倒列印字母所需的二十六秒，感覺上會比休息、什麼都不做的二十六秒還要短暫。皮亞傑是研究兒童如何感知時間的首批科學家，還證明了人類的時間感會隨著時間的推移而逐漸成長。

一九六三年，法國心理學者保羅．弗雷斯出版《時間心理學》，摘述一百多年來的時間研究，弗雷斯自己的研究也涵蓋在內。該書如百科全書般無所不包，把一直以來與眾不同的這門研究領域整理成系統化的論述。該書在所屬領域的影響力之大，堪比詹姆斯的《心理學原理》。杜克大學認知神經學者沃倫．梅克對我說：「當時的研究生選擇博士論文主題時，都受到該書莫大的影響。那是美好的舊日時光，在那個時候，寫書還是意義重大，最起碼科學界是這樣。」

與此同時，美國有另外一群科學家──包括年輕的梅克在內──從另一個方向研究時間測定，他們起初並沒有意識到這點。如今，在時段測定的研究領域，梅克有如資深政治家，而近年來他以一組核心概念為號召，努力重振該領域。梅克對我說：「我就像是努力把一堆貓趕到同一個地方。」

梅克在賓州東部的農場長大，喜歡說自己還是個農夫，卻也僅止於口頭上，他一生大部分的時間都待在實驗室裡，從事大鼠和小鼠的飼養、管理、實驗。他大學頭兩年就讀賓州州立大學的一間分校，恰好跟他就讀的高中僅有一條高速公路之隔。然後，他轉到加州大學聖地牙哥分校，在操作制約實驗室擔任研究助理，研究鴿子。一九七〇年代，動物學習與制約的主流仍是行為學派，這門學派在史金納（B. F. Skinner）的推廣下，在美國普及起來。行為學派嚴密控制動物在實驗室裡的行為，藉此努力了解動物如何學習。這類科學家對認知心理學與社會心理學沒什麼興趣，只把動物受試者視為可走動的機器。巴甫洛夫證明動物對不同時段的學習能力是制約過程的核心所在，但行為學派往往認為時段測定是為達目標而採取的一種手段，本身並不值得研究。

就梅克的記憶所及，加州大學聖地牙哥分校的實驗室裡頭有一堆中繼線路連過來連過去，像是接線員的指揮室。這類實驗室採用的技術多半很原始，必須同時間控制所有的箱子。制約過程多半是訓練鴿子在各種時段之間做出選擇，藉此強化制約反應。如果鴿子看到反應鍵呈現特定的顏色，等二十秒再啄反應鍵，那麼也許能獲得穀物。梅克說：「固定的時段，變動的時段……當時我們認為動物的行為就像是小時鐘。」梅克的同僚想要得知哪些東西能讓動物學習，「不過，大腦裡到底有什麼東西促成動物的行為，是我一直很感興趣的主題。這個問題並不是史金納的行為學派會問的問題。」

梅克前往布朗大學，跟知名的實驗心理學者羅素．邱奇（Russell Church）一起投入研究，邱奇經常跟純量期望理論創始人約翰．吉本共同合作。當時，吉本全心全力關注時間測定，亟欲得知哪種認知過程會讓動物懂得分辨短時段。一九八四年，前述三名研究員共同發表〈記憶裡的純量計時〉（Scalar Timing in Memory），該篇原創論文進一步闡述吉本在一九七七年發表的論文，並且針對引發動物時間測定行為的資訊處理模式加以解釋。

三位作者提出的是一種基本時鐘，類似沙漏或水鐘，有以下兩個作用：一，採用某種節律器，以平穩的速率發射脈衝；二，把事件量測期間的滴答次數或脈衝次數留存起來，供日後參考用。時鐘會滴答作響，也會計算滴答聲，是個有記憶的時鐘。在某些版本中，時鐘具備第三個作用，有如開關，可決定脈衝會不會累加。得知時段開始，開關隨即關閉，讓脈衝逐漸累加；開關開啟的話，脈衝就會停止累加。前述研究員把該模式稱為「純量計時理論」，不過比較普遍的名稱是「節律器—累加器模式」，有時稱為「資訊處理模式」。再早個十年，牛津心理學者米歇爾．崔斯曼（Michel Treisman）提出類似理論，把這種概念應用在人類行為的研究上，卻少有論文引用；新版的理論是第一個應用在動物學習領域的理論，而且立刻普遍起來。

我們交談時，梅克特別鄭重聲明，一九七七年，吉本針對純量期望理論所發表的原始論文並未提及時鐘、碼表、節律器等字眼，可是當代有許多科學家都認為該篇論文確實提到了。梅克表示，「那幾乎可稱得上是一組閉式數學公式」，預測了齧齒動物按下按鍵及鴿子啄反應鍵的時間點。其後的論文——梅克稱之為「卡通版 S.E.T.」——採用門外漢的措辭，可說是「有意為之的手段」，用意是讓「更多的心理學者——亦即那些對數學不感興趣的心理學者——更普遍了解」該理論。這三位共同作者私下討論時，是把「純量計時理論」稱為「傻瓜版 S.E.T. 模式」。行為學派的思維模式很強烈，因此梅克及同僚最初在把「時鐘」一詞放到論文裡的時候，期刊編輯群堅持要他們拿掉「時鐘」一詞。

梅克說：「對我們而言，那篇論文多少算是冒險之舉。『時鐘』這種認知概念，史金納的行為學派要是有自尊心，絕對不會採用，看不到的東西，就無法描述。崔斯曼使用『時鐘』一詞不會惹怒別人，可是我們一用，就會惹怒動物領域的一堆人。」

動物研究員——總之是研究時間測定的人員——隨即普遍接受節律器—累加器模式，原因在於該模式提出的概念機制——假使不是生理機制的話——可用於解釋他們觀察到的若干時間關係。例如，有研究以服用不同藥物的大鼠為對象，結果發現古柯鹼、咖啡因這類興奮劑會導致大鼠高估了短時段的長度。想到這類藥物會導致節律器滴滴答答響得更快，就覺得有其道理。時段相同，卻有比平常更多的滴答聲累積在記憶箱裡，因此當系統回頭去「計算」已累積多少時間，就會高估時間長度。氟派醇、匹莫靜這類藥物——可降低大腦多巴胺的效用，在人類身上是當成精神疾病治療藥品使用——具備相反作用，會減慢滴答響的速率，導致大鼠低估時段的長度。

人類受試者服用同樣的或類似的藥物，結果也相去不遠。興奮劑會導致時鐘速度加快，讓人高估時段的長度，鎮靜劑會讓人低估時段的長度。有越來越多的證據證明，疾病也有可能對節律器時鐘造成干擾。帕金森氏症患者大腦裡的多巴胺濃度低，在認知測試中，對短時段的長度也一律低估，這就表示多巴胺濃度低會導致內在時鐘的速度變慢。

研究人員要求受試者以**何種**方式回應，會影響到受試者覺得時段的長度比平常長還是短，而這件奇怪的事實可借助節律器—累加器模式加以說明。舉例來說，假設有人請你判斷某個音頻的時間長度，你可以口頭表達估算的結果（「我認為那個音頻持續了五秒鐘」），也可以重現該音頻，用輕叩、大聲數數、按下按鈕等方式，重現你心中相等的時間長度。假設在聽見音頻前就先服用小劑量的興奮劑（如咖啡因），而且是口頭估算時間長度，那麼回答的音頻長度會比實際上還要長；不過，若是依照心中認為的相等長度而按下按鈕，回答的時間長度就會比實際上還要短。人類的內在時鐘複雜難解，若用藥會導致內在時鐘的速度加快，就可能會高估或低估時段的長度，至於是高估還是低估，則取決於答題方式。

節律器—累加器模式可用於解釋這個悖論。假設你聽到的音頻實際上有十五秒長，咖啡因導致你的內在時鐘速度加快，滴答響得比平常快，因此在同樣的十五秒內，累積的滴答聲會比平常還要多，也許你的時鐘在十五秒內滴答響了六十次，平常是五十次（這些數字是我憑空捏造的）。嗶聲結束時，你要口頭估算時段的長度。你的大腦會算出滴答聲的總數，而且因為更多的滴答聲等同於更長的時間，因為六十大於五十，所以你會覺得嗶聲的時間長度比實際上略久。現在，假設估算嗶聲的時間長度時，是用按下按鈕的方式來表達同等的時間長度，咖啡因導致你的時鐘滴答響的速度變快，在大腦衡量的十五秒期間，會比平常更快達到五十次的滴答聲，實際上還沒到十五秒，就會先按下按鈕。你口頭猜測的結果會是高估，但對旁觀者而言，你的表現似乎是低估了。

用不著多久，節律器－累加器模式就從動物研究實驗室擴及人類時間感實驗室。梅克說：「人類研究員向來不太關注動物研究員的研究成果，反之亦然。動物研究員通常依循化約論，也是控制狂。然而，時間測定的情況卻不一樣，約翰．吉本首次讓人類研究員與動物研究員團結起來。我們在某次大會介紹 S.E.T. 的資訊處理模式，那些人類研究員愛死了。」

英格蘭的約翰．韋爾登即是其中一位。〈記憶裡的純量計時〉這篇論文在一九八四年發表時，韋爾登眼見機不可失，研究對象從大鼠換成人類，如今更是成為節律器—累加器模式的熱心支持者。韋爾登有一些實驗容易引發爭論，其中一項實驗是對受試者展示視覺刺激因子，或請受試者聆聽長度不一的音頻。不過，在那之前，韋爾登會播放為時五秒的卡嗒聲訓練，頻率是每秒五個或二十五個卡嗒聲，他有預感受試者的時段測定時鐘會因此加快速度。果然沒錯，後來他要求受試者估算刺激因子的時間長度，而事先聽過卡嗒聲的受試者一律高估了刺激因子的時間長度。

韋爾登不由得想知道，如果可以讓內在時鐘滴答響得很快，導致一段時間膨脹，那麼能不能在多出來的時間內做到更多呢？時間只是感覺上擴展了？還是說，借助某種真實的方式，時間真的擴張了？韋爾登說：「假設你的閱讀速度很快，六十秒可讀完六十行。那麼，只要你接受一些閃光訓練或卡嗒聲訓練，我就能讓你覺得六十秒的時間長度比實際上還要長。你現在能不能一分鐘讀六十行以上？」

結果，答案是肯定的。在某項實驗中，韋爾登請受試者觀看電腦顯示器，畫面中有四個箱子排成一排。十字會出現在其中一個箱子上，受試者必須依照正確的位置，按下四個按鍵當中的其中一個。韋爾登發現，若實驗一開始，受試者就聽到一連串的卡嗒聲（為時五秒，每秒五個或二十五個卡嗒聲），那麼回應時間會隨之顯著增加。在某項類似的實驗中，受試者看到的不是十字，而是額外的一題問題和四個答案選項；如果受試者先接受卡嗒聲訓練，就會再一次更快挑選出正確的答案。

韋爾登發現，除了反應更快以外，人們在那段時間裡也能夠學到更多。在另一項實驗中，韋爾登對受試者短暫展示一堆字母，字母排成三排，最多展示半秒鐘，然後立刻請受試者盡量回想字母。同樣的，事先聆聽卡嗒聲的話，受試者正確回想的字母數量會增加，雖只是些微增加，卻是意義重大（誤報率也會隨之增加，也就是說，受試者回想的部分字母並不存在）。內在時鐘的速度加快——亦即滴答響的速率增加——似乎讓受試者有更多時間可以記住資訊、處理資訊。

長久以來，我們認為人對一段時間長度的估算結果，會因所處情況而有很大的差異，你的情緒狀態、你周遭正在發生的事情、你正在觀察及計時的特定事件，這些都會影響估算的結果。威廉·詹姆斯寫道：「我們的時間感視情緒而定。」過去十年以來，科學家發現了一些更有意思的方式，可根據受試者的心情、受試者正在經歷的內容、前述兩者，把時段測定時鐘的速度減慢或加快。如果你在電腦顯示器上短暫觀察到一張臉孔圖片，你對於該圖片時間長度的估算結果，端賴於臉孔的年齡大小、吸引力高低、是否跟你同齡或同種族等因素。小貓和黑巧克力相片的時間長度就算跟可怕的蜘蛛和血腸圖片一樣，你還是會覺得前者的時間長度比較久。不久之前，我碰巧看到一篇論文，名為〈我們閱讀禁忌語時，時間飛逝而去〉（Time Flies When We Read Taboo Words），研究人員測試各種好色下流用詞的時間失真性質。然而，基於學術禮儀，禁忌語並未納入該篇已發表的論文中，論文結尾的備註表示，我必須直接跟作者要那些禁忌語。我確實去要了，也拿到了清單，我發現**他媽的**（fuck）和**混蛋**（asshole）用電腦顯示器看的話，感覺上時間長度好像不如**腳踏車**（bicycle）和**斑馬**（zebra），但其實顯示在螢幕上的時間長度都是一樣的。

對於節律器–累加器模式，韋爾登最喜歡的一面就是該模式反映出共通的經驗，也就是說，隨著事件或時間長度的擴展，你會感覺到時間在你體內逐漸累積。我們可以把內在時鐘想成是某種電子表，上面的數字會隨著外在時間的流逝而增加。時鐘時間的長度越久，表示內在滴答聲越多；內在滴答聲越多，表示時鐘時間消逝得越多。

其實，人們能夠用時段進行計算。在某項實驗中，韋爾登播放嗶聲來標記時段的開始，再播放一次嗶聲來標記時段的結束，藉此訓練受試者辨別十秒長的時段。這個過程會重複數次，好讓受試者習慣標準的時段長度。接下來換成新的時段，長度介於一秒與十秒之間，同樣以嗶聲標記，並請受試者估算新時段相當於標準時段的幾分之幾。是一半嗎？三分之一？十分之一？（為了不讓受試者在心裡計算判定時間長度〔亦即作弊〕，韋爾登請受試者在聆聽該時段時，在電腦螢幕進行一件小任務。）

韋爾登說：「你請他們做那件事時，他們的臉一下子沒了血色，覺得自己做不到。」然而，結果發現受試者的估算出奇精準，他們聽到的新時段越短，對時間長度的估算值越小。「他們的估算幾乎是完全線性的。你客觀上到達時段的一半，那麼主觀上也是如此，這就表示存在著某種線性累積過程。」受試者之間的歧見也很少，某人的答案是十分之一或三分之一的時段，另一人也是如此。韋爾登還發現，人們很擅長把多個時段加在一起。韋爾登請受試者聆聽兩段或三段長度不一的時間長度，再請受試者在心裡把這些時間長度組成一個更長的時間長度，然後請受試者試著把這個總數和受試者聽到的較長時間長度進行配對。韋爾登說：「受試者表現得很好。那麼，要是不具備有條理的時間度量標準，到底要怎樣才辦得到？」

前一陣子的週六早上，蘇珊和我悄悄溜去市區的大都會博物館，從雙胞胎還沒出生前到現在，我們夫妻倆一直沒去過那裡。人潮尚未湧入，約有一小時的時間，我們四處閒逛，在靜謐的展覽廳裡欣賞藝術作品。我們倆保持一小段距離，分開走卻是一起同行。蘇珊漫步於馬奈與梵谷的畫作之間，我悄悄進入某間小型的側廳，空間不會比地鐵車廂還要大多少，那裡有一連串的玻璃櫃，展示著竇加（Edgar Degas）創作的小型銅雕，有幾個半身像、數匹快步跑的馬，還有一個伸展身體的女人像，這個小銅像站起身子，左手臂往上舉起，彷彿結束了漫長的小睡，才剛醒來。

側廳另一端有個長形櫃，裡頭擺著二十四位芭蕾女伶，或是表現出各種動作，或是休息。一位舞者正在檢查右腳的腳底；一位舞者正在穿長襪；一位舞者站著，右腿往前伸，雙手放在腦袋後面。阿拉伯姿倒酒（Arabesque decant）——單腳站立，身體往前傾，手臂往外伸，像小孩在模仿飛機。阿拉伯姿正向抬腿（Arabesque devant）——左腿挺直，右腿往前點，左臂抱住頭頂。她們的動作凍結了，卻如行雲流水般流暢；我好似走進練習場地，而舞者暫停動作，那暫停的時間恰好長得足以讓我欣賞她們優雅的姿態。一度有一群年輕男性走了進來，我覺得他們也是舞者。他們的老師說：「快，你現在是哪一個？」每個人都挑出了自己要模仿的銅像，離我最近的那位男性把右腿往前伸，雙手放在髖部，手肘向後做出翅膀的樣子。老師說：「約翰，你挑的那個，我很喜歡。」

你覺得開心，時間就會飛逝；你遭受脅迫、車禍、從屋頂上掉下來，時間就會變慢；你受到酒精或毒品的影響，時間就會失真，至於是變快還是變慢，視媒介物而定。有較不為所知的無數方法可扭曲時間，而一直以來，科學家發現了更多的方法。比如說，看看竇加創作的以下兩尊雕像吧（圖十二）。

這兩尊雕像隸屬於我在大都會博物館看到的芭蕾女伶系列，左側的芭蕾女伶正在休

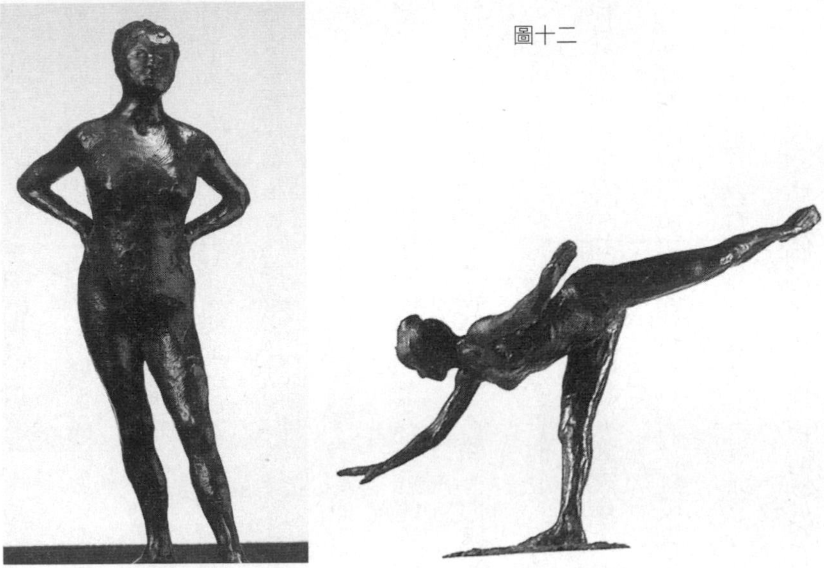

圖十二

息，右側的芭蕾女伶正在第一次做出阿拉伯姿**俯身**（arabesque penché）。芭蕾女伶雕像（及其圖像）並未移動，卻雕出了移動的感覺，而這就足以改變觀者的時間感。

在二〇一一年出版的論文中，法國克萊蒙費朗第二大學神經心理學者席薇・德華—瓦雷（Sylvie Droit-Volet）和三位共同作者對一群受試者展示兩位芭蕾女伶的圖像。該實驗稱為平分實驗（bisection task）。首先，受試者會在電腦螢幕上看見一張略帶灰色的圖像，約顯示零點四秒或一點六秒；反覆顯示多次，就可訓練受試者辨別前述兩種時段，感覺出兩者的長度。

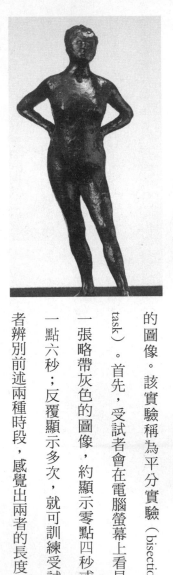

然後，其中一個芭蕾女伶圖像出現在螢幕上一段時間，長度介於前述兩種時段之間；受試者每次看完後，就按下按鍵，藉此指出芭蕾女伶出現的時間長度在感覺上比較接近短的時段，還是長的時段。結果都是一致的，阿拉伯姿芭蕾女伶，其中較有動感的舞者在螢幕上的時間長度，會讓受試者覺得比實際時間還要久。

這個現象多少有其道理。根據相關研究顯示，時間感與動作是有關聯的。圓形或三角形快速劃過電腦顯示器，在螢幕上的時間長度感覺上會比靜止不動的物體還要久；形狀移動的速度越快，失真的情況越嚴重。然而，竇加創作的舞者雕像並未移動，只是讓人聯想到舞者的動作。一般而言，時間長度的失真之所以出現，是因為你是以特定方式，感知刺激因子的某些物理性質。如果你看到光線每十分之一秒就閃爍一次，同時還聽到一連串的嗶聲，而嗶聲速率比閃爍速率慢一點，例如每十五分之一秒發出嗶聲一次，那麼你會覺得光線閃爍的速度比實際上還要慢，是跟嗶聲同時出現。這就是神經元固有的運作方式；其實，時間錯覺多半都是視聽錯覺。不過，竇加創作的雕像不具備時間改變的性質——亦即沒有動作——可供我們感知。時間改變的性質全是由觀者創造出來的，也是由觀者內在創造出來的，會在觀者的記憶裡重新活躍起來，或許甚至是重新發生。光是觀看賓加的雕像，就能扭曲時間，這種現象透露出人類的內在時鐘如何及為何像現在這樣運作。

在時間感的研究上，情緒對認知造成的影響，可說是極其豐富的一個主題，德華—瓦雷進行了一些引人注目的研究，探討情緒與認知的關係。前一陣子，她進行一連串的實驗，請受試者觀看一連串的臉孔圖片，圖片要麼面無表情，要麼表達出基本的情緒，例如快樂或生氣。每張圖片出現在螢幕上的時間長度介於半秒至一秒半之間，受試者要說出圖片的時間長度是「短」是「長」。受試者一律表示，快樂的臉孔感覺上比面無表情還要久，生氣的臉與害怕的臉感覺上也比較久（德華—瓦雷發現三歲兒童會覺得生氣臉孔的時間長度甚至更久）。

關鍵因素似乎是一種稱為「激動」（arousal）的生理反應，但此處的激動並不是你心中所想的那種激動。在實驗心理學領域，「激動」指的是身體為了以某種方式行動而做好準備的程度。研究人員會量測心跳率與皮膚的電導率，判定程度的多寡；有時受試者要比較臉孔圖片或木偶肖像，評估自己的激動程度。我們可以把激動想成是人的情緒在生理上的表現，也可以想成是肢體動作的前驅；實際上，並沒有什麼差別。無論是旁觀者的眼裡，還是生氣者的眼裡，依照標準度量，生氣是最激動的情緒，其次是害怕，再其次是快樂，最後是傷心。大家都認為激動會加快節律器的速度，因此在指定的時段內所累積的滴答聲會比平常多，就算圖片都是同樣的時間長度，但充滿情緒的圖片就是會讓人覺得顯示得比較久。在德華—瓦雷的研究中，受試者會覺得悲傷的臉顯示得比面無表情的臉還要久，但程度上還是不如快樂的臉。

生理學者與心理學者都認為，激動是一種待發的生理狀態，尚未活躍，但已準備好活躍。即使是靜態圖片裡隱含的動作，但只要我們看到動作，就會在腦子裡做出該動作。在某種意義上，激動可用於衡量你有多少能力站在別人的立場思考。根據研究顯示，如果你觀看某個動作，比如說看到某人的手撿起一顆球，那麼你的手部肌肉也會準備好撿球。肌肉並未移動，肌肉的電導率卻上升了，彷彿肌肉已準備好做動作，此外心跳率也會微幅增加。就生理上而言，你已經處於激動狀態。就算只是看到一隻手放在物體旁邊靜止不動，據推測應該是準備撿起來，甚至就算只是看到手握著物體的相片，也會處於激動狀態。

有大量研究顯示，這類事情一直在我們的日常生活裡上演。我們通常會不自覺模仿對方的表情與姿勢，很多的研究都發現受試者會模仿臉部表情，即使經由實驗室的操弄，並未意識到自己看的是臉，也照樣會模仿。兩位交談的友人在動作上互有關聯的程度遠大於兩位陌生人，而身為第三方的觀察者，只要觀看他們在影片上的對話，就能看出哪一對是朋友。烏特列支大學（University of Utrecht）心理學者馬尼克斯・納博（Marnix Naber）進行的研究，請好幾對的受試者比賽玩變化版的打地鼠（Whac-A-Mole）街機遊戲。隨著遊戲的進行，玩家的動作益趨（潛意識）同步，即使動作同步會導致分數降低，也是照做不誤。這種擬態（mimicry）行為似乎是社會化的重要部分，而敏於掌握時機更是關鍵所在，點頭、微笑、嘆氣等動作的時間長短、速度快慢、頻繁與否，左右了動作中的含義。

社群擬態還會引發生理激動，似乎也開啟一條通道，有助於我們感知他人的情感。根據研究顯示，如果你讓自己的表情變得像是預期受到驚嚇，那麼等到實際受到驚嚇時，痛苦的程度會增加。觀看愉快或不愉快的短片，有意讓臉部表情變得誇張，那麼心跳率與皮膚的電導率——生理激動程度的量測標準——就會隨之上升。根據採用功能性磁振造影機的研究顯示，無論受試者是自身經歷特定情緒（如生氣），還是觀察到對方在特定情緒下露出的表情，都會刺激到同樣的大腦部位。激動狀態會對通往他人內心世界的橋梁發出信號。如果你看到某位朋友生氣了，你不僅能推斷出對方的感受，實際上也能體驗到對方的感受。對方的心理狀態、動作狀態，也成了你的心理狀態、動作狀態。

結果連對方的時間感，也成了你的時間感。過去幾年來，德華─瓦雷和幾位研究員證明了人類會具體呈現出另一人的動作或情緒，還會具體呈現出隨之而來的時間失真。在某項實驗中，德華─瓦雷與受試者觀看一連串的臉孔短暫出現在電腦螢幕上，那些臉孔有的老邁，有的年輕，順序和模式不定。德華─瓦雷發現，受試者對老邁臉孔的顯示時間長度一律低估，對年輕臉孔卻非如此。德華─瓦雷寫道，受試者看到老邁的臉孔，內在時鐘的速度就會跟著減慢，彷彿「具體呈現出老人的緩慢動作」。時鐘速度變慢的話，在指定的時段內，就沒那麼常滴答響；累積的滴答聲少了，讓人覺得時段的長度比實際上還要短。觀者注意到老人，或把老人記在心裡，就會重新演示或模仿老人的身體狀態，亦即老人的緩慢動作。德華－瓦雷寫道：「經過這樣的具體呈現，我們的內在時鐘適應了老人動作的速度，導致流逝的刺激因子的時間長度會讓我們覺得比較短暫。」

在德華－瓦雷的早期實驗中，受試者表示他們覺得生氣的臉和快樂的臉在螢幕上顯示的時間比面無表情的臉還要久。德華－瓦雷之前認為，這種現象應歸因於激動狀態，後來卻開始覺得具體呈現他人狀態或許也有一定的作用。也許受試者在觀看那些臉孔時就會模仿那些臉孔，而模仿的動作又導致時間失真。於是，德華－瓦雷再做了一次實驗，這次有個關鍵的差異——有一組受試者觀看臉孔時，要用嘴唇含著一枝筆，藉此壓抑自己的臉部表情。未含筆的受試者對生氣臉孔的時間長度大幅高估，對快樂臉孔的時間長度中等高估；含筆的受試者在嘴唇臉孔受到抑制下，對於有情緒的臉和面無表情的臉之間，幾乎感受不到時間長度上的差異。時間竟然靠一枝筆就能修正。

從這些現象中，得出了頗富爭議的怪異結論——時間感具有感染力。我們彼此交談時，相互體諒時，就等於是跨進又跨出了彼此的經驗，當中包括了別人對時間長度的感覺（或者我們依循自己的經驗而設想出的別人的感覺）。不僅時間長度會扭曲，我們也不斷在彼此間共享這些微小的扭曲現象，有如流通的貨幣或社交的膠水。德華－瓦雷寫道：「社交互動的成效高低，端賴於我們有多少能力讓我們的活動跟應對的個體的活動同時發生。換句話說，個體要能沿用別人的節奏，採納別人的時間。」

我們共享的時間失真現象，可以想成是同理心的表現，畢竟具體呈現另一人的時間，就等於是站在別人的立場思考。我們模仿著彼此的姿勢與情緒，此外，根據研究顯示，我們比較容易模仿自己認同的人或想一起作伴的人。德華－瓦雷在臉孔研究中發現以下的現象：唯有觀者與被觀者是相同性別，受試者才會感知老邁的臉孔在螢幕上顯示的時間長度不如年輕的臉孔。如果男性看到年長女性的臉孔，或者女性看到年長男性的臉孔，就不會發生時間失真的情況。種族臉孔的研究也呈現出類似的效應，受試者會高估生氣臉孔的時間長度，以為生氣的臉比面無表情的臉還要久；若觀者與臉孔都是同一種族，就更有可能會產生這種印象，成效也會更為顯著。德華－瓦雷發現，受試者若在同理心標準測驗獲得最高分，最有可能高估生氣臉孔的時間長度。

雖然我們向來是走出自己、走入彼此，但是我們也會跟無生命的物體進行這類的交流，這類的無生命物體有：臉與手、臉與手的圖片、其他的象徵物體（例如竇加創作的舞者雕像）。德華—瓦雷及共同撰寫竇加論文的作者都認為，動感的雕像之所以在螢幕上看起來比較久，之所以一開始就引起生理激動狀態，是因為「其具體模擬出一個比較費力又比較激動的動作」。邀請觀者參與其中，就連最舉足不前的觀者也被引誘得跨進去，或許就是竇加一直以來的想法。我看見一尊芭蕾女伶雕像單足站立，屈身向前，而透過某種微不足道、表面察覺不出卻極其重要的方式，我彷彿就站在她的身旁，在心裡做出了同樣的舞姿。我好似化為優雅的銅像，在我的凝視下，我周遭的時間扭曲了。

流露情緒的臉孔、正在移動的身體、活躍的雕像，這些全都會導致時間失真，而且多少能用節律器—累加器模式加以解釋。可是，這類現象也會讓人感到困惑。生命顯然讓我們得以具備某種內在機制來測定時間並監測短暫的時間長度，可是最輕微的情緒微風一吹，我們隨身帶著走的內在機制就有可能被吹得偏離路線。這麼不可靠的時鐘，有什麼用呢？

三一學院哲學家兼《主觀時間：從哲學、心理學、神經學看時間性》（*Subjective Time: The Philosophy, Psychology, and Neuroscience of Temporality*）的共同編輯丹・洛伊德（Dan Lloyd）對我說：「關於主觀時間，有件事讓我覺得很訝異，我們跟碼表相比，表現得真的很糟。我們在各種層面上自相矛盾，很容易受到各種操控。可是，我們竟然還能表現得像現在這樣好，簡直百思不得其解。」

德華—瓦雷表示，也許可以換另一種方式思考。並不是我們的時鐘運作得不好，相反的，我們的時鐘表現一流，適應了我們日復一日經歷又不斷變動的社會環境與情緒環境。我在社會環境裡感知到的時間，並不完全都是我的時間，而那時間也不是只有一種類型，我們的社交互動也因此有了細微的差別。德華—瓦雷在某篇論文中寫道：「由此可見，並不存在唯一又均質的時間，存在著的是我們對時間的多重體驗。我們的時間失真現象直接左右了大腦與身體會以何種方式適應多重時間。」德華—瓦雷引用哲學家柏格森（Henri Bergson）的話：「On doit mettre de côte le temps unique, seuls comptent les temps multiples, ceux de l'expérience.」意思是我們必須把單一時間的概念擱在一旁，重要的是那些由體驗構成的多重時間。

德華—瓦雷表示，最細微的社會交流（例如瞥視、微笑、皺眉）具備的效力高低，來自於我們彼此間有多少能力讓這些交流同步發生。我們扭曲時間，彼此好騰出時間，而我們體驗到的時間失真現象，多半可當成同理心的指標。我越是能想像出你的身心狀態，你越是能想像出我的身心狀態，那麼我們對於危險、盟友、朋友、有需要的人，就越是能分辨得出來。然而，同理心是相當複雜的特徵，是富有情感的成年者才會有的特徵，需要學習也需要時間。兒童長大，培養出同理心，就更懂得如何在社會世界應對。換句話說，要長大成人，有個關鍵的面向，那就是要懂得如何扭曲自己的時間，跟別人的時間保持一致。我們出生時也許是一個人，但等到童年結束，我們完全適應了時間傳染病，就會擁有多個同步的時鐘。

有時，馬修．馬特爾（Matthew Matell）以自己的研究為主題發表演講，一開始會在聽眾面前展示一張投影片，投影片上面有一句話，他會大聲念出來：

時段測定深植於我們每一刻的感知，很難想像沒有時間期望值的話，意識經驗會變成怎樣。

他話說到一半，就在說完了「很難想像」四個字之後，他突然停了下來，任由益趨尷尬的幾秒鐘時間流逝過去。聽眾不安地動了動——**怎麼了**？**他怯場了**？——終於，他繼續開口說話。馬特爾對我說：「我當初應徵維拉諾瓦（Villanova）大學的工作，就是這麼做的。之後，贊助人過來跟我說，他以為我完全僵住了，害他很緊張。」

然而，聽眾的反應正好證明了馬特爾的論點——我們非常適應時間每時每刻的流逝，除非有違我們的預期，否則我們很少會想到時間。他說：「你並沒有在對我的時段測定時間，可是我的時段一被打斷，你就會突然意識到自己一直在測定時間。」初期，指導老師勸他不要研究時間：「這主題那麼難懂，何苦傷腦筋？」他對我說：「但那就是見樹不見林了。我們做的每件事都包含時間測定在內，很難想像有哪個經驗不含時間測定。」

馬特爾是維拉諾瓦大學的行為神經學者，該所大學位於費城郊區。他跟剛認識的人談到他專門研究探討人類如何感知時間，此時對方往往會進一步向他提出一些常見的問題：「我每天不用鬧鐘，都還是在同樣的時間醒來，為什麼？」「我下午三點老是覺得很累，為什麼？」這些問題要問日變節律生物學者，馬特爾的研究主題是時段測定，該機制可支配大腦對於短至一秒、長至數分鐘的時段所具備的規劃、估計、決策能力。

不過，時段測定機制的性質是什麼？視交叉上核有主要的日變時鐘，那麼大腦裡有沒有類似的中央時段計時器？有沒有分散式的時鐘網會依照手邊的任務開始運作？三十年來，節律器—累加器模式向來是時間感實驗的可靠平台，人對時間長度的判斷，如同人對亮度或聲音的判斷，顯然能以輕鬆又可預知的方式操控。不過，無論是現在還是未來，節律器—累加器模式都是啟發的工具，是人在餐巾上畫的那種時鐘，那麼，在將近一點四公斤的大腦裡，該模式實際的位置到底在哪裡？韋爾登對我說：「它存在於概念上，也存在於數學上，是刺激研究及解釋研究時運用的架構。至於有沒有實體機制做這類事情，仍有待分曉。」

對於部分的心理學者而言，前述答案不太吸引人。韋爾登在《時間感心理學》的前言寫道：「時間測定的神經學現況，無論如何也無法清楚闡述本書討論的主題，最起碼我的看法是如此。」神經學者則持不同意見。現實世界中的某些疾病，例如帕金森氏症、亨廷頓氏舞蹈症、思覺失調症、自閉症等，患者難以處理時間測定作業。時段測定顯然有生物學上的基礎，如有更深的了解，就有可能釐清前述疾病，或者最起碼能進一步釐清人腦的運作。某個東西讓我們滴答運作，那到底是什麼？馬特爾和其他研究員都想找出問題的答案。

馬特爾的辦公室位於維拉諾瓦大學校區，某棟老舊建物的頂樓一隅，要爬上四段的大理石階梯，那些階梯的邊緣經多年踩踏，磨損得圓滑無比。學生剛去放暑假，鋪著合成地板的走廊空無一人，氣氛靜謐，每樣東西顯得比平常還要巨大，我開始覺得自己好像回到小學，又好像沿著小徑走到某段幽深的回憶裡。左轉，走廊變窄，經過幾個門口，似乎就是盡頭了。我四處詢問才曉得，那道看似出口的門是通往一條無尾的廊道，那裡擠了一堆辦公室和實驗室。

馬特爾現身，他穿著T恤、短褲、健行鞋，以十足的活力跟我打招呼。他戴著有彈性的藍色手套，正要去實驗室裡的大鼠室。他多年處理大鼠，皮膚過敏，而平常負責管理大鼠的研究生那天不在。他講話很急，態度卻很親切，說話時會睜大眼睛。他說：「科學就是揑造故事，再看那些故事經不經得起檢驗。」

時間感研究的頭一百年左右，多半都在記載認知的表現，也就是說，人類或非人類的受試者碰到刺激因子（明亮的閃光、生氣的臉孔、賓加的雕像）後有何反應，那些反應在哪些情況下（古柯鹼、從三十公尺的高度墜落、在一缸水裡騎腳踏車）會有所轉變。然而，研究人員日趨有能力去探問大腦是在何處產生這類反應，又是如何產生。微型標靶藥物能夠關閉及增強特定的神經元叢，研究員可藉此判定神經元叢在時間感所扮演的角色。受試者投入時間測定任務時，研究員會使用大腦造影儀器，看看哪些組的神經元正在運作。時間心理學促成時間神經學的出現。馬特爾及其他研究員大膽研究人類腦部，面臨根本的人類奧秘，也就是說，這一大團將近一點四公斤的細胞，究竟是如何產生那些跟自己有關的回憶、想法、感受？濕體如何促成軟體的出現？某位研究員對我說，對於人類大腦如何促成人類心智的出現，只要我們都同樣所知不多，那麼我們就全都是神經學者。

馬特爾說：「大腦的運作有如公司，有一堆單位做他們該做的事，可能是採用由上而下的管理模式。每個單位會做自己的事，而每個單位裡都有一些個體。」他口中的個體是指神經元。「每個個體會做自己的工作。我通常會把神經元比成人，神經元就是小型的資訊處理組件。在某種程度上，神經元的作用有如自動機。最大的問題在於，生理系統如何像神經元構成的大腦那樣，促成心理現象（例如意識）的出現？人喜歡把自己想成是具有自由意志的，但假如你是神經學者的話，肯定不會真的相信這種說法。也就是說，我們的行為是由大腦以外的某個東西操控。」

人腦有上千億神經元，神經元有如活著的導線，能以電化脈衝的形式傳輸資訊，從延伸的神經元細胞本體的一端傳到另一端，多半是單向傳輸。有些神經元很長，坐骨神經即是其一，從脊椎底部到大腳趾，約九十一公分；不過，大部分的神經元極小，全都特別細；神經元擠在一起，一般的英文句點寬度就可容納十個至五十個神經元。神經元具有以下結構：接收端，由分支狀的樹突組成，在顯微鏡下看似樹根；長形的細胞本體（亦稱軸突），信號會沿細胞本體傳播出去；末端的突觸，信號可藉此傳遞下去。單一神經元會從約一萬個的「上游」神經元接收到信號，然後再將信號傳輸到下游的一小組神經元。實際上，神經元通常不會彼此連結，而是經由小縫隙（亦稱突觸）相互傳訊。信號抵達某個神經元的末端，就會觸發神經傳導物質釋出，神經傳導物質會通過突觸，附在鄰近神經元的樹突上，就像是好幾把鑰匙插入一組鎖裡頭。如果抵達單一神經元的那些信號夠強烈的話，就會刺激神經元自行產生信號傳遞下去。神經元要麼發射信號，要麼不發射信號。若神經元發射信號，其動作電位一律是相同的，差別只在於發射速率的高低。相較於微弱的刺激因子，強烈的刺激因子（例如明亮的光線）會促使神經元更頻繁發射，因此神經元比較有可能觸發下游的神經元。即使是從細胞的尺度來看，時間——每單位時間傳入的信號——仍然扮演重要角色。

神經學者有時會把神經元說成是「耦合偵測器」。神經元向來會接受上游傳來的、分量符合基準的一小滴信號；唯有那一小滴信號變成洪流，大量信號又同時抵達，神經元才會受到刺激，發射信號。你或許會問，在這個尺度上，「同時」是什麼意思？對神經元而言，「現在」是什麼？大腦細胞的運作有如水鐘。來自上游的神經傳導物質會附在細胞膜上，並開啟通道讓離子進入，通常是鈉離子，且略帶正電。這些神經傳導物質開始對細胞去極化，去極化作業到達關鍵的門檻值，神經元就會發射信號。傳入的信號速度越快，離子潮汐升起的速度就越快。然而，這個水鐘有一堆洞，離子會從細胞膜滲透出來，而細胞會主動排出更多離子。某位研究員對我說：「整個過程就像是一個有裂縫、杯腳脆弱的酒杯裝了一些葡萄酒。倒酒倒得夠快，杯腳會斷裂；倒得不夠快，酒就會滴到桌巾上。」

所謂的「現在」，就是傳入的離子潮汐要比既有離子流還要快的話所需耗費的時間。那是動態的一段時間，深受細胞控制。神經元排出離子的速度可快可慢，細胞膜上面的離子通道數量，則是由細胞的DNA管控。神經元也會對上游傳入的信號給予差別對待，如果抵達的信號來自於樹突上較遠的神經元，那麼信號在前往軸突的路上就會更為減弱，因此就神經元會不會發射信號一事，這類信號可能就不是那麼重要的因素。馬特爾說：「我把神經元想成是個體正在運算東西，它們會整合時間與空間的資訊，也就是動作電位（action potentials）。」馬特爾說他運用類比，向學生提問：「星期六晚上，你會決定去兄弟會的派對？還是待在家裡念書？」馬特爾說：「你會衡量消息來源。如果去問你媽，她會有一套說法；如果去問朋友，他們會有另一個說法。另外，也許朋友會覺得你應該去，可是你之前去過那些朋友提議的派對，度過很糟糕的時光，所以朋友的意見沒那麼重要。」

無論是哪一種情況，對神經元而言，「現在」不是零。這裡就跟任何地方一樣，要花費時間才能找出時間。神經傳導物質需要五十微秒的時間（即二十分之一毫秒，或兩萬分之一秒），才能傳播到另一個神經元的突觸；神經元需要二十毫秒的時間，才能在發射信號前，先對細胞去極化；還需要十毫秒左右的時間，神經元的信號才能跨越神經細胞的長度。神經元一秒可發射十次至二十次，一群神經元定期同時發射，而且有規律的話，那麼神經元的脈衝就會呈現為電磁振動。馬特爾說：「要理解時間感，其中一項難題在於大腦的處理作業是以毫秒的時間尺度在運作。」同樣的電路是如何讓我們有能力應對秒鐘、分鐘、小時？早期有個模式著眼於小腦，簡直是把小腦視為電路，以為有分支狀的網絡和延遲線或可減慢信號速度。這種概念有助於說明某些行為，例如我們有能力判定聲音的方向（聽覺信號抵達左右耳的時間，有些微的時間差，這個時間差的資訊有助於我們判定聲音的所在位置）。可是，這比較不適合長度只有數秒至數分鐘的時段感。過去幾年來，馬特爾一直在協助探討另一種模式，該模式的運作與其說是電話電路，不如說是交響樂團。

一九九五年，馬特爾從俄亥俄州立大學畢業後，隨即前往杜克大學攻讀博士學位，在認知神經學者沃倫・梅克的門下進行研究。在馬特爾入學的前一年，梅克離開哥倫比亞大學，來到杜克大學，打算研究時段測定的神經基礎。當時，梅克編纂了兩組資料，頗具啟發性。第一組資料的來源是以大鼠與人類為對象的研究，根據該研究，施用藥物來改變大腦多巴胺的濃度，大鼠與人類對時間長度的感知就會加快或減慢。第二組資料著眼於電路，根據大鼠研究結果，背側紋狀體這個大腦部位遭到破壞或移除，大鼠就會沒有能力進行標準時間測定任務。有越來越多證據顯示，帕金森氏症患者的紋狀體一旦受損，也會一直誤判時段的長短。提出證據的研究人員是哥倫比亞大學的夏拉・馬拉帕尼（Chara Malapani），之後更獲得多位人員的研究成果支持，例如倫敦大學學院神經學者馬珍・賈漢沙希（Marjan Jahanshahi）、加州大學聖地牙哥分校的黛博拉・哈林頓（Deborah Harrington）。馬特爾入學後沒多久，梅克就把兩組資料交給馬特爾。

馬特爾對我說：「他把這些論文交給我，說：『你的工作就是釐清大腦裡頭是怎麼運作的。』我覺得他並不是要我想出答案來。不過，我開始閱讀神經生物學文獻的大量論文，而不是心理學文獻。」

馬特爾一邊講話，一邊帶我參觀實驗箱和大鼠的住處。每隻大鼠都是獨自住在一個塑膠箱裡，塑膠箱的大小約一立方呎。塑膠箱的結構配置如下：一台小型揚聲器，偶爾會播放音頻；一條通道，供應飼料用；三個孔洞，大鼠的口鼻部可伸進洞裡。馬特爾說：「孔洞的效果比控制桿還要好，因為大鼠喜歡用鼻子湊近嗅聞。」在這樣的結構配置下，馬特爾就能訓練大鼠學會他選擇的時段。比如說，大鼠一把鼻子湊進洞裡（各孔洞的對面有紅外線光束會偵測到這個動作），三十秒後就會得到一顆飼料。如果大鼠沒耐心，還沒到三十秒，鼻子就又湊進洞裡，那麼就沒有飼料。站在大鼠的角度，要成功的話，就必須把鼻子湊進洞裡並且耐心等待，還必須懂得要等待多久才能把鼻子再湊進洞裡一次。二〇〇七年，喬治亞州立大學的研究人員發現，黑猩猩在等待期間若能分心做別的事情，例如玩玩具，翻一翻研究員提供的《國家地理》雜誌和《娛樂週刊》（*Entertainment Weekly*），那麼就比較能夠耐心等待三十秒的時間，再拿到糖果獎賞。馬特爾的大鼠在等待期間都是在理毛，到處嗅來嗅去。馬特爾說：「如果牠們是人類的話，可能就是用手機上網了。」

等到動物學會了特定的時段，馬特爾就會試圖去干擾動物獲得的知識。在部分的實驗中，馬特爾對大鼠施藥，可能是把特定劑量的安非他命微量注射到特定的大腦部位，藉此判定藥物如何讓動物的時間測定變快或變慢，並開始辨認這過程中牽涉到哪些神經結構。或者，馬特爾會選擇性地損害或破壞大腦內的特定結構，藉此判定動物的時間測定如何轉變。這個過程需要細緻處理，有可能會不精確；一般來說，目標是「黑質緻密部」，此為腦幹裡的一個小區域，大鼠的黑質緻密部不比BB彈還大。馬特爾說：「大鼠的大腦就像人類那樣，不是每個都一模一樣。基本上，有點像是在黑暗中開槍。」他給我看了一本尺寸特大的書，書名叫《大腦地圖集》（*Atlas of Brain Maps*）。書中逐頁顯示大鼠大腦的連續切片，以公釐為量測單位，大鼠的大腦看似《格雷氏基礎解剖學》（*Gray's Anatomy*）版的花椰菜。馬特爾說，實驗結束時，動物會安樂死，並取出大腦，切成薄片，切片會放在載玻片上觀察，跟書中的圖片進行比較。「這樣一來，我們就可以說，『我們的目標是這個結構，我們最後找到了什麼？』」

要研究大鼠如何學會時段，還有另一種方式，那就是在大鼠的大腦裡植入電極，在大鼠進行時間測定任務時，記錄大鼠的神經活動。這也是需要細緻處理的工作。馬特爾給我看了一樣東西，看似一把長度兩公分半、質地堅韌的劍，那是個小型的金屬台座，狀似劍柄，上面有八條短線凸出，每條短線的末端都有一個電極。有了大腦圖集當成指南，馬特爾或研究生就能謹慎地把電極插入大鼠的大腦裡。電線是連接到一條穿過塑膠箱頂部的纜線，再連到錄製設備上，所以大鼠可以在箱子裡到處移動，比較不受阻礙。只要神經高峰電位發生，就會對其進行時間編碼，之後可跟大鼠的活動相比較。

馬特爾說：「那就像是拿了麥克風，放在有一堆人的房間裡，那些人就是神經元。你可以聆聽不同的東西。神經元有不同的聲音，視細胞大小、電極距離而定。」

馬特爾停在金屬櫃的前面，取出塑膠製的人腦模型。他把模型放在桌上，開始拆分，把左腦和右腦分開。腦幹上方的結構狀似扁平的毒蕈，此為胼胝體，這束神經纖維很重要，連接了左右腦。馬特爾指著左右半腦都有的一個狀如叉骨的結構，此為腦室，這個儲存囊裡頭盛滿液體，是內部的緩衝物。馬特爾說：「大腦位於液體當中，被液體包圍，那些液體有如雞蛋防護系統。」胼胝體的下方是海馬體和杏仁核，兩者是邊緣系統的一部分，是情緒和記憶的所在地，視丘、腦部基底核、其他的皮質下結構也位於此處。

我們身為會思考的人類，習於認為大腦的主要工作就是幫助我們思考。大腦確實是思考的關鍵環節，但大腦的工作終究是幫助我們預測、移動，並且根據身體當下面臨的情況，選出最理想的動作。要達到前述目標，大腦對於所要採取的動作，必須大幅降低不確定性；而要達到**那個**目標，大腦必須先針對外頭正在發生的事情，收集一些可靠的相關資料，尤其是要了解目前為止的一切狀況，例如：之前的動作造成了什麼結果；情況是越來越好，還是越來越糟。因此，資訊會以盤旋的方式通過大腦。感官資料經由眼睛、耳朵、脊髓其中之一進入，然後通過視丘的獨特區域，再往外輻散到以下的感覺皮質區：主要的視覺皮質，位於大腦後方的枕葉；主要的聽覺皮質，位於顳葉，兩側都有；體覺皮質，位於頂葉，靠近後腦勺。資料流在此處匯聚，然後進入邊緣系統和額葉。這條路徑有時稱為「內容通路」（What Pathway），大腦藉由此條路徑，釐清刺激因子是什麼，不帶任何價值判斷。那是蛋糕？還是蛇？一旦進行了估算，資訊就會進入邊緣系統（包括杏仁核和海馬體在內）。邊緣系統就是進行價值判斷的地方（我有多想吃那塊蛋糕？），如果值得記起來，也會記錄在此處。接著，資料會繼續移往額葉皮質。額葉皮質是用來衡量決策（我應不應該在做功課前先吃蛋糕？還是要等做完功課再吃？）、制定優先事項，而較不相關的資訊（我要減肥）可在此處降級。資料會從那裡進入前運動區和運動區，兩者位於大腦最上方，感覺區旁邊，可引發動作。

這趟旅程約略中間處是「基底核」，這個重要的區域聚集了紋狀體、黑質緻密部等結構；信號會經由紋狀體進入，紋狀體在教科書插圖是螺旋形，狀似電話的話筒。基底核是大腦裡節省勞動的部門。如果我對一塊蛋糕的典型反應就是立刻吃掉它，那麼我的大腦很快就會明白，平常盤旋繞行的內容通路（看見蛋糕、認出蛋糕、認出蛋糕是想要的、盤算著要不要吃蛋糕）是可以跳過的，現在馬上開始吃蛋糕。基底核認出皮質神經元發射的特定模式，我就能更快取得自己要的東西，同時可以騰出神經構造，處理新的刺激因子。基底核是機械式的活動習得之處，是習慣，甚至是癮頭成形之處。

馬特爾和梅克認為，基底核也是大腦裡的時段測定時鐘的重要部分。大腦皮質裡的每一個神經元都有點像是一根天線。馬特爾說：「神經元會調整成接收某個特定的東西，它是世界狀態偵測器，可偵測到某種受限狀態。」大腦皮質會依序將數以千計的神經元投射到基底核，基底核是由數以十萬計、狀如尖刺的紋狀體神經元組成，每一個紋狀體神經元可監測一萬個至三十萬個皮質神經元的狀態，當中有大量重疊部分，因此紋狀體神經元很善於偵測上游發生的特定發射模式。特定模式發生時，紋狀體神經元會發射信號，觸發鄰近的黑質緻密部裡的神經元釋出多巴胺。多巴胺有如小小的神經化學獎賞，會把該特定模式標示成值得記憶且日後要留意的模式。然後，信號繼續前往視丘、運動神經元，再回到大腦皮質。馬特爾說：「基底核紋狀體就是在偵測這些傳入的信號帶來的作用。基底核紋狀體就像是習慣學習中心。就大鼠而言，基底核紋狀體跟時間測定有關，因為時間測定是大鼠習得的行為，現在變成了機械式的反應。」

這類機械式行為已經有了穩固的根基。馬特爾說，根據該模式，時段測定得以成真，是因為多組的皮質神經元受到外在信號刺激，會以獨特的模式發射信號。有些皮質神經元會呈現出「θ振動」，以每秒五至八次的速率（五至八赫茲）發射θ波，有些皮質神經元的振動頻率為八至十二赫茲（即α頻率），有些是二十至八十赫茲（即γ振動）。背側紋狀體裡的多棘神經元會逐一偵測到這類振動。馬特爾說，前述的發射速率當然都遠低於我們日常的意識生活會碰到的時間尺度。「大腦的運作是以毫秒計，我們卻能對多達數小時的時段測定時間。你在這裡，啊，已經一個半小時？我們不用看時鐘就能估算時間。那麼，我們是如何從大腦裡的毫秒級運作，轉到分鐘至小時等級的運作？」

為了解決這道難題，馬特爾與梅克借用了伯明罕大學神經學者克里斯・米歐（Chris Miall）制定的模式。馬特爾跟我一起走回他的辦公室，他一邊走，一邊向我解釋。辦公室裡，春末的明亮陽光穿透幾面大窗，灑了進來，往窗外望去，可看見校區建物的屋頂。其中一面牆是高聳的書架，架上擺著《精神藥理學》（*Psychopharmacology*）、《濕體裡的心智》

圖十三

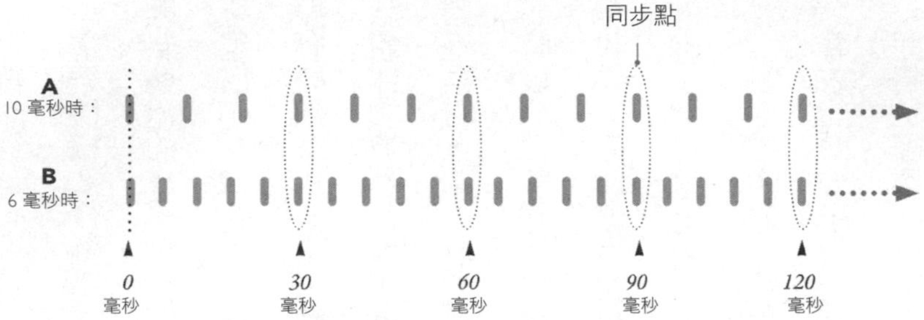

A 神經元每十毫秒發射信號，B 神經元每六毫秒發射信號。

（*The Wet Mind*）等書籍，附近窗台上擺著一個還沒開的新奇玩具，叫作「會長大的奇妙大腦」，只要加水就可以了。另一面牆上掛著白板，馬特爾找到白板筆，在白板上畫了起來（圖十三）。

馬特爾畫了兩排的井字，分別用來代表神經元的發射速率。他說，現在假設一些刺激因子出現了，例如音頻，你的神經元立刻開始發射信號，持續發射的時間長度就是音頻的時間長度，但神經元不會全都以同樣的速率發射信號，可能一個神經元的頻率是每十毫秒發射一次，另一個神經元則是每六毫秒發射一次。現在假設這兩個神經元接通到同一個紋狀體神經元，紋狀體神經元會偵測到這兩個神經元是何時同步發射，在此例是每三十毫秒就同步發射。

馬特爾說，結果發現紋狀體神經元能偵測到三十毫秒的時段，比前述兩個皮質神經元產生的時段還要久多了。此外，每個紋狀體神經元都有三萬個皮質神經元，不是只有兩個而已；紋狀體神經元一次也許能偵測到數十個或數以千計的神經元同時發射。根據前述數據，基底核裡的多棘神經元可適應現實世界的各種時段，而且是遠超出毫秒的時間尺度。

實際情況可能是這樣，幾乎每一種時間長度，人類的神經元每一刻都能意識到，只是大腦不會全都記下來。之所以能習得特定的時間長度，其實是基於強化作用，比如說：大鼠吃到飼料，人類獲得糖果、口頭鼓勵，或其他的正面獎勵（在紅綠燈前面等九十秒，等紅燈變成綠燈，就能自由行駛）。一獲得獎賞，多巴胺就會釋出，隨後進入基底核，而皮質發射模式會被及時記錄下來，送到視丘，當成回憶留存，以供日後參考。

完全站在數學角度來看，大腦裡的神經元數以十億計，這些神經元時時刻刻交流的信號數以億萬計，可想而知，神經元肯定會以某種方式對外面世界的事件測定時間。可是，活著的細胞之間的機械式互動，竟然能促成運算，竟然讓人有能力做出有如判斷陌生人微笑時間長度那樣內在又本能的行為，簡直難以置信。一堆會打字的猴子還比較有機會重現莎士比亞的戲劇吧。

我跟梅克聊的時候，梅克再三強調，他、馬特爾、同類的研究人員設法釐清的，並不是「一般定義的時間測定」，而是時間區辨（temporal discrimination），也就是學習某個時間長度的價值高過於另一個時間長度。梅克說：「大腦一直都在對東西測定時間，就算你沒有注意到那些東西，也還是會測定時間。如果我們沒有跟你說十秒鐘很重要，那麼十秒鐘在你眼中就毫無意義可言。什麼是好，什麼是壞，某件事很重要，這些都有賴於你學著去區辨。而要懂得區辨，就需要回憶。凡是時間測定的工作，都屬於時間區辨。」

馬特爾和梅克把他們提出的時段測定模式稱為紋狀體節拍頻率模式（striatal beat-frequency model），並用音樂術語描述。基底核是指揮，其多棘神經元會持續監測大腦皮質裡的多組神經元同步發射的情況。在某篇論文中，梅克和馬特爾把此現象稱為「皮質活動之樂曲」（研究時間的科學家似乎很喜歡用音樂類比）。馬特爾說：「那就像是管弦樂團在演奏的同時還跟我說，我在這件工作中是處於哪個位置。」我問他，他說的話是什麼意思。他提醒我，基底核對習慣的養成很重要。習慣就是我們依據周遭事物所採取的行為，而且沒有意識到自己正在這麼做。他說，駕駛車輛多半是一種「自動化又習慣性的過程」。你看見某個出口標誌，就知道要打方向燈，開到右線道，改變雙手放在方向盤上的位置，轉動方向盤。

馬特爾說：「大腦皮質偵測到出口標誌，觸發紋狀體，紋狀體認出大腦皮質裡的這個活動基本上是這個真實世界的模式，然後說，好，做出這個行為改變吧，也就是打方向燈。這個動作被大腦皮質偵測到，觸發另一個行為改變，也就是開往右線道。打方向燈的行為被偵測到，觸發另一個行為改變，也就是減緩車速。你會一直經歷以下的一連串行為：我偵測到這個特定環境，我做出這個特定行為，從而使得我處於新的環境，諸如此類。」

習得的時間長度源自於這些同樣的資料迴路，而且至少最初是跟實際工作有密切關係。等待飼料的大鼠，有如交響樂團的團員。馬特爾說：「大鼠並不知道自己是處於時間的哪個位置上，牠只不過是知道飼料要來了。我並沒有覺察到時間流逝，只不過是覺察到有行為正在發生。」接著，馬特爾又說：「假設你聽了某首交響曲一百遍，現在你在爐子上煮東西，放了水要煮滾，然後你離開廚房，播放該首交響曲，你很清楚，等到第二樂章第三小節，水就會滾了。你之所以能聽出第二樂章第三小節，是因為你把聽到的樂聲都合併在一起。你之所以聽得出來，不是因為那個小節比交響曲的開頭還要大聲。沒有漸強，沒有變得更為繁複，在強度上也沒有什麼有條理的變化。不同於節律器模式，也不同於累積或耗竭的感覺。食物來的時間是大腦狀態十，不是大腦狀態三十，我依機率去做我該做的事。」

馬特爾想起研究生時期發生的小插曲。某天，他和妻子正在看電影，中途按了暫停鍵，去了廚房。在那個年代，按下暫停鍵，並不是真的讓錄影帶停下來，而是讓錄影帶進入迷你迴路，先是前進四分之一秒，再倒帶，反覆播放那一刻。約五分鐘後，錄影帶就會自行繼續播放。馬特爾和妻子已經在廚房裡待了一段時間，此時好像有個差錯。馬特爾說：「我們都覺得，嗯，不是應該繼續播放嗎？當時我們都沒有意識到自己的行為，因為我們都在忙著準備食物，沒有注意到時間。不過，我們都頓時赫然發現，應該要發生的事情，卻沒有發生。在某個當下，某件事沒有表現出應該有的樣子。這種現象似乎跟以下的偵測模式很一致：喔現在感覺是第二樂章第三小節。而且沒有累積醞釀就察覺到了。」

馬特爾隨即強調，無論時間測定的背後有何神經基礎，那跟擁有一個能感知時間的器官還是不一樣的。耳朵偵測音波，眼睛偵測光波，鼻子詮釋分子。馬特爾說：「不同於其他感官系統，這裡沒有我們可偵測的『時間資料』。大腦顯然能感知時間並控制行為，可是大腦量測的東西並不客觀，那可是主觀的時間啊。大腦關注的是自身的運作，藉此推演出某種時間之景。」就人類的感知而言，時間就是大腦聆聽自身講話。

在神經學的文獻中，紋狀體節拍頻率模式漸漸站得住腳，有越來越多的科學家引用，許多人視之為神經生理學針對時段測定提出的主要論述。可是，講述時間測定的書籍並未就此拍板定案。論文若提及紋狀體節拍頻率模式，往往會有限定條件，比如說：「至於特定的生理週期在判斷時間時是如何像內在時鐘那樣運作，幾乎沒有確鑿的證據可證明。」論文中也往往有備註表明科學家「目前為止還找不出專門處理時間的簡單神經機制」。其他的模式都有人反覆討論。歐柏林學院神經學者派翠克．賽門（Patrick Simen）對我說：「每年肯定有十種新的運算模式用來估算時間測定能力。」二〇一一年，賽門與同僚提出他們自己的模式，名為「對抗歷程漂移擴散模式」（opponent process drift-diffusion model）。該模式借用了既有決策模式的一些概念，還援引了基底核的耦合偵測能力。賽門說：「在某種意義上，這個模式或許有點新，其實是拿取幾個現成的模式，用稍微不同的方式組合起來。」沃倫．梅克對自己提出的模式，也說過幾乎一模一樣的話。梅克對我說：「我們並不是構思出新的概念，我只是在當中獲得樂趣。那是 I.B.M. 模式，也就是說，我們只是拿取現成的零件，組裝成更有用。」

就連馬特爾也對紋狀體節拍頻率模式心生疑慮。馬特爾表示，首先，必須有個別的皮質神經元呈現振動，可是通常很少有這種情況。馬特爾說：「那可能是個問題，也可能不是。」神經元發射信號，或許會跟特定的振動特徵一致，卻不是一直如此。馬特爾說，或許發射的現象如同足球場上的碼線，明明全都在那下面，在滿是泥濘的賽事過後，卻模糊不清。該模式對雜訊——亦即所有生物系統在表現上都有的那些微小又經常出現的變化——極為敏感。馬特爾說：「如果所有的神經元都一起發出雜訊，倒是沒關係。不過，如果是某個振盪器稍快一些，另一個振盪器稍慢一些，那麼該模式就會徹底崩解，無法測定時間。該模式對有條理的一切事物都十分敏感，但我覺得真實生活並非如此。」

此外，馬特爾就像許多科學家那樣，老是煩惱著時間感具備的那種看似度量標準的本質。所謂的時間感，就是感覺時間會「增長」，或者有能力察覺指定的時段已經過了一半。就連他實驗室裡的大鼠也有過時間感的經驗。馬特爾用兩種情況訓練一群大鼠：一種是播放聲音，大鼠會預期十秒後獲得食物；一種是開燈，大鼠會預期二十秒後獲得食物。不過，後來的情況出乎意料。他同時運用前述兩種刺激因子，播放聲音又開燈，此時大鼠預期十五秒後獲得食物，恰好是兩種刺激因子的中間值，彷彿大鼠把兩個時間長度給平均了。

馬特爾對我說：「我十分相信動物的時間感具有一些量值的元素。動物不只是對多個時間長度取平均值而已，更是在取平均值的同時，依照各信號的成功機率來衡量結果。從動物的行為方式即可得知，動物的資訊處理能力在某方面擁有的是非常量化的類模擬資訊。我還是有點相信我們建構出的整體架構，也就是說，紋狀體安坐在那裡望著全體的皮質神經元，等食物來了就會釋出多巴胺脈衝，致使紋狀體神經元對相互作用的全體皮質神經元做記號，然後你坐在那裡望著紋狀體神經元等待那些相互作用的事件發生。然而，大腦皮質的活動模式並未增長。

「我認為此處就是這個領域的所在，也是難題的所在，哪一種皮質活動模式會讓時間流動的情況在心理上有增長之感？有沒有方法可以讓我們的樣態辨識模式促成更依序的行為？我深信這很有可能發生，我深信前述兩種概念肯定會產生某種合併的情況。可是，目前還不知道要怎麼樣才能達到那個目標。

「我認為，沒有人可以回答那個問題。我不想讓你面對這種局面，一副我對現況一無所知的樣子。可是，我真的一無所知，無法充分理解大腦現在是怎麼做到這件事。」馬特爾說，如果要獲得更樂觀的答案，應該跟梅克談談。「畢竟他在這門領域比我還要資深，他也沒有像我那樣抱著自我挫敗的態度，所以他會更願意推廣該模式，而我總是樂於指出當中的所有問題。」

幾天後，我打電話給梅克。梅克承認：「站在物理學者的觀點來看，那是個差勁的時鐘。」不但變異性極大，全體的神經元也會偏離，不同步的程度達百分之十至二十。梅克表示，相較之下，日變時鐘的變異性僅百分之一，「只是彈性小，只能量測二十四小時！」反之，梅克提出的內在時鐘很有彈性，能對數秒鐘至數分鐘的範圍進行時間測定，還能展現尺度不變性，有助於解釋帕金森氏症與思覺失調症患者經歷的時間失調。梅克表示，它並未違反純量計時理論，而是以該理論為基礎，再加上時鐘模組和回憶模組臻至完備，「使其『在生物學上貌似可信』，我們就是這麼形容的。」

最後，梅克說：「你看，我沒有為了做某件新的事情就去推翻節律器—累加器模式，這點對人們很重要，而其重要程度有如認知心理學的啟發模式。如果你的工作不需要你超出該範疇，那麼你可以就繼續這樣下去。可是，對我而言，身為學者，就應該是個探險家，就應該想要得知東西的運作方式，尤其是大腦裡頭。我認為自己的任務就是在這門領域鑽研得夠久、夠堅守信念、夠專業，對於外頭那些跟型態差異、多重時間尺度、記憶衰退有關的瘋狂概念，也能一一打倒。這需要好長一段時間才行。」

梅克已經準備好推動這門領域繼續往前走。梅克進入這門領域時，行為生物學者很厭惡內在時鐘的概念。下一步就是解譯生理學，仍在持續努力中，但不再考量以下的基本前提：那裡有某個或某些的時間測定機制有待探討。梅克向我描述第一代的時間研究員：「當時的我們埋首研究時間測定，其他一切都不顧。我們試圖去除掉研究工作中的多餘部分，好讓大家看到的就只有時間測定。」梅克表示，目前的世代「更關注現實世界的事物，他們不會聲稱時間測定很特別，他們認為時間測定只是大腦在學習時、在處理時、在經歷情緒時會做的其中一件事」。

卡地夫大學（Cardiff University）的認知神經心理學者凱瑟琳・瓊斯（Catherine Jones）也抱持同樣的看法。瓊斯說：「我對時間測定的了解已有許多進展。一九九〇年代晚期，我剛踏入這門領域，當時問題都已經明擺著了，那就是探討內在時鐘位於大腦裡的哪個位置。這個問題在當時並非主流。如今思維已經開闊了一點。現在，如果有別人提到某件事，我就會想，喔，那跟時間測定有關，比如說，我們要如何協調自己的言談與姿勢，以便達到更良好的溝通。」

瓊斯第一份研究職位是在倫敦大學學院的夏拉馬拉帕尼實驗室，專門研究帕金森氏症患者在運動和時間測定方面的缺陷。如今，瓊斯以自閉症為研究主題，想得知一些常見的自閉症行為（例如重複的動作、社交互動困難、多重感覺統合困難）能否視為時間測定失調。密西根州立大學有位年輕的行為與認知神經學者瑪麗莎・歐曼（Melissa Allman），她跟梅克、韋爾登攜手合作，也踏上相似的研究路線。歐曼對我說：「想到自閉症患者就是有點迷失在時間裡，我變得很想知道這類行為有沒有合理的解釋。」歐曼和瓊斯都強調，這個探詢路線還很新奇又是純理論，沒有具體的理論，大家對於自閉症相關的那些時間困難症狀，甚至也沒有取得一致的意見。她們說，不過有一天，或許就能找出嬰兒期提早出現的時間測定缺陷，用以篩檢出高風險兒童。

新加坡國立大學心理學者安妮特・薛默（Annett Schirmer）剛開始是研究情緒與非語言溝通，後來跟曾在梅克門下學習的研究生崔佛・潘尼（Trevor Penney）結婚，反倒迷上了時間測定。薛默對我說：「我現在是時間測定幫的一分子了。」薛默表示，情緒上的激動與時間測定的研究，多半是跟視覺刺激因子有關。比如說，在相同的時間長度下，我們會覺得生氣臉孔的圖片在螢幕上顯示的時間比不帶情感的刺激因子還要久。然而，薛默研究後發現，不帶情感的刺激因子其實有相反的作用。用訝異的口氣說出**啊**，聽者會覺得它的時間長度比不帶情感的**啊**還要短。薛默說，箇中原因還不清楚，不過聲音和嗓音帶來額外的動態變數（包括節奏在內），而這些動態變數是靜態圖片沒有的。無論如何，激動狀態導致內在時鐘的速度變快，從而致使時間扭曲，這個概念或許不是那麼清楚易懂。

薛默說：「這是可行的機制，但或許有其他機制影響我們的感知。」注意力即是其一。時間測定文獻談到注意力的作用，往往會說是跟情緒上的激動作用恰好相反。你會覺得生氣的臉孔顯示得比無表情的臉孔還要久，是因為生氣的臉孔會激起情緒，導致內在時鐘的速度加快；你會覺得螢幕上的禁忌語顯示得比中性的用語還要短，是因為禁忌語抓住了你的注意力；大腦無法專心計算滴答聲，漏掉了一些滴答聲，結果低估了時段的長度。然而，前述兩種類別有可能難以區分；表面上看來，**他媽的**、**混蛋**這類字眼似乎也同樣可能激起情緒，抓住你的注意力。

薛默說：「那正是微妙之處。那些可支持激動模式的證據，多半可解讀為注意力。或許，激動即是注意力，這是有可能的。從功能觀點來看，激動與注意力的關係密不可分。從演化觀點來看，對生存很重要的東西，往往能抓住我們的注意力，激起我們的行為。要讓某樣東西脫穎而出，那樣東西就必須在時間上脫穎而出，這樣我們才會採取行動並牢記在心。」

其實，時間測定研究有可能流於大而失當。瓊斯對我說：「時間之景幅員廣闊，沒有一位研究人員能全部涵蓋，我覺得就是做不到。時間分類學（taxonomy of time）究竟在哪？」「時間分類學」有如時間研究員的求援，希望有某種包羅萬象的系統讓這門龐大的研究領域變得有條理又連貫。「時間分類學」經常出現在近來的文獻裡，最新近的是二〇一六年的一篇論文，由梅克與加州大學柏克萊分校心理學者兼神經學者理查・艾佛瑞（Richard Ivry）共同撰寫。兩人如此寫道：「我們亟需現代的『時間分類學』。不同學科的研究員往往會援引不同的術語，採用不同的實驗方法，有時還會鑽研特定脈絡下獨有的問題。這門領域已日趨成熟，因此找出共通的語言，對於提出的問題採用更明確的表達，或許才有助益。」

共通的語言。我回想起當初在巴黎城外，跟國際度量衡局時間部部長費利希塔絲・阿里亞斯會面的情景。她給我看了世上最精準的時鐘，那是一疊紙張，紙張一角釘了釘書針，而如今紙張變成了電子郵件，不變的是仍舊分享給大家知道。我們就是藉由這種方式依循同一個時間。時間測定研究員需要某個類似的東西，或許是一兩本新的期刊，例如《時間測定與時間感》（*Timing & Time Perception*）或《時間測定與時間感評論》（*Timing & Time Perception Reviews*），或許是早就出版發行的其中一本期刊。總之，時間測定研究員需要語言版的時鐘。

我跟約翰·韋爾登再度會面，已是相隔幾年後的事。他說，他基本上是退休了。不過，一會兒之後，他又說，他覺得退休「有點無聊」，所以又開始教書了。他手上有幾項研究正在進行，但多半是協助年輕同僚的研究。他母親已經過世，享年九十一歲。他去埃及、南韓旅遊，還買了輛「退休車」，是保時捷，時速若超過一百三十公里，警報聲就會響起。

然而，時間感的某些層面還是讓他苦惱不已，其中一個老問題就是：「為什麼年紀越大，時間過得越快？」時間帶來的諸多難題當中，就屬這個問題最為常見、最為熟悉、最令人困惑。根據許多的研究，有多達百分之八十的受試者說，時間似乎隨著年紀的增長而加快速度。威廉·詹姆斯在《心理學原理》一書中寫道：「**我們的年紀越大，同一段時間**

似乎就變得越短，天、月、年，都變得越來越短。至於小時有沒有變短，仍有存疑。分鐘和秒鐘顯然維持不變。」然而，時間真的會隨著我們年紀變大而飛逝嗎？答案還是一如往常，多半取決於你對「時間」的看法。

韋爾登對我說：「這個問題很棘手。大家說時間變快了，那到底是什麼意思？有哪個適當的工具可用來衡量時間？就只是因為有人說他們覺得時間變快了，就只是因為對方同意你的看法，你問：『你年紀越大，時間就走得越快嗎？』對方答：『對啊，沒錯。』這樣並不表示對方說的沒錯，人啊，不管什麼事情都能表示贊同。其實，這個問題仍有待探討。在實驗方面，在記錄現實世界的現象方面，我們尚未開始使用適當的工具，也因此無從理解。」

至少有兩種方式可描述時間與年紀的難題。一段時間現在感覺上流逝得比年輕時還要快，這類的說法最為常見。比如說，到了四十歲，一年的時間似乎流逝得比十歲或二十歲的時候還要快。詹姆斯引用索邦大學哲學家保羅．傑奈（Paul Janet）的話：「凡是在回憶裡算出許多個五年的人，只需要質疑自身，就會發現上一個五年會比之前的五年還要快多了。想想在學的最後八個學年或十個學年，長如一世紀。再比較人生的最後八年或十年，短如一小時。」

為了說明這個印象，傑奈提出了一項準則：「一段時間的表面長度會跟年齡呈反比。」同樣的一年時間，五十歲男人在感覺上會比十歲男孩短五倍，因為一年在男人的人生佔了五十分之一，在男孩的人生佔了十分之一。至於我們為何會覺得時間隨年齡增長而加快速度，傑奈的論點引發了一連串類似的解釋，這些解釋可稱為比例理論（ratio theories）。

一九七五年，退休的辛辛那提大學化工教授羅伯特·蘭里奇（Robert Lemlich）在傑奈的準則加了個轉折（蘭里奇比較出名的，或許就是跟別人一起發明了泡沫分離技術的工業製程，即採用流動的泡沫去除液體裡的污染物）。蘭里奇認為，一段時間的主觀長度會跟年齡的平方根呈反比。蘭里奇寫出實際的等式，如下：

$$dS_1/dS_2=\sqrt{R_2/R_1}$$

dS_1/dS_2是一段時間跟數年前相比之下的相對流逝速度；R_2是目前年齡，R_1是數年前的年齡。如果你是四十歲，那麼一年的流逝速度是十歲的兩倍快，因為40÷10的平方根等於2（蘭里奇以謹慎的口吻表示，這個等式是「假設毫無長期創傷經驗或不尋常的經驗」）。這個等式的含義有可能讓人心生氣餒。嚴格來說，如果你四十歲，預期壽命是七十歲，那麼你的人生已經過了百分之五十七，可是根據蘭里奇的算法，在你主觀的總壽命中，你活了$\sqrt{(40/70)}$，相當於百分之七十五（依照蘭里奇的算法，樂觀來看，即使你的人生實際上只剩下一半，你永遠感覺不到）。

為了測試這個等式，蘭里奇進行實驗，召集三十一位的工程學生（平均年齡二十歲）與成人（平均年齡四十四歲），請他們估算現在的時間比以前快了多少或慢了多少，對照的時間是人生的以下兩個時期：目前年齡的一半歲數，目前年齡的四分之一歲數。幾乎所有受試者都表示，現在時間的流逝速度比前述兩個時間點還要快。幾年後，加拿大曼尼托巴省（Manitoba）的布蘭登大學（Brandon University）心理學者詹姆斯・沃克（James Walker）向一群年紀較大的學生（平均年齡二十九歲）詢問「目前覺得一年有多長」，並對照目前年齡二分之一歲數時以及目前年齡四分之一歲數時的看法，最後也獲得類似的結果。百分之七十四的人表示，年紀比較輕的時候，時間過得比較慢。一九八三年至一九九一年間，北阿拉巴馬大學心理學家查爾斯・朱伯特（Charles Joubert）進行另外三項對照研究，結果似乎也證實了傑奈與蘭里奇的看法。

用這種方式描述前述的研究議題，會有個問題，那就是用樂觀過頭的角度去看待人類的回憶。我記不得上週三午餐吃什麼，至於是比上上週三的午餐還要好吃還是難吃，就更記不得了。那麼，十年前、二十年前、四十年前的時間流逝速度，更是抽象多了的經驗，人能精確回想的可能性有多高呢？此外，正如詹姆斯所言，比例理論不太能解釋。詹姆斯寫道，傑奈提出的構想「大致呈現出這種現象」，卻「難以說是縮小了謎團」。詹姆斯認為，時間隨年齡增長而加快速度的經驗，很有可能是「回顧的視角簡化一切」所致。我們還年輕的時候，幾乎每一種經驗都是新的經驗，所以多年後那些經驗依舊歷歷在目。然而，隨著年紀的增長，習慣與例行事項成為常態；新奇的經驗越來越少（我們每件事都已經做過了），對於目前所處的時間，很少記在心上。最後，詹姆斯寫道：「日與週在回憶中漸漸被抹平成無數的單位，年漸漸空洞崩解。」

詹姆斯提出的陰鬱論點，屬於「回憶理論」（memory theories）的類別，算是洛克這個路線的。洛克認為，我們判斷過去一段時間的長短，是看我們記得那段時間裡發生過多少事件。那段時間要是有一堆值得懷念的事件，回想起來就會覺得過得很慢，覺得花了比較多的時間；那段時間要是沒什麼事情發生，回想起來就會覺得過得很快，不由得要問時間去了哪裡。回憶可藉由好幾種方法影響時間流逝的速度。情緒事件往往會在回憶中顯得突出，因此，對過度勞累的家長而言，比起過去四年忙著通勤、外出辦事、洗碗的生活，高中四年的生活在感覺上比較久，那時有第一次參加畢業舞會、第一輛車、畢業典禮，全都記錄在相片與剪貼簿裡，在回憶裡如此鮮明。我們對於人生中的某些時期——通常是十幾歲和二十幾歲——似乎也記得比較清楚，這種現象稱為「回憶高峰」（reminiscence bump），促使我們覺得過去的某段時間比較長。

這種歸因於回憶的論述，就是假設我們的年紀越大，人生中值得懷念的事情就越少。然而，少有證據指出這種說法為真，況且共通的經驗似乎也與之矛盾。在我的回憶裡，我碰見妻子的那一晚，比我在夏令營的初吻還要鮮明多了。我記不得第一次騎腳踏車的天氣如何，年紀多大，卻能想起幾年前的春天，某個晴朗的星期六，四十六歲的我放開了六歲兒子坐著的腳踏車座位，看著他在我的前方第一次靠自己的力量搖搖晃晃騎著腳踏車越過棒球場的草地。這五十年來，我旅行、愛人、迷失、重新開始，卻越趨覺得早年的回憶彷彿屬於別人，彷彿來自於前世，而我身上發生的每一件值得注目的事，彷彿都是發生在我結婚後、為人父的那幾年。在這段期間，兩個兒子在我的眼前漸漸成長，他們眼裡的每一件新事物，在我看來也覺得是新事物，那些新奇的體驗我等於是經歷了兩遍，字母、加法、乘法、鋼琴、在逾越節的家宴上提出四個問題、在後院多次練習、用左腿讓足球輕輕彎進網子右上角。

我確實覺得時間加快速度了，肯定是過得很快，不過，我這麼說是什麼意思？相較於過去，我最近幾年發生的事情比較少嗎？還是說，我逐漸認同孩子經歷的時間，孩子的時間比我的時間更沒負擔，更不匆忙，所以我才會覺得緊迫多了？我的時間飛逝，不可能是因為時間的內容**更不**值得懷念，那麼或許事實恰好相反，其實是更值得懷念，或者說，是值得懷念的事件更多了，於是我對於自己想做的所有可能值得懷念的事情，同時也是沒時間做也永遠不會做的事情，有了更深切的體認。時間真的隨著我年紀變大而加快速度嗎？還是說，時間那固定不變的速度之所以讓我更心煩意亂，純粹是因為我前面的時間變少了，讓我覺得更彌足珍貴？

初期有多項研究試圖從中理出個頭緒來，有一項一九六一年的研究甚至早於蘭里奇，該研究報告的題目是〈論年齡與主觀的時間速度〉（On Age and the Subjective Speed of Time），讓大家在偽科學方面學到很好的教訓。當時的研究員表示，人會覺得時間過得更快，是忙碌的感覺所致。研究員問道：「到底忙碌本身是重要的因素？還是說，忙碌會讓人覺得時間更寶貴？」研究員以兩組受試者為對象：一組是一百一十八位大學生，一組是一百六十位成人，年齡介於六十六歲與七十五歲之間。

每位受試者會收到一份清單，上面列出二十五個暗喻：

逃跑的小偷
快速移動的羽毛球
高速行駛的火車
陀螺
狼吞虎嚥的怪物
飛翔的鳥
飛行的太空船
奔流的瀑布
捲繞的線軸
行軍的雙腳
旋轉的大輪子
乏味的歌曲
風吹起的沙塵

紡紗的老婦
燃燒的蠟燭
一串珠子
萌發的葉芽
拄著柺杖的老頭子
飄過的雲朵
通往上方的階梯
廣闊的天空
越過丘陵的道路
平靜無波的海洋
直布羅陀巨岩

研究員請受試者思考每個暗喻有多「能讓你的心裡浮現出時間的樣貌」，五個最貼切的暗喻標為1，其次的五個標為2，再其次的五個標為3，依此類推。研究結果顯示，年輕人與年長者的時間經驗都很類似，兩組受試者都覺得最具代表性的暗喻是「快速移動的羽毛球」、「飛馳的馬術師」，最不具代表性的是「平靜無波的海洋」、「直布羅陀巨岩」。然而，經過某種額外的——且對現代讀者而言可疑又費解的——統計數據攪和之後，研究員推斷年長者通常認為速度快的暗喻會比靜態的暗喻更能代表他們的經驗，年輕人通常偏好靜態的暗喻。

然而，該項研究也有個明顯的方法缺陷。那些作者早就決定哪項要素會讓人更有時間快速流逝的印象，該項要素就是你忙碌的程度，或者說你認為時間有多寶貴。那些作者推論，如果忙碌的因素更為重要，那麼應該是年輕人會說時間變快了，畢竟年輕人比年長者更活躍。然而，卻是年長者說時間變快了。研究員據此推斷，時間的價值之所以是較為重要的因素，是因為「年長者更接近死亡，時間不多」。可是，那些作者只表示「年長的個體比從前更不忙碌、更不活躍」，卻未曾費心去證明這種說法是事實。至於人們有多重視自己的時間，唯一的衡量方式就是看他們對時間暗喻排列的順序。前述的研究試圖解釋我們為何會覺得時間隨年齡增長而加快速度，卻也跟其他研究一樣，只不過是用數字包裝起來的臆測。

為什麼我們會覺得時間隨年齡增長而加快速度？這個謎團還有另一個更簡單的解釋——時間根本沒有加快速度。的確，這種說法其實是個假設的前提，時間**實際上**並未隨年齡增長而加快速度，那只是一種印象。不過，部分的研究員後來改變立場，認為印象本身就是錯覺，時間只是表面上看似隨著年齡增長而加快速度。

乍看之下，先前的許多研究似乎都有一致的結果，超過三分之二（百分之六十七至百分之八十二）的受試者表示，年輕的時候，時間似乎過得比較慢。然而，如果我們對該印象信以為真，就應該預期該印象會隨年齡增長而逐漸浮現。假如四十歲眼中的一年時間在平均上比二十歲過得還要快，那麼研究調查結果應該是四十歲的年齡層會有更多人說時間過得比以前快。或者說，如果請兩組受試者描繪過去一年過得有多快，四十歲的受試者應該說過去一年過得更快了。某種變化程度會顯而易見，畢竟年紀較大的受試者會覺得時間飛逝的印象更為深刻。

可是，在數據上看不出來。兩個年齡層的受試者都有同樣的印象。三分之二的年長者說，現在時間流逝的速度比年輕時更快；三分之二的年輕人也是如此表示。在兩個年齡層中，有同樣比例的人說時間隨年齡增長而加快速度。結果竟是悖論，兩個年齡層的印象都是時間會隨年齡增長而流逝得更快，這就表示這種印象跟年齡的關係不大。

那麼，到底是怎麼回事？顯然有一堆人都經歷著**某些事情**，那到底是什麼？這種令人混淆的現象，有一部分出在這類研究請受試者思考時間的方式。研究員的問法是：「十年前，或二十年前，或三十年前，你對時間的流逝有何感受？」這類問題讓受試者無法給出確實的答案。如果真有什麼能衡量時間，也該去問受試者對當下時間的流逝有何感受，畢竟此時此刻的基礎稍微穩固一點。一般來說，時間變快的印象跟人的心理狀態比較有關係，忙碌程度的相關度大於年齡的相關度。正如西蒙・波娃（Simone de Beauvoir）所言：

「至於我們如何體驗到日常時間的流動，端賴於當中的內容物。」

一九九一年，多倫多的新寧醫學中心（Sunnybrook Medical Center）心理學者史帝夫·鮑姆（Steve Baum）和兩位同僚深入探討年長者的忙碌度與時間感。他們訪查三百位年長者，大部分是退休的猶太裔婦女，年齡介於六十二歲與九十四歲之間；半數的人比較活躍，另外半數的人較不活躍，較不活躍的那群人有許多都住在安養機構或設施裡。研究員先請受試者回答一連串的問題，藉此判定受試者的情緒狀態與快樂程度。然後，研究員會問：「你覺得現在的時間過得多快？」受試者要依指示回答，1表示「變快」，2表示「一樣」，3表示「變慢」。題目沒有指明特定的時段（例如一週、一年），對於「變快」或「變慢」所指的意思也很含糊。（到底是比什麼、比何時還要快或慢？）然而，結果還是跟其他研究一致，有百分之六十的受試者說，現在的時間變得比以前還要快。不過，抱持這種說法的受試者往往比同儕更為活躍，過著他們所說的有意義的生活，還覺得自己比實際年齡還要年輕。實際上，有百分之十三的受試者說，現在的時間過得比較慢，而這類受試者比別人更有可能表現出抑鬱的跡象。研究員如此推斷：「時間並未隨著年紀增長而加快速度。」

研究員寫道，時間會隨心理的安適感而加快速度。

對於「時間會隨年齡增長而加快速度」的觀點，最強烈的反證來自於過去十年間進行的三項研究。二〇〇五年，慕尼黑大學馬克．惠特曼（Marc Wittmann）和珊卓拉．倫霍夫（Sandra Lehnhoff）請五百位左右的德國和奧地利受試者回答一連串的問題。受試者的年齡介於十四歲與九十四歲之間，分成八個年齡層。問題如下：

你通常會覺得時間過得多快？

你預期接下來的一小時會過得多快？

你覺得上一週過得多快？

你覺得上個月過得多快？

你覺得前一年過得多快？

你覺得前十年過得多快？

受試者要依照五級分制回答各題，「極慢」是–2，「極快」是+2。這項研究跟先前的研究不一樣，並未費心要求受試者把自己過去對某個時段的印象跟現在的印象做比較，反倒是詢問不同年齡層的受試者，他們現在對於長短不一的時段的速度有何感受，全都是現在式。

研究結果相當明確，平均而言，各年齡層對於各時段都是回答1（「快」）；各年齡層之間並沒有統計上的差異，也少有跡象顯示年長者會比年輕人更覺得時間過得快。只有一個類別呈現出些微的差異：年紀大的受試者比年紀輕的受試者更有可能說過去十年過得很快。然而，影響很小，而且只有五十歲左右最為明顯；而五十歲至九十多歲的人全都表示，過去十年過得差不多一樣快（「1」）。

二〇一〇年，另有一項類似的實驗，受試者是一千七百多位的荷蘭人，年齡介於十六歲至八十歲之間，最後獲得差不多的研究結果。各年齡層都表示，平均而言，每個時段（短則一週、長則十年）都過得很「快」（「1」）。歐柏林學院的威廉·傅萊曼，杜克大學與阿姆斯特丹大學的史帝夫·詹森（Steve Janssen），兩人經研究後發現，各年齡層之間沒有統計上的差異，也少有跡象顯示年長者會比年輕人更覺得時間過得很快（「1」）。唯一的亮點就跟惠特曼和倫霍夫的研究一樣，就是有些微的跡象顯示，人們年紀大了，就更有可能說過去十年過得很快，最起碼直到五十歲為止是這樣，五十歲以後就呈現平穩狀態。

傅萊曼與詹森在受試者回應當中看到的小變化，不可歸因於年齡，而應歸因於受試者目前感知到自己的生活所承受的時間壓力有多少。除了提出時間流逝的問題以外，詹森和傅萊曼還構思出一連串的描述來判定受試者的忙碌感，例如：「經常沒有足夠的時間做我想要做或需要做的所有事情。」「我常常不得不匆忙做事，這樣才能做完每一件事。」受試者用分數表達同意度，–3代表「非常不同意」，+3代表「非常同意」。調查結果很貼近受試者的時間感，若受試者表示小時、星期、年過得「快」或「很快」，就比較可能會說生活很忙碌，或說沒辦法完成自己在一天內想要做的所有事情。二〇一四年，研究人員重複進行該項研究，該次是以八百多位日本受試者為對象，涵蓋所有年齡層，調查結果基本上並無二致。從所有的研究結果看來，時間似乎不是隨年齡而變快，而是隨時間壓力而變快，因此各年齡層的人們才會都說時間變快了，幾乎每個人都同樣覺得自己沒有時間。詹森對我說：「大家都覺得時間變快了，在所有尺度上皆是如此。」

然而，還有個有趣的亮點，詹森和傅萊曼的研究結果就跟惠特曼一樣，年長者比年輕人更會說時間在過去十年間變快了。人在三十幾歲時，比二十幾歲時更會說過去十年變快了一些，到了四十歲又會說過去十年又更快了一些（全都不出「1」或「快」的範圍內）。然而，五十歲以上的人會覺得過去十年的時間流逝速度差不多是一樣的。詹森還在努力釐清可能的原因，但他認為應該跟時間壓力沒關係。人們善於評估自己在過去一星期、過去一個月、過去一年承受多少時間壓力，但過去十年的時間壓力可能就沒那麼擅長了（此外，平均而言，受試者到了三十歲的時候，想必度過了相當忙碌的十年，忙碌程度跟五十歲不相上下）。或許，年輕人可以展望人生大事，而在這樣的期望下，他們覺得最近的十年過得慢。或許，二十歲世代和三十歲世代對過去十年記得的事件數量多過於年紀更大的人，於是顯得那十年比較長。不過，如果這就是原因，如果晚年值得懷念的事件比較少，導致我們覺得數十年的時間隨年齡增長而加快速度，那麼為什麼這個作用不會持續擴大，反倒

在五十歲後呈現平穩狀態？

五十多歲的人比年輕人更有可能說過去十年過得更快，到底是為什麼？詹森和惠特曼認為，還有一個更有道理的原因，那就是暗示的力量。「時間會隨年齡增長而飛逝得更快」，這種印象是民間信念，大家覺得年長者評估過去十年的時間流逝速度時，會比年輕人更容易受到影響。再把證據細想一次吧。儘管這種印象跟多數人的實際經驗並不相符，但是各年齡層一律都有這種印象。四十歲或五十歲的人並沒有比二十歲的人更會說過去一年、過去一週、過去一個月過得「很快」，原因就在於我們體驗的時間感跟年齡比較沒關係，反而對較短的時段都是覺得同樣忙碌。不過，在評估過去十年的時間流逝速度時，五十多歲的人會願意考量另一項因素，而就算年紀到了八十幾歲、九十幾歲，這項因素的效力顯然也不會增加。研究員認為，這項因素就是大家一般的觀念，也就是說，大家都認為時間會隨著年齡增長而飛逝得更快，也都覺得年長者更有可能認為自己的看法受到這種時間觀的影響。

我們之所以覺得時間隨著年紀變大而加快速度，是因為人云亦云，而這種說法未免流於循環論證，令人喪氣。不過，我也很清楚，這種說法有其適用之處。「時間會隨著年紀增長而飛逝」的老生常談，我曾經有好長一段時間予以忽視或摒棄，畢竟我年紀又沒有很老，「隨著年紀增長」這句話不該用在我身上。可是，最近我開始覺得年紀大了，也覺得那句話可以用在我身上了。時間沒有加快速度，時間的步調向來十分平穩，而我對這件事實有了更深刻的體會。

有一天，我出門辦事，搭乘地下鐵，前往曼哈頓城中區的中央車站。中央車站的地下鐵月台很深，有樓梯向上通往徒步層，徒步層有通勤人士穿過柵門來來往往，還有電扶梯向上通往一樓與二樓間的夾層。電扶梯的底端，有一位中年婦女在發送小冊子，她穿著黃色T恤，上面寫著「The End」（末日）字樣，她發給我的小冊子封面也寫著同樣的字。她大聲喊道：「上帝即將到來，我們全都知道！如果我們不知道日期，如何能做好準備？」

電扶梯的頂端，有個男人也在發送小冊子。他年紀較大，戴眼鏡，背略駝。他的黃色T恤上面也寫著相同的字樣，末日正下方的日期是五月二十一日。不到三週時間就到那個日期了。我心裡立即浮現一個刻薄的想法：「到了五月二十二日，要是世界末日顯然沒有到來的話，剩下的T恤該怎麼辦？」不過，我很快就繞回了人終歸一死的論述上。假如下個月、下週、接下來幾分鐘，一切真的結束了呢？所謂的末日，或許是大浩劫，或許是動脈瘤，或許是鐵砧從十樓掉到我身上，或許我會在睡夢中死去。我準備好了嗎？我是不是充分運用了自己的時間？我在那一刻有沒有充分運用時間？

一九二二年，巴黎報紙《果敢報》（*L'Intransigeant*）向讀者提問：「假如你知道世界末日即將到來，大難將至，最後幾個小時你想怎麼過？」有許多讀者回覆，其中一位是作家普魯斯特，他樂於思考該問題。普魯斯特寫道：「我認為假使真如你所言，我們即將死亡，那麼我們會突然覺得人生很美好。想想有多少個計畫、多少趟旅遊、多少次戀愛、多少項研究，被我們的生活給遮掩了，被我們的懶惰給隱匿了，還以為將來有一天會做，卻無止境地拖延。」普魯斯特認為，等到察覺死亡到來，才把注意力放在當下，實在可惜。我們當下所做的，多半是基於本能反應，而習慣是深思的大敵。何不在處於當下時，更常思考當下？

前一陣子，我回顧自己的日誌，發現幾年前記下的事情，當時我正要去圖書館還海德格的《時間概念》（*The Concept of Time*），半路經過中央車站。《時間概念》出版於一九二四年，基本上是裝訂的講義，當中概述的諸多概念日後出現在海德格的《存有與時間》（*Being and Time*）。《時間概念》在我手上好幾週了，突然發現歸還期限當天截止，連忙坐上火車趕赴紐約市，努力在快速減少的時間內，重新吸收海德格提出的時間概念。

海德格的論點中心是**此在**（Dasein），「此在」的概念難以說清，是指「在彼之存有」。

海德格還把「此在」界定成「在世存有」、「與別人共存之存有」、「那個存有者本身的存有，我們稱之為人生」，甚至是「可質疑的存有」（據我個人的看法，如果不得不編造另一個詞來界定時間的意義，也沒多大用處）。海德格對「此在」提出的最具體解釋，就是「此在」無法充分定義，要等到「此在」結束了，等到「此在」再也不存在之後，方能界定。「在結束之前，此在在本真上永遠不足它有可能成為的樣子」。

海德格一開始是研讀神學（後來加入納粹黨），還仔細研讀奧古斯丁的作品，海德格探討的概念跟奧古斯丁有些類似。從發出一個音調或音節作為開始吧，音調或音節的時間長度要等到結束後才能量測到是長是短。現在要等到之後回想時才能測定。海德格把前述的類比擴充成一般的存有，也就是人的存在要等到結束後才能充分衡量。無論某段時間是指下一個小時，還是一個人在地球上的時間，若未認知該段時間終將結束，就無法回答以下的問題：「我是不是充分運用了自己的時間？」就存在主義而言，時間的價值來自於有限性，**現在**是由**之後**界定。海德格寫道：「時間的基本現象就是未來。」

困難的地方在於，依照海德格的系統，存在問題永遠找不到令人滿意的答案；等你能提出滿意的答案，你就要死了。奧古斯丁認為，時間或許只不過是「意識張力」，也就是說，時間是在回憶與期望之間拉扯的現在心。海德格提出的是更緊繃的張力，在那當中我們永遠為了未來而努力，藉此評估我們現在的生活，有如後見之明。人的存有（即**此在**）總是「往前奔向過去」，而這個動作正是時間的含義。光是閱讀海德格的幾段文字就足以引發不安：「若用此在最大的存有可能性表達，此在**本身即為時間**，不是在時間**之內**……在往前奔去之時，堅守住我自己與我的過去，即是擁有時間。」

我沒有時間。火車抵達中央車站，我匆忙穿過車站，走過了繪有繁星的拱頂底下，走過了資訊站和球狀鐘，下樓搭乘地鐵，前往圖書館，期間還為未來的自己潦草寫了幾筆記錄，希望日後得以解譯。

約書亞和李奧到了四歲左右，開始提出一些難以回答的問題，比如說，什麼是死？你會死嗎？你什麼時候會死？我會死嗎？人是肉做的嗎？人會腐爛嗎？我死了以後，誰會吹熄我的生日蠟燭？誰會吃掉我的蛋糕？

我不是完全沒有準備。發展心理學者凱瑟琳・尼爾森表示，在這個年紀左右，自我會開始成形。小孩在頭幾年對於自己的記憶以及從別人那裡聽到的記憶，尚且無法區分。你把去超市的事情告訴小孩，小孩記得的方式就好像自己真的去了。對小孩而言，回憶的經驗本身就是如此新奇，彷彿所有的記憶都屬於小孩。小孩會漸漸明白自己的回憶只屬於自己，從而覺察到自己在時間內的連續性以及時間的流逝。小孩會體會到我是我，是細胞膜裡含有的覺知，是由我的回憶（昨天的我是我）和我的期望（明日的我是我）所構成；我以前是我，我以後也永遠是我。

有一天早上，早餐的時候，這個發展階段在我眼前具體成形，其中一個雙胞胎講了昨晚做的夢，也就是他醒來後實際上記得的第一個夢。是噩夢。他說，他在黑暗裡走著，有個聲音沒有形體，來到他面前問：「你是誰？」就算他不清楚，我也很清楚，那聲音是他自己的聲音。由此可見，這裡有兩個自我面對著彼此，一個自我是本身不自知，另一個自我有自知之明，懂得提出一道跟人類存在最為相關的問題。然而，新的自我一旦體會到其跨越時間的持續性，就會暫時停下來。**我永遠會是我**，那麼**永遠**是多久？自我若能留意到周遭一切都會終結，無可避免會推斷出自我有朝一日也會以某種方式終結。

雙胞胎睡在同一個房間，睡前我都會開著燈，坐在兩張床的中間講故事。有一天晚上，還沒開始講故事，其中一個小孩默默在哭。我問他怎麼了，他說：「世界末日會發生什麼事？」

「我想沒有人知道吧。」我說。

「可是，萬一世界末日**過了**，我還活著呢？」現在他開始啜泣。我梳理出他話裡的意思，他擔心的不是自己有一天會死，他擔心的是自己不會死，會獨自一個人留在這裡。我還沒想到要說什麼話才能稍微安慰他，又不會流於事實不正確。此時，他的兄弟插話了。「不可能。如果我運氣很好，可能會活到一百零三歲，甚至可能會活到一百一十五歲。」

他不哭了，回嘴：「你不可能活到超過一百二十歲。」前一陣子，他讀了《金氏世界紀錄大全》（*Guinness Book of World Records*）。

「應該活不到。」我說：「可是，沒人知道自己什麼時候會死。」

「要看你常不常運動。」另一個孩子說。

「你什麼也不用擔心。」我對他說：「世界不會不等你就結束，懂嗎？」

「世界不等他**就會**結束。」另一個孩子堅持：「他不等世界就結束。」

「爸爸，你知道世界什麼時候會死嗎？」

「不知道世界什麼時候會死，那是很久以後的事。」

「那麼是什麼讓世界結束呢？」

「嗯，有好幾個理論。」我說。

「說一個吧。」

我說，嗯，太陽一直在變大，也許有一天會大到吞噬地球。「不過那是很久很久以後的事，是我們想像不到的。」

「那第二個理論呢？」

「黑洞會吞掉我們。」他的兄弟說。
「對，也許黑洞會吞掉我們。」我說。
「第三個呢？」
我開始解釋，宇宙剛開始是一個小點，然後爆炸，現在很大，可是最後會停止擴張，甚至也許會縮小，恢復到當初的一小點。「於是我們被壓縮到那個小點裡。」我說。
「真的嗎？」
「也許吧。」我說。
「好久好久以後才會發生？」
「對，好久以後。」
「那麼，到時候我們都死了。」
「對，我們都死了。」我說。
「爸爸，別的理論呢？」
「我們再想一個理論，然後就要想著上床睡覺的事。」我說。

「爸，世界變成一小點，以後有可能會再爆炸嗎？」

「當然有可能，可能會再從頭開始。」

「可能不會。」他說。

「可能不會。」我說：「不過，想一想也很有趣。」

最近，兩個兒子最大的憂慮跟我父母有關。我母親將近九十歲，我父親九十出頭，他們住在我小時候住的那間房子裡，離我們家有數小時之遠。他們簡直是人類生物學上的奇蹟，一天比一天更叫人敬佩。他們從事園藝，在教會唱詩班唱歌，每週都去健身房跟教練報到，一起健身。他們有各種活動要參加，例如：讀書會、攝影社、字謎、電影等。他們還在開車，我很煩惱。我們經常帶著兩個兒子去探訪他們，可是還不夠頻繁。

幾年前的夏天，我跟父親、兩個兒子一起去了州政府辦的園遊會。我從小時候起，幾乎每年都會跟父母一起去園遊會。園遊會為期數天，從八月底到九月初，廣闊的露天場地上搭了一堆帳篷和攤子。有公雞啼叫比賽、乳牛賽、花卉展、百衲被展覽、蝴蝶展，一排排的傳家兔玩偶和傳家鴿玩偶，大談木工活好招攬生意的鬍子男，販賣攪拌機和楓糖味棉花糖的攤販。那裡的遊樂場有讓人暈頭轉向的設施，也有靠技巧取勝的遊戲，還有每年都會擺設的奶油雕像。

我們從購物城搭乘接駁車，免去停車的麻煩。父親開始講起戰爭的事情，他一九四四年被徵召入伍，但視力不好，軍隊沒讓他上戰場打仗，我和手足都應該感激這件事。在戰後的幾個月期間，父親駐守在巴黎城外的國軍醫院，擔任文書。週末，他會跟同僚一起進城，把配給的香菸給賣出去，買進香水和絲襪，賣給基地的軍人。他說，那期間，他一直在學法語，在心裡反覆念著。他踏入公車或走到某處，有時法文片語會突然浮現在他的腦海裡，彷彿他正在排練戲劇。

他說，最近他有了新的內心獨白，想著自己年紀有多大，想著哪些朋友即將離開。他是指即將死亡，這幾年，我父母有幾位好友相繼離世。他提到了自己用的處方眼藥水。他說，有時，他會拿起藥瓶，想著一隻眼睛帶來的奇蹟，想著兩隻眼睛竟然還能視物。他說，有時他是在坐馬桶時浮現這些想法，這一點很有意思，進去而後出來，通過我們這個生物系統又使之增強，直到再也沒有效用為止。

他反覆做著同樣的夢，夢裡，他成了孩子，坐在汽車前座，開車的是他父親。在其中一個夢裡，他們從山區往下朝平原開去，他看見道路的盡頭有好幾條岔路。那些岔路向外開展，通往不同方向。他擔心起來，不曉得哪一條才是正確的，不曉得自己要去哪裡。

有好幾週的時間，修表店的人在手機上留了好幾個訊息，他說我的腕表修好了，我什麼時候過去拿？他最新的訊息說，如果不去拿手表，他馬上就要把它給賣掉。於是，某個秋日，在把手表交給修表店的幾個月後，我搭火車到中央車站，走到第五大道去領手表。

我到店裡的時候，修表匠坐在桌前，透過珠寶商專用顯微鏡，凝視著一只手表。他抬起頭來，認出了我，然後找出一只小塑膠袋，裡頭裝了我的腕表。他把塑膠袋遞給我。沒人在等，於是我問他，有沒有十五分鐘的時間可以跟我說說他是怎麼成為修表匠的。他用很重的口音說：「十五分鐘？為什麼要十五分鐘？只要五分鐘就能說完所有的事情。」

他在烏克蘭長大，十五歲就跟父母說，再也不想去上學，他想要做別的事情，卻不知道要做什麼。有人建議製表，所以他就進了製表這行。當時，在戰後的俄羅斯，手表零件難以取得，於是他的工作經常要親手製作零件。他說，如今製表商都仰賴自家品牌專用的零件，不過修表偶爾需要別的零件，他輕輕鬆鬆就能自行製作出來。他越過桌子，拿了一只勞力士回來，背面是開的，露出一堆旋轉的齒輪構成的小宇宙。他面露得意，指著裡頭一支微小的軸桿，軸桿讓手表的平衡擺輪固定就位，是他親手做的。我問，這工作哪方面最讓他滿意。他對我投以困惑的眼神，說：「修手表啊。有人把手表帶過來，手表不會走，我把它修好，就能走了，這樣我就滿意了。」

我付完款，回到中央車站。火車要再過一陣子才會到站，於是我坐在咖啡館的桌子前，拿出我的手表。那位修表匠對我說，他把它做成防水的。我發現手表比我的手機快了兩分鐘。我把表戴在手腕上，再度感受到熟悉的重量，然後頓時忘了手表的存在。

我環顧四周。汽水吧台的高腳椅上，有兩位年長的婦人坐著聊天。附近的一張桌子，一對法國夫妻和兩個小孩正在吃冰淇淋甜筒。一名神父匆忙走過。我看見一個女人正在用筆記型電腦寫東西，一個男人把一隻手肘擺在桌上，一隻手墊在下巴底下，獨自睡著。四周的人們要麼看自己的手機，要麼講手機，要麼互相聊天，到處充滿著做生意和交談的嗡嗡聲，那是群居動物努力在群體裡相互連結及同步的聲音。

這種作用帶來慰藉感，過去幾個月來，我都在家裡工作，已經好一陣子沒有自己身為齒輪的感覺。我看了手表一眼，火車再十二分鐘到站。晚餐時間固定要做的事情，還有哄小孩睡覺，蘇珊和我都是輪流做，而今天晚上輪到我了。我以前老是很怕輪到我，兩個兒子都愛反抗，從洗澡、刷牙、穿睡衣，一直到睡前講故事的時間，應該是簡單的敘事文，他們卻打造成史詩，混合了荷馬和馮內果（K. Vonmegut）的風格，橫生枝節又引人焦慮。最後，這篇史詩終於結束，燈關了，兩個兒子睡了，我往往也睡了，睡在他們房裡的地板上。

根據育兒書籍的某個理論，幼兒之所以不願意睡覺，是因為害怕睡覺。對幼兒而言，隔天早上醒來的經驗還很新奇，「晚安」感覺上太像是「再見」了。然而，最近幾週，情況有所轉變，兩個兒子開始願意睡覺了，夜晚平靜下來的過程，緊張少了些，愉快多了些。有一段時間，有個孩子需要我們摸摸他的背，好讓他放鬆下來，漸漸入睡。現在，摸背這件事多半是讓我安心用的，他會忍個一兩分鐘，然後用婉轉的語氣小聲說：「你現在可以走開了。」

我那兩個兒子年紀大到開始問起這本書的時候，我知道自己該寫完書才是。「書裡在講什麼？為什麼要寫那麼久？」我每天該寫多少頁，每頁該寫多少字，他們都有意見。晚餐時間，他們會問我，我是不是達到字數了，還會提出看法，比如說：「J・K・羅琳寫書的速度比**那個**快多了。」有一天，他們坐在汽車後座，提出書名的建議。一個說《搞不懂時間》（*Time Is Confusing*），我頓時覺得很貼切，不過這書名的吸引力可能不大；另一個說《時間忘掉的人》（*The People That Time Forgot*），聽起來像是精彩的冒險故事，不過也像是無意間暗指他自己和另一個遭到忽視的家人。

幾年前，早在我有小孩以前，甚至早在我結婚以前，某位有小孩的朋友說：「有小孩的問題在於，過了一陣子，就會忘記有小孩以前是怎麼過的。」這個看法叫人難以置信，未來的自己竟然會為了某個只有我一半體型的人的期望與需求，讓自己的往來活動完全受到限制，還一副很幸福的樣子，簡直無法想像。不過，後來發生的事情正是那樣。我擔起父親的角色，有時會覺得自己好像正在把一艘船給大卸八塊，用拆下的木頭為別人打造一艘船。我把自己像拆木板那樣逐一拆開，重新排列，直到最後，我那生子前的人生只留下一樣東西：這本書。生子後，時間比以前更少了，我必須利用僅有的零星片段，例如晚上、週末、夏季、假日。寫書的過程雜亂無章又耗費心力，這似乎很正常，畢竟之前一直是這樣，沒辦法長時間書寫。可是，在下雨的週六，在深夜裡，進入寫書的狀態，猶如進入溫暖又低矮的閣樓空間。想像這個寫書的案子永遠不會結束，確實很吸引人。或許會有人認為，這本書花了那麼久，成了我不想放手的小孩，而它的命運是我實際上可以控制的。

我也想要知道自己應對時間的策略是不是聰明反被聰明誤。奧古斯丁認為，行進中的一個音節、一行句子、詩的一節，就是時間的具體表現；時間展開在過去與未來之間、在回憶與期望之間，橫跨了現在與容納現在的自我。奧古斯丁寫道：「總的來看，詩是如此，個別的詩節與音節也同樣是如此。整個冗長的表演亦是這般，而在那表演當中，這首詩或許只是單一的項目。」假設書籍也是一樣：只要書仍處於行進中的狀態，作者的現在永遠不會結束。可以想見這個邏輯會帶領我們前往何處。永生有如一本永遠不會完結的書。

一個句子可以揭露出許多訊息，奧古斯丁更是如此寫道，所有重要的訊息都在句子裡。這一路上，我在某一處丟失了現在時態與訊息的線索。那個訊息就是：靈魂（這時如此稱之比較好）就在靈魂的談話中，就在現在仍從某人嘴唇吐露出來卻未說完的句子裡。

要等到我去了岸邊，才算是夏天，或者夏天的結尾。我說的可不是湖岸，湖岸的波浪閒散，腳底泥濘，還看得見水草從湖底冒出來。我需要的是名副其實的海岸，有白色的沙丘，有輕柔的海風吹得救生員的旗子劈啪作響，光是坐在那裡，頭髮就鹹了，波浪洶湧拍岸，激得浪花四濺，讓人想起了自己和諾曼地之間只有海洋相隔。有好長一段時間，兩個兒子對這種海灘既著迷又恐懼，應該的，可是我心知肚明，等到他們愛上海灘的那一年，夏天就會以一種永恆的姿態降臨。那年他們五歲。美國勞工節的長週末，是怠惰與紀律之間幸福的間歇期，時日褪下了名字，暗示著某種永恆。颶風來了又走，留下了太陽和浪沫。午後，兩個孩子學著讓海浪撲打自己的正確方式，好讓海水從鼻子那裡流下來。然後，開始退潮，現在該要建造沙堡了。

在手裡裝滿沙子，翻過來，稱之為建築，就是人類的一大樂事。我們在潮線之下的最低承受點，挑了個位置。這塊地位於主要洪泛區，地勢平坦，沙子的濕度完美，卻也易受攻擊；等到漲潮的時候，我們的作品會第一個崩解。短短幾分鐘，其中一個孩子已經匆忙堆好了幾個沙堆，形成一處小村落，周圍有蜿蜒的矮牆防護。我在矮牆前方挖了一條護城河，這樣到時候第一波海浪來襲，就能減緩衝擊力道。此外，還在護城河前面蓋了防波堤。他留神望著，既快樂又驚訝。他大喊：「我們永遠不會有這麼多的時間！」我想，他話裡的意思是說，他從來沒有那麼靠近過大浪（當時還在退潮），心裡卻毫無畏懼又不慌不忙。我注意到年紀較輕的家長都在海灘上比較高的地方。孩子再次得意地說道：「看看我們的小村子。我們永遠不會有這麼多的時間！」

尼采認為——其實是心理分析師史蒂芬．米契爾（Stephen Mitchell）主張尼采如此認為——我們可以從一個人蓋沙堡的方式，判定那個人與時間的關係。第一類的人會猶豫地著手開始，決心要精雕細琢，卻又擔心海浪必定復返，擔心最後海浪來到時，會因重大損失而震驚不已。第二類的人甚至連開始都不願意，既然潮水會毀掉沙堡，幹麼還要白費心力去蓋？第三類的人——尼采視為男子漢的典範——會接受那個無可避免的未來，不顧一切投入工作當中，愉快卻不健忘。

我認為自己屬於第三類，不過如果我是屬於第一類，那可就有福了。另一個兒子不聽我好言相勸，逕自在沙村的防波堤和防護牆的前方，著手開始進行自己的工程計畫，做出一個小沙堆。第一個迷途的波浪把他的沙堆打成了濕淋淋的小土團，惹得他落下眼淚。他開始堆第二個沙堆，那沙堆不久就崩解了，然後他又堆了一個。我想，尼采應該為他設立第四類，有點與眾不同又孤注一擲的人。此時，潮水洶湧復返，第一波小浪沖上海灘。他第一個受到衝擊，海浪隨後越過我蓋的防波堤和護城河，沖過村外的矮牆，浪在牆後捲繞，淹沒街道。第一個孩子站在城牆後方，面對潮水，張開雙臂，咧嘴露出小大人的笑容。

「末日來了！末日來了！」

他是個巨人。他從來沒有這麼快樂過，我羨慕他。

誌謝

本書的面世，感謝所羅門．H．古根漢基金會（Solomon H. Guggenheim Foundation）與麥克道威爾文藝營（MacDowell Colony）的支持。

資料來源備註

探討時間的文獻無以計數。自從有史以來，就有作者盡情傾訴他們對時間這個主題的想法，許多的想法是以趣聞的形式展現豐富的思想或引發爭論，少有想法是符合科學的，直到最近才有所轉變。我冒著忽視哲學與宗教思維的危險（不過實際上的目標也確實是如此），這裡主要著眼於藉由實驗來探究人類與時間的關係，而這番努力是源自於約一百五十年前的初衷。我從事研究時也十分清楚，就算是立意良善的實驗，也有可能設計不佳，也有可能產生模糊或矛盾的結果，也有可能只處理到我們的時間經驗當中很狹隘的層面，因此在實驗室設下的限制條件之外，還會不會出現同樣的結果，實在難說。

此外，就連這一小部分的文獻——約略侷限於實驗及實驗結果——也都是龐雜量多。我才開始不久就碰到尤利烏斯・T・弗雷澤（Julius T. Fraser）的人生大作，在跨學科的時間研究上，弗雷澤堪稱第一把交椅。一九六六年，弗雷澤創立國際時間研究協會，每三年召開一次大會，有各種的時間研究員前來參與會議，有物理學者、康德派哲學家、中世紀歷史學者、神經生物學者、人類學者、研究普魯斯特的學者。弗雷澤陸續收集論文，整理成十冊兼容並蓄、尋求真理的《時間研究》（*The Study of Time*）系列書籍。他還撰寫及編輯其他幾本書籍，有《時間──熟悉的陌生人》（*Time, the Familiar Stranger*）、《時間的聲音》（*The Voices of Time: A Cooperative Survey of Man's View of Time as Expressed by the Humanities*）。詩人兼學者弗雷德里克·特納（Frederick Turner）以敬佩的語氣說，弗雷澤是「集愛因斯坦、尤達大師、甘道夫、詹森博士、蘇格拉底、舊約上帝、格魯喬·馬克思於一身」。我聽說弗雷澤退休了，遷居康乃狄克州。可是，等到我讀夠了他的作品，有自信去找他時，他已經去世，享年八十七歲。

讀者不應視本書為時間的百科全書（時間的百科全書最起碼有兩本：第一本出版於一九九四年，洋洋灑灑七百頁，重達一公斤半；第二本出版於二〇〇九年，有三冊，共一千六百頁，重達五公斤）。我敢打包票，讀者提出的每一道時間問題，光憑本書的紙頁是回答不完的。於是，我轉而考量讀者與作者雙方的興趣，設限在人類辦得到的程度，也就是針對我在時間領域很感興趣的部分進行簡單扼要的研究調查，希望讀者對這些部分也很感興趣。那些希望閱讀更多的讀者，可參閱下面的主要參考來源。小心墮入窘境。

參考書目

前言

Augustine. *The Confessions.* Translated by Maria Boulding. New York: Vintage Books, 1998.
Gilbreth, Frank B., and Lillian Moller Gilbreth. *Fatigue Study: the Elimination of Humanity's Greatest Unnecessary Waste, a First Step in Motion Study.* New York: Macmillan Company, 1919.
Gilbreth, Frank B., and Robert Thurston Kent. *Motion Study, a Method for Increasing the Efficiency of the Workmen.* New York: D. Van Nostrand, 1911.
Gleick, James. *Faster: The Acceleration of Just about Everything.* New York: Pantheon Books, 1999.
James, William. "Does Consciousness Exist?" *Journal of Philosophy, Psychology and Scientific Methods* 1, no. 18 (1904).
Lakoff, George, and Mark Johnson. *Philosophy in the Flesh. The Embodied Mind and Its Challenge to Western Thought.* New York: Basic Books, 1999.
Robinson, John P., and Geoffrey Godbey. *Time for Life: The Surprising Ways Americans Use Their Time.* University Park, PA: Pennsylvania State University Press, 1997.

時

Adam, Barbara. *Timewatch: The Social Analysis of Time.* Cambridge, UK: Polity Press, 1995.
Arias, Elisa Felicitas. "The Metrology of Time." *Philosophical Transactions Series A, Mathematical, Physical, and Engineering Sciences* 363, no. 1834 (2005): 2289–2305.
Battersby, S. "The Lady Who Sold Time." *New Scientist*, February 25–March 3, 2006, 52–53.
Brann, Eva T. H. *What, Then, Is Time?* Lanham, MD: Rowman & Littlefield, 1999.
Cockell, Charles S., and Lynn J. Rothschild. "The Effects of Ultraviolet Radiation A and B on Diurnal Variation in Photosynthesis in Three Taxonomically and Ecologically Diverse Microbial Mats." *Photochemisty and Photobiology* 69 (1999): 203–10.
Friedman, William J. "Developmental and Cognitive Perspectives on Humans' Sense of the Times of Past and Future Events." *Learning and Motivation* 36, no. 2 (2005): 145–58.
Goff, Jacques Le. *Time, Work, and Culture in the Middle Ages.* Chicago: University of Chicago Press, 1980.
Koriat, Asher, and Baruch Fischhoff. "What Day Is Today? An Inquiry into the Process of Temporal Orientation." *Memory and Cognition* 2, no. 2 (1974): 201–5.
Parker, Thomas E., and Demetrios Matsakis. "Time and Frequency Dissemination: Advances in GPS Transfer Techniques." *GPS World*, November 2004, 32–38.
Rifkin, Jeremy. *Time Wars: The Primary Conflict in Human History.* New York: H. Holt, 1987.
Rooney, David. *Ruth Belville: The Greenwich Time Lady.* London: National Maritime Museum, 2008.
Zerubavel, Eviatar. *Hidden Rhythms: Schedules and Calendars in Social Life.* Chicago: University of Chicago Press, 1981.
———. *The Seven Day Circle: The History and Meaning of the Week.* New York: Free Press, 1985.

日

Alden, Robert. "Explorer Tells of Cave Ordeal." *New York Times*, September 20, 1962.
Antle, Michael C., and Rae Silver. "Orchestrating Time: Arrangements of the Brain Circadian Clock." *Trends in Neurosciences* 28, no. 3 (2005): 145–51.
Basner, Mathias, David F. Dinges, Daniel Mollicone, Adrian Ecker, Christopher W. Jones, Eric C. Hyder, Adrian Di, et al. "Mars 520-D Mission Simulation Reveals Protracted Crew Hypokinesis and Alterations of Sleep Duration and Timing." *Proceedings of the National Academy of Sciences of the United States of America* 110, no. 7 (2012): 2635–40.
Bertolucci, Cristiano, and Augusto Foà. "Extraocular Photoreception and Circadian Entrainment in Nonmammalian Vertebrates." *Chronobiology International* 21, no. 4–5 (2004): 501–19.
Bradshaw, W. E., and C. M. Holzapfel. "Genetic Shift in Photoperiodic ResponseCorrelated with Global Warming." *Proceedings of the National Academy of Sciences of the United States of America* 98, no. 25 (2001): 14509–11.
Bray, M. S., and M. E. Young. "Circadian Rhythms in the Development of Obesity: Potential Role for the Circadian Clock within the Adipocyte." *Obesity Reviews* 8, no. 2 (2007): 169-81.
Byrd, Richard Evelyn. *Alone: The Classic Polar Adventure.* New York: Kodansha International, 1995.
Castillo, Marina R., Kelly J. Hochstetler, Ronald J. Tavernier, Dana M. Greene, Abel Bult-ito. "Entrainment of the Master Circadian Clock by Scheduled Feeding." *American Journal of Physiology. Regulatory, Integrative and Comparative Physiology* 287 (2004): 551–55.

Cockell, Charles S., and Lynn J. Rothschild. "Photosynthetic Rhythmicity in an Antarctic Microbial Mat and Some Considerations on Polar Circadian Rhythms." *Antarctic Journal* 32 (1997): 156–57.

Coppack, Timothy, and Francisco Pulido. "Photoperiodic Response and the Adaptability of Avian Life Cycles to Environmental Change." *Advances in Ecological Research* 35 (2004): 131–50.

Covington, Michael F., and Stacey L. Harmer. "The Circadian Clock Regulates Auxin Signaling and Responses in Arabidopsis." *PLoS Biology* 5, no. 8 (2007): 1773–84.

Czeisler, C. A., J. S. Allan, S. H. Strogatz, J. M. Ronda, R. Sanchez, C. D. Rios, W. O. Freitag, G. S. Richardson, and R. E. Kronauer. "Bright Light Resets the Human Circadian Pacemaker Independent of the Timing of the Sleep-Wake Cycle." *Science* 233, no. 4764 (1986): 667–71.

Czeisler, Charles A., Jeanne F. Duffy, Theresa L. Shanahan, Emery N. Brown, F. Jude, David W. Rimmer, Joseph M. Ronda, et al. "Stability, Precision, and near-24-Hour Period of the Human Circadian Pacemaker." *Science* 284, no. 5423 (1999): 2177–81.

Dijk, D. J., D. F. Neri, J. K. Wyatt, J. M. Ronda, E. Riel, A. Ritz-De Cecco, R. J. Hughes, et al. "Sleep, Performance, Circadian Rhythms, and Light-Dark Cycles during Two Space Shuttle Flights." *American Journal of Physiology. Regulatory, Integrative and Comparative Physiology* 281, no. 5 (2001): R1647–64.

Dunlap, Jay C. "Molecular Bases for Circadian Clocks (Review)." *Cell* 96, no. 2 (1999): 271–90.

Figueiro, Mariana G., and Mark S. Rea. "Evening Daylight May Cause Adolescents to Sleep Less in Spring Than in Winter." *Chronobiology International* 27, no. 6 (2010): 1242–58.

Foer, Joshua. "Caveman: An Interview with Michel Siffre." *Cabinet Magazine* no. 30, Summer 2008, http://www.cabinetmagazine.org/issues/30/foer.php.

Foster, Russell G. "Keeping an Eye on the Time." *Investigative Ophthalmology* 43, no. 5 (2002): 1286–98.

Froy, Oren. "The Relationship between Nutrition and Circadian Rhythms in Mammals." *Frontiers in Neuroendocrinology* 28, no. 2–3 (2007): 61–71.

Golden, Susan S. "Meshing the Gears of the Cyanobacterial Circadian Clock." *Proceedings of the National Academy of Sciences* 101, no. 38 (2004): 13697–98.

———. "Timekeeping in Bacteria: The Cyanobacterial Circadian Clock." *Current Opinion in Microbiology* 6, no. 6 (2003): 535–40.

Golden, Susan S., and Shannon R. Canales. "Cyanobacterial Circadian Clocks: Timing Is Everything." *Nature Reviews. Microbiology* 1, no. 3 (2003): 191–99.

Golombek, Diego A., Javier A. Calcagno, and Carlos M. Luquet. "Circadian Activity Rhythm of the Chinstrap Penguin of Isla Media Luna, South Shetland Islands, Argentine Antarctica." *Journal of Field Ornithology* 62, no. 3 (1991): 293–428.

Gooley, J. J., J. Lu, T. C. Chou, T. E. Scammell, and C. B. Saper. "Melanopsin in Cells of Origin of the Retinohypothalamic Tract." *Nature Neuroscience* 4, no. 12 (2001): 1165.

Gronfier, Claude, Kenneth P. Wright, Richard E. Kronauer, and Charles A. Czeisler. "Entrainment of the Human Circadian Pacemaker to Longerthan-24-H Days." *Proceedings of the National Academy of Sciences of the United States of America* 104, no. 21 (2007): 9081–86.

Hamermesh, Daniel S., Caitlin Knowles Myers, and Mark L. Pocock. "Cues for Timing and Coordination: Latitude, Letterman, and Longitude." *Journal of Labor Economics* 26, no. 2 (2008): 223–46.

Hao, H., and S. A. Rivkees. "The Biological Clock of Very Premature Primate Infants Is Responsive to Light." *Proceedings of the National Academy of Sciences of the United States of America* 96, no. 5 (1999): 2426–29.

Hellwegera, Ferdi L. "Resonating Circadian Clocks Enhance Fitness in Cyanobacteria in Silico." *Ecological Modelling* 221, no. 12 (2010): 1620–29.

Johnson, Carl Hirschie, and Martin Egli. "Visualizing a Biological Clockwork's Cogs." *Nature Structural and Molecular Biology* 11, no. 7 (2004): 584–85.

Johnson, Carl Hirschie, Tetsuya Mori, and Yao Xu. "A Cyanobacterial Circadian Clockwork." *Current Biology* 18, no. 17 (2008): R816–25.

Kohsaka, Akira, and Joseph Bass. "A Sense of Time: How Molecular Clocks Organize Metabolism." *Trends in Endocrinology and Metabolism* 18, no. 1 (2007): 4–11.

Kondo, T. "A Cyanobacterial Circadian Clock Based on the Kai Oscillator." In *Cold Spring Harbor Symposia on Quantitative Biology* 72, (2007): 47–55.

Konopka, R. J., and S. Benzer. "Clock Mutants of Drosophila Melanogastermelanogaster." *Proceedings of the National Academy of Sciences of the United States of America* 68, no. 9 (1971): 2112–16.

Lockley, Steven W., and Joshua J. Gooley. "Circadian Photoreception: Spotlight on the Brain." *Current Biology* 16, no. 18 (2006): R795–97.

Lu, Weiqun, Qing Jun Meng, Nicholas J. C. Tyler, Karl-Arne Stokkan, and Andrew S. I. Loudon. "A Circadian Clock Is Not Required in an Arctic Mammal." *Current Biology* 20, no. 6 (2010): 533–37.

Lubkin, Virginia, Pouneh Beizai, and Alfredo A. Sadun. "The Eye as Metronome of the Body." *Survey of Ophthalmology* 47, no. 1 (2002): 17–26.

Mann, N. P. "Effect of Night and Day on Preterm Infants in a Newborn Nursery: Randomised Trial." *British Medical Journal* 293 (November 1986): 1265–67.

McClung, Robertson. "Plant Circadian Rhythms." *Plant Cell* 18 (April 2006): 792–803.

Meier-Koll, Alfred, Ursula Hall, Ulrike Hellwig, Gertrud Kott, and Verena Meier-Koll. "A Biological Oscillator System and the Development of Sleep–Waking Behavior during Early Infancy." *Chronobiologia* 5, no. 4 (1978): 425–40.

Menaker, Michael. "Circadian Rhythms. Circadian Photoreception." *Science* 299, no. 5604 (2003): 213–14.

Mendoza, Jorge. "Circadian Clocks: Setting Time by Food." *Journal of Neuroendocrinology* 19, no. 2 (2007): 127–37.

Mills, J. N., D. S. Minors, J. M. Waterhouse, and M. Manchester. "The Circadian Rhythms of Human Subjects without Timepieces or Indication of the Alternation of Day and Night." *Journal of Physiology* 240, no. 3 (1974): 567–94.

Mirmiran, Majid, J. H. Kok, K. Boer, and H. Wolf. "Perinatal Development of Human Circadian Rhythms: Role of the Foetal Biological Clock." *Neuroscience and Biobehavioral Reviews* 16, no. 3 (1992): 371–78.

Mittag, Maria, Stefanie Kiaulehn, and Carl Hirschie Johnson. "The Circadian Clock in Chlamydomonas Reinhardtiireinhardtii: What Is It For? What Is It Similar To?" *Plant Physiology* 127, no. 2 (2005): 399–409.

Monk, T. H., K. S. Kennedy, L. R. Rose, and J. M. Linenger. "Decreased Human Circadian Pacemaker Influence after 100 Days in Space: A Case Study." *Psychosomatic Medicine* 63, no. 6 (2001): 881–85.

Monk, Timothy H., Daniel J. Buysse, Bart D. Billy, Kathy S. Kennedy, and Linda M. Willrich. "Sleep and Circadian Rhythms in Four Orbiting Astronauts." *Journal of Biological Rhythms* 13 (June 1998): 188–201.

Murayama, Yoriko, Atsushi Mukaiyama, Keiko Imai, Yasuhiro Onoue, Akina Tsunoda, Atsushi Nohara, Tatsuro Ishida, et al. "Tracking and Visualizing the Circadian Ticking of the Cyanobacterial Clock Protein KaiC in Solution." *EMBO Journal* 30, no. 1 (2011): 68–78.

Nikaido, S. S., and C. H. Johnson. "Daily and Circadian Variation in Survival from Ultraviolet Radiation in Chlamydomonas Reinhardtiireinhardtii." *Photochemistry and Photobiology* 71, no. 6 (2000): 758–65.

O'Neill, John S., and Akhilesh B. Reddy. "Circadian Clocks in Human Red Blood Cells." *Nature* 469, no. 7331 (2011): 498–503.

Ouyang, Yan, Carol R. Andersson, Takao Kondo, Susan S. Golden, and Carl Hirschie Johnson. "Resonating Circadian Clocks Enhance Fitness in Cyanobacteria." *Proceedings of the National Academy of Sciences of the United States of America* 95 (July 1998): 8660–64.

Palmer, John D. *The Living Clock: The Orchestrator of Biological Rhythms*. Oxford: Oxford University Press, 2002.

Panda, Satchidananda, John B. Hogenesch, and Steve A. Kay. "Circadian Rhythms from Flies to Human." *Nature* 417, no. 6886 (2002): 329–35.

Pöppel, Ernst. "Time Perception." In *Handbook of Sensory Physiology*. Vol. 8, *Perception*, edited by R. Held, H. W. Leibowitz, and H. L. Teubner. Berlin: Springer-Verlag, 1978, 713–29.

Ptitsyn, Andrey A., Sanjin Zvonic, Steven A. Conrad, L. Keith Scott, Randall L. Mynatt, and Jeffrey M Gimble "Circadian Clocks Are Resounding in Peripheral Tissues." *PLoS Computational Biology* 2, no. 3 (2006): 126–35.
Ptitsyn, Andrey A., Sanjin Zvonic, and Jeffrey M. Gimble. "Digital Signal Processing Reveals Circadian Baseline Oscillation in Majority of Mammalian Genes." *PLoS Computational Biology* 3, no. 6 (2007): 1108–14.
Ramsey, Kathryn Moynihan, Biliana Marcheva, Akira Kohsaka, and Joseph Bass. "The Clockwork of Metabolism." *Annual Review of Nutrition* 27, (2007): 219–40.
Reppert, S. M. "Maternal Entrainment of the Developing Circadian System." *Annals of the New York Academy of Sciences* 453 (1985): 162–69, fig. 2.
Revel, Florent G., Annika Herwig, Marie-Laure Garidou, Hugues Dardente, Jérôme S. Menet, Mireille Masson-Pévet, Valérie Simonneaux, Michel Saboureau, and Paul Pévet. "The Circadian Clock Stops Ticking during Deep Hibernation in the European Hamster." *Proceedings of the National Academy of Sciences of the United States of America* 104, no. 34 (2007): 13816–20.
Rivkees, Scott A. "Developing Circadian Rhythmicity in Infants." *Pediatrics* 112, no. 2 (2003): 373–81.
Rivkees, Scott A., P. L. Hofman, and J. Fortman. "Newborn Primate Infants Are Entrained by Low Intensity Lighting." *Proceedings of the National Academy of Sciences of the* United States *of America* 94, no. 1 (1997): 292–97.
Rivkees, Scott A., Linda Mayes, Harris Jacobs, and Ian Gross. "Rest-Activity Patterns of Premature Infants Are Regulated by Cycled Lighting." *Pediatrics* 113, no. 4 (2004): 833–39.
Rivkees, Scott A., and S. M. Reppert. "Perinatal Development of Day-Night Rhythms in Humans." *Hormone Research* 37, Supplement 3 (1992): 99–104.
Roenneberg, Till, Karla V. Allebrandt, Martha Merrow, and Céline Vetter. "Social Jetlag and Obesity." *Current Biology* 22, no. 10 (2012): 939–43.
Roenneberg, Till, and Martha Merrow. "Light Reception: Discovering the Clock-Eye in Mammals." *Current Biology* 12, no. 5 (2002): R163–65.
Rubin, Elad B., Yair Shemesh, Mira Cohen, Sharona Elgavish, Hugh M. Robertson, and Guy Bloch. "Molecular and Phylogenetic Analyses Reveal Mammalian-like Clockwork in the Honey Bee (Apis Melliferamellifera) and Shed New Light on the Molecular Evolution of the Circadian Clock." *Genome Research* 16, no. 11 (2006): 1352–65.
Scheer, Frank A. J. L., Michael F. Hilton, Christos S. Mantzoros, and Steven A. Shea. "Adverse Metabolic and Cardiovascular Consequences of Circadian Misalignment." *Proceedings of the National Academy of Sciences of the United States of America* 106, no. 11 (2009): 4453–58.
Scheer, Frank A. J. L., Kenneth P. Wright, Richard E. Kronauer, and Charles A. Czeisler. "Plasticity of the Intrinsic Period of the Human Circadian Timing System." *PLoS ONE* 2, no. 8 (2007): e721.
Siffre, Michel. *Hors du temps: L'expérience du 16 juillet 1962 au fond du gouffre de Scarasson par celui qui l'a vécue.* Paris: R. Julliard, 1963.
———. "Six Months Alone in a Cave." *National Geographic*, March 1975, 426–35.
Skuladottir, Arna, Marga Thome, and Alfons Ramel. "Improving Day and Night Sleep Problems in Infants by Changing Day Time Sleep Rhythm: A Single Group before and after Study." *International Journal of Nursing Studies* 42, no. 8 (2005): 843–50.
Sorek, Michal, Yosef Z. Yacobi, Modi Roopin, Ilana Berman-Frank, and Oren Levy. "Photosynthetic Circadian Rhythmicity Patterns of Symbiodinium, the Coral Endosymbiotic Algae." *Proceedings. Biological Sciences / The Royal Society* 280 (2013): 20122942.
Stevens, Richard G., and Yong Zhu. "Electric Light, Particularly at Night, Disrupts Human Circadian Rhythmicity: Is That a Problem?" *Philosophical Transactions of the Royal Society of London. Series B, Biological Sciences* 370, no. 1667 (March 16, 2015): 20140120.
Stokkan, Karl-Arne, Shin Yamazaki, Hajime Tei, Yoshiyuki Sakaki, and Michael Menaker. "Entrainment of the Circadian Clock in the Liver by Feeding." *Science* 291 (2001): 490–93.
Strogatz, Steven H. *Sync: The Emerging Science of Spontaneous Order.* New York: Hyperion, 2003.
Suzuki, Lena, and Carl Hirschie Johnson. "Algae Know the Time of Day: Circadian and Photoperiodic Programs." *Journal of Phycology* 37, no. 6 (2001): 933–42.
Takahashi, Joseph S., Kazuhiro Shimomura, and Vivek Kumar. "Searching for Genes Underlying Circadian Rhythms." *Science* 322 (November 7, 2008): 909–12.
Tavernier, Ronald J., Angela L. Largen, and Abel Bult-ito. "Circadian Organization of a Subarctic Rodent, the Northern Red-Backed Vole (Clethrionomys Rutilusrutilus)." *Journal of Biological Rhythms* 19, no. 3 (2004): 238–47.
United States Congress, Office of Technology Assessment. *Biological Rhythms: Implications for the Worker.* Washington, D.C.: U.S. Government Printing Office, 1991.
Van Oort, Bob E. H., Nicholas J. C. Tyler, Menno P. Gerkema, Lars Folkow, Arnoldus Schytte Blix, and Karl-Arne Stokkan. "Circadian Organization in Reindeer." *Nature* 438, no. 7071 (2005): 1095–96.
Weiner, Jonathan. *Time, Love, Memory: A Great Biologist and His Quest for the Origins of Behavior.* New York: Knopf, 1999.
Wittmann, Marc, Jenny Dinich, Martha Merrow, and Till Roenneberg. "Social Jetlag: Misalignment of Biological and Social Time." *Chronobiology International* 23, no. 1–2 (2006): 497–509.
Woelfle, Mark A., Yan Ouyang, Kittiporn Phanvijhitsiri, and Carl Hirschie Johnson. "The Adaptive Value of Circadian Clocks: An Experimental Assessment in Cyanobacteria." *Current Biology* 14 (August 24, 2004): 1481–86.
Wright, Kenneth P., Andrew W. McHill, Brian R. Birks, Brandon R. Griffin, Thomas Rusterholz, and Evan D. Chinoy. "Entrainment of the Human Circadian Clock to the Natural Light-Dark Cycle." *Current Biology* 23, no. 16 (2013): 1554–58.
Xu, Yao, Tetsuya Mori, and Carl Hirschie Johnson. "Cyanobacterial Circadian Clockwork: Roles of KaiA, KaiB and the KaiBC Promoter in Regulating KaiC." *EMBO Journal* 22, no. 9 (2003): 2117–26.
Zivkovic, Bora, "Circadian Clock without DNA: History and the Power of Metaphor." *Observations* (blog), *Scientific American* (2011): 1–25.

當下

Allport, D. A. "Phenomenal Simultaneity and the Perceptual Moment Hypothesis." *British Journal of Psychology* 59, no. 4 (1968): 395–406.
Baugh, Frank G., and Ludy T. Benjamin. "Walter Miles, Pop Warner, B. C. Graves, and the Psychology of Football." *Journal of the History of the Behavioral Sciences* 42, Winter (2006): 3–18.
Blatter, Jeremy. "Screening the Psychological Laboratory: Hugo Münsterberg, Psychotechnics, and the Cinema, 1892–1916." *Science in Context* 28, no. 1 (2015): 53–76.
Boring, Edwin Garrigues. *A History of Experimental Psychology.* New York: Appleton-Century-Crofts, 1950.
———. *Sensation and Perception in the History of Experimental Psychology.* New York: Appleton-Century-Crofts, 1942.
Buonomano, Dean V., Jennifer Bramen, and Mahsa Khodadadifar. "Influence of the Interstimulus Interval on Temporal Processing and Learning: Testing the State-Dependent Network Model." *Philosophical Transactions of the Royal Society of London. Series B, Biological Sciences* 364, no. 1525 (2009): 1865–73.
Cai, Mingbo, David M. Eagleman, and Wei Ji Ma. "Perceived Duration Is Reduced by Repetition but Not by High-Level Expectation." *Journal of Vision* 15, no. 13 (2015): 1–17.

Cai, Mingbo, Chess Stetson, and David M. Eagleman. "A Neural Model for Temporal Order Judgments and Their Active Recalibration: A Common Mechanism for Space and Time?" *Frontiers in Psychology* 3 (November 2012): 470.
Campbell, Leah A., and Richard A. Bryant. "How Time Flies: A Study of Novice Skydivers." *Behaviour Research and Therapy* 45, no. 6 (2007): 1389–92.
Canales, Jimena. "Exit the Frog, Enter the Human: Physiology and Experimental Psychology in Nineteenth-Century Astronomy." *British Journal for the History of Science* 34, no. 2 (2001): 173–97.
———. *A Tenth of a Second: A History*. Chicago: University of Chicago Press, 2009.
Dierig, Sven. "Engines for Experiment: Labor Revolution and Industrial in the Nineteenth-Century City." In *Osiris*. Vol. 18, *Science and the City*, edited by Sven Dierig, Jens Lachmund, and Andrew Mendelsohn. University of Chicago Press, 2003, 116–34.
Dollar, John, director and producer. "Prisoner of Consciousness." *Equinox*, season 1, episode 3. Channel 4 (UK), aired August 4, 1986.
Duncombe, Raynor L. "Personal Equation in Astronomy." *Popular Astronomy* 53 (1945): 2–13, 63–76, 110–121.
Eagleman, David M. "How Does the Timing of Neural Signals Map onto the Timing of Perception?" In *Space and Time in Perception and Action*, edited by R. Nijhawan and B. Khurana. Cambridge, UK: Cambridge University Press, 2010, 216–31.
———. "Human Time Perception and Its Illusions." *Current Opinion in Neurobiology* 18, no. 2 (2008): 131–36.
———. "Motion Integration and Postdiction in Visual Awareness." *Science* 287, no. 5460 (2000): 2036–38.
———. "The Where and When of Intention." *Science* 303, no. 5661 (2004): 1144–46.
Eagleman, David M., and Alex O. Holcombe. "Causality and the Perception of Time." *Trends in Cognitive Sciences* 6, no. 8 (2002): 323–25.
Eagleman, David M., and Vani Pariyadath. "Is Subjective Duration a Signature of Coding Efficiency?" *Philosophical Transactions of the Royal Society of London. Series B, Biological Sciences* 364, no. 1525 (2009): 1841–51.
Eagleman, David M., P. U. Tse, Dean V. Buonomano, P. Janssen, A. C. Nobre, and A. O. Holcombe. "Time and the Brain: How Subjective Time Relates to Neural Time." *Journal of Neuroscience* 25, no. 45 (2005): 10369–71.
Efron, R. "The Duration of the Present." *Annals of the New York Academy of Sciences* 138 (February 1967): 712–29.
Ekirch, A. Roger. *At Day's Close: Night in Times Past*. New York: W. W. Norton, 2006.
Engel, Andreas K., Pascal Fries, P. König, Michael Brecht, and Wolf Singer. "Temporal Binding, Binocular Rivalry, and Consciousness." *Consciousness and Cognition* 8, no. 2 (1999): 128–51.
Engel, Andreas K., Pieter R. Roelfsema, Pascal Fries, Michael Brecht, and Wolf Singer. "Role of the Temporal Domain for Response Selection and Perceptual Binding." *Cerebral Cortex* 7, no. 6 (1997): 571–82.
Engel, Andreas K., and Wolf Singer. "Temporal Binding and the Neural Correlates of Sensory Awareness." *Trends in Cognitive Sciences* 5, no. 1 (2001): 16–25.
Friedman, William J. *About Time: Inventing the Fourth Dimension*. Cambridge, MA: MIT Press, 1990.
———. "Developmental and Cognitive Perspectives on Humans' Sense of the Times of Past and Future Events." *Learning and Motivation* 36, no. 2 Special Issue (2005): 145–58.
———. "Developmental Perspectives on the Psychology of Time." In *Psychology of Time*, edited by Simon Grondin. Bingley, UK: Emerald, 2008, 345–66.
———. "The Development of Children's Knowledge of Temporal Structure." *Child Development* 57, no. 6 (1986): 1386–1400.
———. "The Development of Children's Knowledge of the Times of Future Events." *Child Development* 71, no. 4 (2000): 913–32.
———. "The Development of Children's Understanding of Cyclic Aspects of Time." *Child Development* 48, no. 4 (1977): 1593–99.
———. "The Development of Infants' Perception of Arrows of Time." *Infant Behavior and Development* 19, Supplement 1 (1996): 161.
Friedman, William J., and Susan L. Brudos. "On Routes and Routines: The Early Development of Spatial and Temporal Representations." *Cognitive Development* 3, no. 2 (1988): 167–82.
Galison, Peter L. *Einstein's Clocks and Poincaré's Maps: Empires of Time*. New York: W. W. Norton, 2003.
Galison, Peter L., and D. Graham Burnett. "Einstein, Poincaré and Modernity: A Conversation." *Time* 132, no. 2 (2009): 41–55.
Gillings, Annabel, director and producer. "Daytime." *Time*, episode 1. BBC Four, aired on July 30, 2007.
Granier-Deferre, Carolyn, Sophie Bassereau, Aurélie Ribeiro, Anne-Yvonne Jacquet, and Anthony J. Decasper. "A Melodic Contour Repeatedly Experienced by Human Near-Term Fetuses Elicits a Profound Cardiac Reaction One Month after Birth." *PloS One* 6, no. 2 (2011): e17304.
Green, Christopher D., and Ludy T. Benjamin. *Psychology Gets in the Game: Sport, Mind, and Behavior, 1880–1960*. Lincoln: University of Nebraska Press, 2009.
Haggard, P., S. Clark, and J. Kalogeras. "Voluntary Action and Conscious Awareness." *Nature Neuroscience* 5, no. 4 (2002): 382–85.
Hale, Matthew. *Human Science and Social Order: Hugo Münsterberg and the Origins of Applied Psychology*. Philadelphia: Temple University Press, 1980.
Helfrich, Hede. *Time and Mind II: Information Processing Perspectives*. Toronto: Hogrefe & Huber, 2003.
Hoerl, Christoph, and Teresa McCormack. *Time and Memory: Issues in Philosophy and Psychology*. Oxford: Clarendon Press, 2001.
James, William. *The Principles of Psychology*. London: Macmillan, 1901.
Jenkins, Adrianna C., C. Neil Macrae, and Jason P. Mitchell. "Repetition Suppression of Ventromedial Prefrontal Activity during Judgments of Self and Others." *Proceedings of the National Academy of Sciences of the United States of America* 105, no. 11 (2008): 4507–12.
Karmarkar, Uma R., and Dean V. Buonomano. "Timing in the Absence of Clocks: Encoding Time in Neural Network States." *Neuron* 53, no. 3 (2007): 427–38.
Kline, Keith A., and David M. Eagleman. "Evidence against the Temporal Subsampling Account of Illusory Motion Reversal." *Journal of Vision* 8, no. 4 (2008): 13.1–13.5.
Kline, Keith A., Alex O. Holcombe, and David M. Eagleman. "Illusory Motion Reversal Is Caused by Rivalry, Not by Perceptual Snapshots of the Visual Field." *Vision Research* 44, no. 23 (2004): 2653–58.
Kornspan, Alan S. "Contributions to Sport Psychology: Walter R. Miles and the Early Studies on the Motor Skills of Athletes." *Comprehensive Psychology* 3, no. 1, article 17 (2014): 1–11.
Kreimeier, Klaus, and Annemone Ligensa. *Film 1900: Technology, Perception, Culture*. New Burnet, UK: John Libbey, 2009.
Lejeune, Helga, and John H. Wearden. "Vierordt's 'The Experimental Study of the Time Sense' (1868) and Its Legacy." *European Journal of Cognitive Psychology* 21, no. 6 (2009): 941–60.
Levin, Harry, and Ann Buckler-Addis. *The Eye–Voice Span*. Cambridge, MA: MIT Press, 1979.
Lewkowicz, David J. "The Development of Intersensory Temporal Perception: An Epigenetic Systems/Limitations View." *Psychological Bulletin* 126, no. 2 (2000): 281–308.
———. "Development of Multisensory Temporal Perception." In *The Neural Bases of Multisensory Processes*, edited by M. M. Murray and M. T. Wallace. Boca Raton, FL: CRC Press/Taylor & Francis, 2012, 325–44.

———. "The Role of Temporal Factors in Infant Behavior and Development." In *Time and Human Cognition*, edited by I. Levin and D. Zakay. North-Holland: Elsevier Science Publishers, 1989, 1–43.
Lewkowicz, David J., Irene Leo, and Francesca Simion. "Intersensory Perception at Birth: Newborns Match Nonhuman Primate Faces and Voices." *Infancy* 15, no. 1 (2010): 46–60.
Leyden, W. von. "History and the Concept of Relative Time." *History and Theory* 2, no. 3 (1963): 263–85.
Lickliter, R., and L. E. Bahrick. "The Development of Infant Intersensory Perception: Advantages of a Comparative Convergent-Operations Approach." *Psychological Bulletin* 126, no. 2 (2000): 260–80.
Matthews, William J., and Warren H. Meck. "Time Perception: The Bad News and the Good." *Wiley Interdisciplinary Reviews: Cognitive Science* 5, no. 4 (2014): 429–46.
Matthews, William J., Devin B. Terhune, Hedderik Van Rijn, David M. Eagleman, Marc A. Sommer, and Warren H. Meck. "Subjective Duration as a Signature of Coding Efficiency: Emerging Links among Stimulus Repetition, Predictive Coding, and Cortical GABA Levels." *Timing & Time Perception Reviews* 1, no. 5 (2014): 1–5.
Münsterberg, Hugo, and Allan Langdale. *Hugo Münsterberg on Film: The Photoplay: A Psychological Study, and Other Writings*. New York: Routledge, 2002.
Myers, Gerald E. "William James on Time Perception." *Philosophy of Science* 38, no. 3 (1971): 353–60.
Neil, Patricia A., Christine Chee-Ruiter, Christian Scheier, David J. Lewkowicz, and Shinsuke Shimojo. "Development of Multisensory Spatial Integration and Perception in Humans." *Developmental Science* 9, no. 5 (2006): 454–64.
Nelson, Katherine. "Emergence of the Storied Mind." In *Language in Cognitive Development: The Emergence of the Mediated Mind*. Cambridge, UK: Cambridge University Press, 1996, 183–291.
———. "Emergence of Autobiographical Memory at Age 4." *Human Development* 35, no. 3 (1992): 172–77.
Nichols, Herbert. *The Psychology of Time*. New York: Henry Holt, 1891.
Nijhawan, Romi. "Visual Prediction: Psychophysics and Neurophysiology of Compensation for Time Delays." *Behavioral and Brain Sciences* 31, no. 2 (2008): 179–98; discussion 198–239.
Nijhawan, Romi, and Beena Khurana. *Space and Time in Perception and Action*. Cambridge, UK: Cambridge University Press, 2010.
Pariyadath, Vani, and David M. Eagleman. "Brief Subjective Durations Contract with Repetition." *Journal of Vision* 8, no. 16 (2008): 1–6.
———. "The Effect of Predictability on Subjective Duration." *PloS One* 2, no. 11 (2007): e1264.
Pariyadath, Vani, Mark H. Plitt, Sara J. Churchill, and David M. Eagleman. "Why Overlearned Sequences Are Special: Distinct Neural Networks for Ordinal Sequences." *Frontiers in Human Neuroscience* 6 (December 2012): 1–9.
Piaget, Jean. "Time Perception in Children." In *The Voices of Time: A Cooperative Survey of Man's Views of Time as Expressed by the Sciences and by the Humanities*, edited by Julius Thomas Fraser, Amherst, MA: University of Massachusetts Press, 1981, 202–16.
Plato. *Parmenides*. Translated by R. E. Allen. New Haven, CT: Yale University Press, 1998.
Pöppel, Ernst. "Lost in Time: A Historical Frame, Elementary Processing Units and the 3-Second Window." *Acta Neurobiologiae Experimentalis* 64, no. 3 (2004): 295–301.
———. *Mindworks: Time and Conscious Experience*. Boston: Harcourt Brace Jovanovich, 1988.
Purves, D., J. A. Paydarfar, and T. J. Andrews. "The Wagon Wheel Illusion in Movies and Reality." *Proceedings of the National Academy of Sciences of the United States of America* 93, no. 8 (1996): 3693–97.
Richardson, Robert D. *William James: In the Maelstrom of American Modernism: A Biography*. Boston: Houghton Mifflin, 2006.
Sacks, Oliver. "A Neurologist's Notebook: The Abyss." *The New Yorker*, September 24, 2007, 100–11.
Schaffer, Simon. "Astronomers Mark Time: Discipline and the Personal Equation." *Science in Context* 2, no. 1 (1988): 115–45.
Schmidgen, Henning. "Mind, the Gap: The Discovery of Physiological Time." In *Film 1900: Technology, Perception, Culture*, edited by K. Kreimeier and A. Ligensa, 53–65. New Burnet, UK: John Libbey, 2009.
———. "Of Frogs and Men: The Origins of Psychophysiological Time Experiments, 1850–1865." *Endeavour* 26, no. 4 (2002): 142–48.
———. "Time and Noise: The Stable Surroundings of Reaction Experiments, 1860–1890." *Studies in History and Philosophy of Biological and Biomedical Sciences* 34, no. 2 (2003): 237–75.
Scripture, Edward Wheeler. *Thinking Feeling Doing*. Meadville, PA: Flood and Vincent, 1895.
Solnit, Rebecca. *River of Shadows: Eadweard Muybridge and the Technological Wild West*. New York: Viking, 2003.
VanRullen, Rufin, and Christof Koch. "Is Perception Discrete or Continuous?" *Trends in Cognitive Sciences* 7, no. 5 (2003): 207–13.
Vatakis, Argiro, and Charles Spence. "Evaluating the Influence of the 'Unity Assumption' on the Temporal Perception of Realistic Audiovisual Stimuli." *Acta Psychologica* 127, no. 1 (2008): 12–23.
Wearing, Deborah. *Forever Today: A Memoir of Love and Amnesia*. London: Doubleday, 2005.
———. "The Man Who Keeps Falling in Love with His Wife." *The Telegraph*, January 12, 2005, http://www.telegraph.co.uk/news/health/3313452/The-man-who-keeps-falling-in-love-with-his-wife.html.
Wojtach, William T., Kyongje Sung, Sandra Truong, and Dale Purves. "An Empirical Explanation of the Flash-Lag Effect." *Proceedings of the National Academy of Sciences of the United States of America* 105, no. 42 (2008): 16338–43.
Wundt, Wilhelm. *An Introduction to Psychology*. Translated by Rudolf Pinter. London, 1912.

時光飛逝

Alexander, Iona, Alan Cowey, and Vincent Walsh. "The Right Parietal Cortex and Time Perception: Back to Critchley and the Zeitraffer Phenomenon," *Cognitive Neuropsychology* 22, no. 3 (May 2005): 306–15.
Allan, Lorraine, Peter D. Balsam, Russell Church, and Herbert Terrace. "John Gibbon (1934–2001) Obituary." *American Psychologist* 57, no. 6-7 (2002): 436–37.
Allman, Melissa J., and Warren H. Meck. "Pathophysiological Distortions in Time Perception and Timed Performance," *Brain* 135, no. 3 (2012): 656–77.
Allman, Melissa J., Sundeep Teki, Timothy D. Griffiths, and Warren H. Meck. "Properties of the Internal Clock: First- and Second-Order Principles of Subjective Time," *Annual Review of Psychology* 65 (2014): 743–71.
Angrilli, Alessandro, Paolo Cherubini, Antonella Pavese, and Sara Manfredini. "The Influence of Affective Factors on Time Perception." *Perception & Psychophysics* 59, no. 6 (1997): 972–82.
Arantes, Joana, Mark E. Berg, and John H. Wearden. "Females' Duration Estimates of Briefly-Viewed Male, but Not Female, Photographs Depend on Attractiveness." *Evolutionary Psychology* 11,

no. 1 (2013): 104–19.
Arstila, Valtteri. *Subjective Time: The Philosophy, Psychology, and Neuroscience of Temporality*. Cambridge, MA: MIT Press, 2014.
Baer, Karl Ernst von. "*Welche Auffassung der lebenden Natur ist die richtige? und Wie ist diese Auffassung auf die Entomologie anzuwenden?*" Speech in St. Petersburg 1860. Edited by H. Schmitzdorff. St. Petersburg: Verlag der kaiser, Hofbuchhandl, 1864, 237–84.
Battelli, Lorella, Vincent Walsh, Alvaro Pascual-Leone, and Patrick Cavanagh. "The 'When' Parietal Pathway Explored by Lesion Studies." *Current Opinion in Neurobiology* 18, no. 2 (2008): 120–26.
Bauer, Patricia J. *Remembering the Times of Our Lives: Memory in Infancy and Beyond*. Mahwah, NJ: Lawrence Erlbaum Associates, 2007.
Baum, Steve K., Russell L. Boxley, and Marcia Sokolowski. "Time Perception and Psychological Well-Being in the Elderly." *Psychiatric Quarterly* 56, no. 1 (1984): 54–60.
Belot, Michèle, Vincent P. Crawford, and Cecilia Heyes. "Players of Matching Pennies Automatically Imitate Opponents' Gestures Against Strong Incentives." *Proceedings of the National Academy of Sciences of the United States of America* 110, no. 8 (2013): 2763–68.
Bergson, Henri. *An Introduction to Metaphysics: The Creative Mind*. Totowa, NJ: Littlefield, Adams, 1975.
Blewett, A. E. "Abnormal Subjective Time Experience in Depression." *British Journal of Psychiatry* 161 (August 1992): 195–200.
Block, Richard A., and Dan Zakay. "Timing and Remembering the Past, the Present, and the Future." In *Psychology of Time*, edited by Simon Grondin. Bingley, UK: Emerald, 2008, 367–94.
Brand, Matthias, Esther Fujiwara, Elke Kalbe, Hans-Peter Steingass, Josef Kessler, and Hans J. Markowitsch. "Cognitive Estimation and Affective Judgments in Alcoholic Korsakoff Patients." *Journal of Clinical and Experimental Neuropsychology* 25, no. 3 (2003): 324–34.
Bschor, T., M. Ising, M. Bauer, U. Lewitzka, M. Skerstupeit, B. Müller-Oerlinghausen, and C. Baethge. "Time Experience and Time Judgment in Major Depression, Mania and Healthy Subjects: A Controlled Study of 93 Subjects." *Acta Psychiatrica Scandinavica* 109, no. 3 (2004): 222–29.
Bueti, Domenica, and Vincent Walsh. "The Parietal Cortex and the Representation of Time, Space, Number and Other Magnitudes." *Philosophical Transactions of the Royal Society of London. Series B, Biological Sciences* 364, no. 1525 (2009): 1831–40.
Buhusi, Catalin V., and Warren H. Meck. "Relative Time Sharing: New Findings and an Extension of the Resource Allocation Model of Temporal Processing." *Philosophical Transactions of the Royal Society of London. Series B, Biological Sciences* 364, no. 1525 (2009): 1875–85.
Church, Russell M. "A Tribute to John Gibbon." *Behavioural Processes* 57, no. 2–3 (2002): 261–74.
Church, Russell M., Warren H. Meck, and John Gibbon. "Application of Scalar Timing Theory to Individual Trials." *Journal of Experimental Psychology Animal Behavior Processes* 20, no. 2 (1994): 135–55.
Conway III, Lucian Gideon. "Social Contagion of Time Perception." *Journal of Experimental Social Psychology* 40, no. 1 (2004): 113–20.
Coull, Jennifer T., and A. C. Nobre. "Where and When to Pay Attention: The Neural Systems for Directing Attention to Spatial Locations and to Time Intervals as Revealed by Both PET and fMRI." *Journal of Neuroscience* 18, no. 18 (1998): 7426–35.
Coull, Jennifer T., Franck Vidal, Bruno Nazarian, and Françoise Macar. "Functional Anatomy of the Attentional Modulation of Time Estimation." *Science* (New York) 303, no. 5663 (2004): 1506–8.
Craig, A. D. "Human Feelings: Why Are Some More Aware than Others?" *Trends in Cognitive Sciences* 8, no. 6 (2004): 239–41.
Crystal, Jonathon D. "Animal Behavior: Timing in the Wild." *Current Biology* 16, no. 7 (2006): R252–53. http://www.ncbi.nlm.nih.gov/pubmed /16 5 81502.
Dennett, Daniel C. "The Self as a Responding—and Responsible—Artifact." *Annals of the New York Academy of Sciences* 1001 (2003): 39–50.
Droit-Volet, Sylvie. "Child and Time." In *Lecture Notes in Computer Science (Including Subseries Lecture Notes in Artificial Intelligence and Lecture Notes in Bioinformatics)* 6789 LNAI (2011): 151–72.
Droit-Volet, Sylvie, Sophie Brunot, and Paula Niedenthal. "Perception of the Duration of Emotional Events." *Cognition and Emotion* 18, no. 6 (2004): 849–58.
Droit-Volet, Sylvie, Sophie L. Fayolle, and Sandrine Gil. "Emotion and Time Perception: Effects of Film-Induced Mood." *Frontiers in Integrative Neuroscience* 5, August (2011): 1–9.
Droit-Volet, Sylvie, and Sandrine Gil. "The Time-Emotion Paradox." *Philosophical Transactions of the Royal Society of London. Series B, Biological Sciences* 364, no. 1525 (2009): 1943–53.
Droit-Volet, Sylvie, and Warren H. Meck. "How Emotions Colour Our Perception of Time." *Trends in Cognitive Sciences* 11, no. 12 (2007): 504–13.
Droit-Volet, Sylvie, Danilo Ramos, José L. O. Bueno, and Emmanuel Bigand. "Music, Emotion, and Time Perception: The Influence of Subjective Emotional Valence and Arousal?" *Frontiers in Psychology* 4 (July 2013): 1–12.
Effron, Daniel A., Paula M. Niedenthal, Sandrine Gil, and Sylvie Droit-Volet. "Embodied Temporal Perception of Emotion." *Emotion* 6, no. 1 (2006): 1–9.
Fraisse, Paul. "Perception and Estimation of Time." *Annual Review of Psychology* 35 (February 1984): 1–36.
———. *The Psychology of Time*. New York: Harper & Row, 1963.
Fraser, Julius Thomas. *Time and Mind: Interdisciplinary Issues*. Madison, CT: International Universities Press, 1989.
———. *Time, the Familiar Stranger*. Amherst, MA: University of Massachusetts Press, 1987.
Fraser, Julius Thomas, Francis C. Haber, and G. H. Müller. *The Study of Time: Proceedings of the First Conference of the International Society for the Study of Time*, Oberwolfach (Black Forest), West Germany. Berlin: Springer-Verlag, 1972.
Fraser, Julius Thomas, ed. *The Voice of Time. A Cooperative Survey of Man's Views of Time as Expressed by the Sciences and by the Humanities*. New York: George Braziller, 1966.
Friedman, William J., and Steve M. J. Janssen. "Aging and the Speed of Time." *Acta Psychologica* 134, no. 2 (2010): 130–41.
Gallant, Roy, Tara Fedler, and Kim A. Dawson. "Subjective Time Estimation and Age." *Perceptual and Motor Skills* 72 (June 1991): 1275–80.
Gibbon, John. "Scalar Expectancy Theory and Weber's Law in Animal Timing." *Psychological Review* 84, no. 3 (1977): 279–325.
Gibbon, John, and Russell M. Church. "Representation of Time." *Cognition* 37, no. 1–2 (1990): 23–54.
Gibbon, John, Russell M. Church, and Warren H. Meck. "Scalar Timing in Memory." *Annals of the New York Academy of Sciences* 423 (May 1984): 52–77.
Gibbon, John, Chara Malapani, Corby L. Dale, and C. R. Gallistel. "Toward a Neurobiology of Temporal Cognition: Advances and Challenges." *Current Opinion in Neurobiology* 7, no. 2 (1997): 170–84.
Gibson, James J. "Events Are Perceivable but Time Is Not." In *The Study of Time II: Proceedings of the Second Conference of the International Society for the Study of Time, Lake Yamanaka, Japan*, edited by J. T. Fraser and N. Lawrence. New York: Springer-Verlag, 295–301.
Gil, Sandrine, Sylvie Rousset, and Sylvie Droit-Volet. "How Liked and Disliked Foods Affect Time Perception." *Emotion* (Washington, D.C.) 9, no. 4 (2009): 457–63.
Gooddy, William. "Disorders of the Time Sense." In *Handbook of Clinical Neurology*. Vol. 3, edited by P. J. Vinken and G. W. Bruyn. Amsterdam: North Holland Publishing, 1969, 229–50.
———. *Time and the Nervous System*. New York: Praeger, 1988.

Grondin, Simon. "From Physical Time to the First and Second Moments of Psychological Time." *Psychological Bulletin* 127, no. 1 (2001): 22–44.
———. *Psychology of Time*. Bingley, UK: Emerald, 2008.
Gruber, Ronald P., and Richard A. Block. "Effect of Caffeine on Prospective and Retrospective Duration Judgements." *Human Psychopharmacology* 18, no. 15 (2003): 351–59.
Gu, Bon-mi, Mark Laubach, and Warren H. Meck. "Oscillatory Mechanisms Supporting Interval Timing and Working Memory in Prefrontal-Striatal-Hippocampal Circuits." *Neuroscience and Biobehavioral Reviews* 48 (2015): 160–85.
Heidegger, Martin. *The Concept of Time*. Translated by William McNeill. Oxford, UK: B. Blackwell, 1992.
Henderson, Jonathan, T. Andrew Hurly, Melissa Bateson, and Susan D. Healy. "Timing in Free-Living Rufous Hummingbirds, Selasphorus Rufusrufus." *Current Biology* 16 (March 7, 2006): 512–15.
Hicks, R. E., G. W. Miller, and M. Kinsbourne. "Prospective and Retrospective Judgments of Time as a Function of Amount of Information Processed." *American Journal of Psychology* 89, no. 4 (1976): 719–30.
Hoagland, Hudson. "Some Biochemical Considerations of Time." In *The Voices of Time: A Cooperative Survey of Man's Views of Time as Expressed by the Sciences and by the Humanities*, edited by Julius Thomas Fraser. New York: George Braziller, 1966, 321–22.
———. "The Physiological Control of Judgments of Duration: Evidence for a Chemical Clock." *Journal of General Psychology* 9, (December 1933): 267–87.
Hopfield, J. J., and C. D. Brody. "What Is a Moment? 'Cortical' Sensory Integration over a Brief Interval." *Proceedings of the National Academy of Sciences of the United States of America* 97, no. 25 (2000): 13919–24.
Ivry, Richard B., and John E. Schlerf. "Dedicated and Intrinsic Models of Time Perception." *Trends in Cognitive Sciences* 12, no. 7 (2008): 273–80.
Jacobson, Gilad A., Dan Rokni, and Yosef Yarom. "A Model of the Olivo-Cerebellar System as a Temporal Pattern Generator." *Trends in Neurosciences* 31, no. 12 (2014): 617–19.
Janssen, Steve M. J., William J. Friedman, and Makiko Naka. "Why Does Life Appear to Speed Up as People Get Older?" *Time and Society* 22, no. 2 (2013): 274–90.
Jin, Dezhe Z., Naotaka Fujii, and Ann M. Graybiel. "Neural Representation of Time in Cortico-Basal Ganglia Circuits." *Proceedings of the National Academy of Sciences of the United States of America* 106, no. 45 (2009): 19156–61.
Jones, Luke A., Clare S. Allely, and John H. Wearden. "Click Trains and the Rate of Information Processing: Does 'Speeding Up' Subjective Time Make Other Psychological Processes Run Faster?" *Quarterly Journal of Experimental Psychology* 64, no. 2 (2011): 363–80.
Joubert, Charles E. "Structured Time and Subjective Acceleration of Time." *Perceptual and Motor Skills* 59, no. 1 (1984): 335–36.
———. "Subjective Acceleration of Time: Death Anxiety and Sex Differences." *Perceptual and Motor Skills* 57 (August 1983): 49–50.
———. "Subjective Expectations of the Acceleration of Time with Aging." *Perceptual and Motor Skills* 70 (February 1990): 334.
Lamotte, Mathilde, Marie Izaute, and Sylvie Droit-Volet. "Awareness of Time Distortions and Its Relation with Time Judgment: A Metacognitive Approach." *Consciousness and Cognition* 21, no. 2 (2012): 835–42.
Lejeune, Helga, and John H. Wearden. "Vierordt's 'The Experimental Study of the Time Sense' (1868) and Its Legacy." *European Journal of Cognitive Psychology* 21, no. 6 (2009): 941–60.
Lemlich, Robert. "Subjective Acceleration of Time with Aging." *Perceptual and Motor Skills* 41 (May 1975): 235–38.
Lewis, Penelope A., and R. Chris Miall. "The Precision of Temporal Judgement: Milliseconds, Many Minutes, and Beyond." *Philosophical Transactions of the Royal Society of London. Series B, Biological Sciences* 364, no. 1525 (2009): 1897–1905.
———. "Remembering the Time: A Continuous Clock." *Trends in Cognitive Sciences* 10, no. 9 (2006): 401–6.
Lewis, Penelope A., and Vincent Walsh. "Neuropsychology: Time out of Mind." *Current Biology* 12, no. 1 (2002): 12–14.
Lui, Ming Ann, Trevor B. Penney, and Annett Schirmer. "Emotion Effects on Timing: Attention versus Pacemaker Accounts." *PLoS ONE* 6, no. 7 (2011): e21829.
Lustig, Cindy, Matthew Matell, and Warren H. Meck. "Not 'Just' a Coincidence: Frontal-Striatal Interactions in Working Memory and Interval Timing." *Memory* 13, no. 3–4 (2005): 441–48.
MacDonald, Christopher J., Norbert J. Fortin, Shogo Sakata, and Warren H. Meck. "Retrospective and Prospective Views on the Role of the Hippocampus in Interval Timing and Memory for Elapsed Time." *Timing & Time Perception* 2, no. 1 (2014): 51–61.
Matell, Matthew S., Melissa Bateson, and Warren H. Meck. "Single-Trials Analyses Demonstrate That Increases in Clock Speed Contribute to the Methamphetamine-Induced Horizontal Shifts in Peak-Interval Timing Functions." *Psychopharmacology* 188, no. 2 (2006): 201–12.
Matell, Matthew S., George R. King, and Warren H. Meck. "Differential Modulation of Clock Speed by the Administration of Intermittent versus Continuous Cocaine." *Behavioral Neuroscience* 118, no. 1 (2004): 150–56.
Matell, Matthew S., Warren H. Meck, and Miguel A. L. Nicolelis. "Integration of Behavior and Timing: Anatomically Separate Systems or Distributed Processing?" In *Functional and Neural Mechanisms of Interval Timing*, edited by Warren H. Meck. Boca Raton, FL: CRC Press, 2003, 371–91.
Matthews, William J. "Time Perception: The Surprising Effects of Surprising Stimuli." *Journal of Experimental Psychology: General* 144, no. 1 (2015): 172–97.
Matthews, William J., and Warren H. Meck. "Time Perception: The Bad News and the Good." *Wiley Interdisciplinary Reviews: Cognitive Science* 5, no. 4 (2014): 429–46.
Matthews, William J., Neil Stewart, and John H. Wearden. "Stimulus Intensity and the Perception of Duration." *Journal of Experimental Psychology: Human Perception and Performance* 37, no. 1 (2011): 303–13.
Mauk, Michael D., and Dean V. Buonomano. "The Neural Basis of Temporal Processing." *Annual Review of Neuroscience* 27 (January 2004): 307–40.
McInerney, Peter K. *Time and Experience*. Philadelphia: Temple University Press, 1991.
Meck, Warren H. "Neuroanatomical Localization of an Internal Clock: A Functional Link Between Mesolimbic, Nigrostriatal, and Mesocortical Dopaminergic Systems." *Brain Research* 1109, no. 1 (2006): 93–107.
———. "Neuropsychology of Timing and Time Perception." *Brain and Cognition* 58, no. 1 (2005): 1–8.
Meck, Warren H., and Richard B. Ivry. "Editorial Overview: Time in Perception and Action." *Current Opinion in Behavioral Sciences* 8 (2016): vi–x.
Merchant, Hugo, Deborah L. Harrington, and Warren H. Meck. "Neural Basis of the Perception and Estimation of Time." *Annual Review of Neuroscience* 36 (June 2013): 313–36.
Michon, John A. "Guyau's Idea of Time: A Cognitive View." In *Guyau and the Idea of Time*, edited by John A. Michon, Viviane Pouthas, and Janet L. Jackson. Amsterdam: North-Holland Publishing, 1988, 161–97.
Mitchell, Stephen A. *Relational Concepts in Psychoanalysis: An Integration*. Cambridge: Harvard University Press, 1988.
Naber, Marnix, Maryam Vaziri Pashkam, and Ken Nakayama. "Unintended Imitation Affects Success in a Competitive Game." *Proceedings of the National Academy of Sciences of the United States of*

America 110, no. 50 (2012): 20046–50.
Nather, Francisco C., José L. O. Bueno, Emmanuel Bigand, and Sylvie Droit-Volet. "Time Changes with the Embodiment of Another's Body Posture." *PloS One* 6, no. 5 (2011): e19818.
Nather, Francisco Carlos, José L. O. Bueno. "Timing Perception in Paintings and Sculptures of Edgar Degas." *KronoScope* 12, no. 1 (2012): 16–30.
Nather, Francisco Carlos, Paola Alarcon Monteiro Fernandes, and José L. O. Bueno. "Timing Perception Is Affected by Cubist Paintings Representing Human Figures." *Proceedings of the 28th Annual Meeting of the International Society for Psychophysics* 28 (2012): 292–97.
Nelson, Katherine. "Emergence of Autobiographical Memory at Age 4." *Human Development* 35, no. 3 (1992): 172–77.
———. *Narratives from the Crib.* Cambridge, MA: Harvard University Press, 1989.
———. *Young Minds in Social Worlds: Experience, Meaning, and Memory.* Cambridge, MA: Harvard University Press, 2007.
Noulhiane, Marion, Viviane Pouthas, Dominique Hasboun, Michel Baulac, and Séverine Samson. "Role of the Medial Temporal Lobe in Time Estimation in the Range of Minutes." *Neuroreport* 18, no. 10 (2007): 1035–38.
Ogden, Ruth S. "The Effect of Facial Attractiveness on Temporal Perception." *Cognition and Emotion* 27, no. 7 (2013): 1292–1304.
Oprisan, Sorinel A., and Catalin V. Buhusi. "Modeling Pharmacological Clock and Memory Patterns of Interval Timing in a Striatal Beat-Frequency Model with Realistic, Noisy Neurons." *Frontiers in Integrative Neuroscience* 5, no. 52 (September 23, 2011).
Ovsiew, Fred. "The Zeitraffer Phenomenon, Akinetopsia, and the Visual Perception of Speed of Motion: A Case Report." *Neurocase* 4794 (April 2013): 37–41.
Perbal, Séverine, Josette Couillet, Philippe Azouvi, and Viviane Pouthas. "Relationships between Time Estimation, Memory, Attention, and Processing Speed in Patients with Severe Traumatic Brain Injury." *Neuropsychologia* 41, no. 12 (2003): 1599–1610.
Pöppel, Ernst. "Time Perception." In *Handbook of Sensory Physiology*. Vol. 8, *Perception*, edited by R. Held, H. W. Leibowitz, and H. L. Teubner. Berlin: Springer-Verlag, 1978, 713–29.
Pouthas, Viviane, and Séverine Perbal. "Time Perception Depends on Accurate Clock Mechanisms as Well as Unimpaired Attention and Memory Processes." *Acta Neurobiologiae Experimentalis* 64, no. 3 (2004): 367–85.
Rammsayer, T. H. "Neuropharmacological Evidence for Different Timing Mechanisms in Humans." *Quarterly Journal of Experimental Psychology. B, Comparative and Physiological Psychology* 52, no. 3 (1999): 273–86.
Roecklein, Jon E. *The Concept of Time in Psychology: A Resource Book and Annotated Bibliography*. Westport, CT: Greenwood Press, 2000.
Sackett, Aaron M., Tom Meyvis, Leif D. Nelson, Benjamin A. Converse, and Anna L. Sackett. "You're Having Fun When Time Flies: The Hedonic Consequences of Subjective Time Progression." *Psychological Science* 21, no. 1 (2010): 111–17.
Schirmer, Annett. "How Emotions Change Time." *Frontiers in Integrative Neuroscience* 5 (October 5, 2011): 1–6.
Schirmer, Annett, Warren H. Meck, and Trevor B. Penney. "The Socio-Temporal Brain: Connecting People in Time." *Trends in Cognitive Sciences* 20, no. 10 (2016): 760–72.
Schirmer, Annett, Tabitha Ng, Nicolas Escoffier, and Trevor B. Penney. "Emotional Voices Distort Time: Behavioral and Neural Correlates." *Timing & Time Perception* 4, no. 1 (2016): 79–98.
Schuman, Howard, and Willard L. Rogers. "Cohorts, Chronology, and Collective Memory." *Public Opinion Quarterly* 68, no. 2 (2004): 217–54.
Schuman, Howard, and Jacqueline Scott. "Generations and Collective Memories." *American Sociological Review* 54, no. 3 (1989): 359–81.
Suddendorf, Thomas. "Mental Time Travel in Animals?" *Trends in Cognitive Sciences* 7, no. 9 (2003): 391–96.
Suddendorf, Thomas, and Michael C. Corballis. "The Evolution of Foresight: What Is Mental Time Travel, and Is It Unique to Humans?" *Behavioral and Brain Sciences* 30, no. 3 (2007): 299–313; discussion 313–51.
Swanton, Dale N., Cynthia M. Gooch, and Matthew S. Matell. "Averaging of Temporal Memories by Rats." *Journal of Experimental Psychology* 35, no. 3 (2009): 434–39.
Tipples, Jason. "Time Flies When We Read Taboo Words." *Psychonomic Bulletin and Review* 17, no. 4 (2010): 563–68.
Treisman, Michel. "The Information-Processing Model of Timing (Treisman, 1963): Its Sources and Further Development." *Timing & Time Perception* 1, no. 2 (2013): 131–58.
Tuckman, Jacob. "Older Persons' Judgment of the Passage of Time over the Life-Span." *Geriatrics* 20 (February 1965): 136–40.
Walker, James L. "Time Estimation and Total Subjective Time." *Perceptual and Motor Skills* 44, no. 2 (1977): 527–32.
Wallach, Michael A., and Leonard R. Green. "On Age and the Subjective Speed of Time." *Journal of Gerontology* 16, no. 1 (1961): 71–74.
Wearden, John H. "Applying the Scalar Timing Model to Human Time Psychology: Progress and Challenges." In *Time and Mind II: Information Processing Perspectives*, edited by Hede Helfrich. Cambridge, MA: Hogrefe & Huber, 2003, 21–29.
———. " 'Beyond the Fields We Know . . .': Exploring and Developing Scalar Timing Theory." *Behavioural Processes* 45 (April 1999): 3–21.
———. " 'From That Paradise . . .': The Golden Anniversary of Timing." *Timing & Time Perception* 1, no. 2 (2013): 127–30.
———. "Internal Clocks and the Representation of Time." In *Time and Memory: Issues in Philosophy and Psychology*, edited by Christoph Hoerl and Teresa McCormack. Oxford: Clarendon Press, 2001, 37–58.
———. *The Psychology of Time Perception*. London: Palgrave Macmillan, 2016.
———. "Slowing Down an Internal Clock: Implications for Accounts of Performance on Four Timing Tasks." *Quarterly Journal of Experimental Psychology* 61, no. 2 (2008): 263–74.
Wearden, John H., H. Edwards, M. Fakhri, and A. Percival. "Why 'Sounds Are Judged Longer than Lights': Application of a Model of the Internal Clock in Humans." *Quarterly Journal of Experimental Psychology. B, Comparative and Physiological Psychology* 51, no. 2 (1998): 97–120.
Wearden, John H., and Luke A. Jones. "Is the Growth of Subjective Time in Humans a Linear or Nonlinear Function of Real Time?" *Quarterly Journal of Experimental Psychology* 60, no. 9 (2006): 1289–1302.
Wearden, John H., and Helga Lejeune. "Scalar Properties in Human Timing: Conformity and Violations." *Quarterly Journal of Experimental Psychology* 61, no. 4 (2008): 569–87.
Wearden, John H., and Bairbre McShane. "Interval Production as an Analogue of the Peak Procedure: Evidence for Similarity of Human and Animal Timing Processes." *Quarterly Journal of Experimental Psychology* 40, no. 4 (1988): 363–75.
Wearden, John H., Roger Norton, Simon Martin, and Oliver Montford-Bebb. "Internal Clock Processes and the Filled-Duration Illusion." *Journal of Experimental Psychology. Human Perception and Performance* 33, no. 3 (2007): 716–29.
Wearden, John H., and I. S. Penton-Voak. "Feeling the Heat: Body Temperature and the Rate of Subjective Time, Revisited." *Quarterly Journal of Experimental Psychology. Section B: Comparative and

Physiological Psychology 48, no. 2 (1995): 129–41.

Wearden, John H., J. H. Smith-Spark, Rosanna Cousins, and N. M. J. Edelstyn. “Stimulus Timing by People with Parkinson's Disease.” *Brain and Cognition* 67 (2008): 264–79.

Wearden, John H., A. J. Wearden, and P. M. A. Rabbitt. “Age and IQ Effects on Stimulus and Response Timing.” *Journal of Experimental Psychology: Human Perception and Performance* 23, no. 4 (1997): 962–79.

Wiener, Martin, Christopher M. Magaro, and Matthew S. Matell. “Accurate Timing but Increased Impulsivity Following Excitotoxic Lesions of the Subthalamic Nucleus.” *Neuroscience Letters* 440 (2008): 176–80.

Wittmann, Marc, Olivia Carter, Felix Hasler, B. Rael Cahn, Ulrike Grimberg, Philipp Spring, Daniel Hell, Hans Flohr, and Franz X. Vollenweider. “Effects of Psilocybin on Time Perception and Temporal Control of Behaviour in Humans.” *Journal of Psychopharmacology* 21, no. 1 (2007): 50–64.

Wittmann, Marc, and Sandra Lehnhoff. “Age Effects in Perception of Time.” *Psychological Reports* 97, no. 3 (2005): 921–35.

Wittmann, Marc, David S. Leland, Jan Churan, and Martin P. Paulus. “Impaired Time Perception and Motor Timing in Stimulant-Dependent Subjects.” *Drug and Alcohol Dependence* 90, no. 2–3 (2007): 183–92.

Wittmann, Marc, Alan N. Simmons, Jennifer L. Aron, and Martin P. Paulus. “Accumulation of Neural Activity in the Posterior Insula Encodes the Passage of Time.” *Neuropsychologia* 48, no. 10 (2010): 3110–20.

Wittmann, Marc, and Virginie van Wassenhove. “The Experience of Time: Neural Mechanisms and the Interplay of Emotion, Cognition and Embodiment.” *Philosophical Transactions of the Royal Society of London. Series B, Biological Sciences* 364, no. 1525 (2009): 1809–13.

Wittmann, Marc, David S. Leland, Jan Churan, and Martin P. Paulus. “Impaired Time Perception and Motor Timing in Stimulant-Dependent Subjects.” *Drug and Alcohol Dependence* 90, no. 2–3 (2007): 183–92.

Wittmann, Marc, Tanja Vollmer, Claudia Schweiger, and Wolfgang Hiddemann. “The Relation between the Experience of Time and Psychological Distress in Patients with Hematological Malignancies.” *Palliative & and Supportive Care* 4, no. 4 (2006): 357–63..

國家圖書館出版品預行編目 (CIP) 資料

為何時間不等人 / 亞倫.柏狄克 (Alan Burdick) 作 ; 姚怡平譯.
-- 初版 . -- 臺北市 : 網路與書出版 : 大塊文化發行 , 2018.02
444　面 ; 14.8*20 公分 . -- (FOR2 ; 34)
譯自 : Why time flies : a mostly scientific investigation
ISBN 978-986-6841-97-2(平裝)

1. 時間 2. 宇宙論

323.9　　106025005